RFID 시스템과 보안

이훈재, 조형국 지음

RFID 시스템과 보안

ⓒ 이훈재, 조형국, 2010

1판 1쇄 발행 ‖ 2009년 02월 25일
1판 2쇄 발행 ‖ 2010년 09월 20일

지은이 ‖ 이훈재 조형국
펴낸이 ‖ 홍정표
기획이사 ‖ 양정섭
책임편집 ‖ 주재명
기획·마케팅 ‖ 노경민 김현아
디자인 ‖ 김미미
경영지원 ‖ 조기호 최정임

펴낸곳 ‖ 컴원미디어
등 록 ‖ 제324-2007-00015호
공급처 ‖ (주)글로벌콘텐츠출판그룹
주 소 ‖ 서울특별시 강동구 길동 349-6 정일빌딩 401호
전 화 ‖ 02-488-3280
팩 스 ‖ 02-488-3281
블로그 ‖ http://www.gcbook.co.kr
이메일 ‖ admin@gcbook.co.kr

값 16,000원
ISBN 978-89-92475-21-1 93560

머/리/말

저자는 평소에 국내에서는 "RFID 보안기술"을 서술한 교재의 구입이 어려울 뿐 아니라, 특히 정규대학 4년제 교육과정에서 실습을 통하여 수업을 진행하기가 여간 어려운 일이 아니라는 것을 절감하고 있었다. 이러한 때에 소속대학에서 진행하고 있는 "2008년도 대학혁신역량강화사업(NURI)"을 통하여 본 교재 개발의 동기를 부여받았고, 이론과 실습을 겸비한 교재를 출간할 수 있게 됨을 아주 설레는 마음으로 맞이한다.

본 교재는 전문대학 상위반, 4년제 대학 3-4학년반, 또는 대학원에서 RFID 실습 초보자용으로 사용가능한 수준에 맞추었다. 특히, RFID 기판 제작을 위하여 부록에서는 '초보자도 무작정 따라하기' 부분을 삽입하여 쉽게 접근할 수 있도록 기회를 제공하고 있다.

RFID 기술은 최근에 많은 교재가 보급되거나 준비 중에 있지만, RFID 기본개념, RFID 기본설계기술, RFID 보안 기술, 특히 저전력형 암호 알고리즘에 대한 기술을 위한 한글판 교재는 부족한 편이다. 본 교재에서는 저전력형 암호 알고리즘으로 안전성이 보장되면서 하드웨어 구현이 용이하고, 소프트웨어적인 구현이 용이한 몇 가지 암호 알고리즘을 소개하였고, 블록 암호와 공개키 암호부분도 서술하고 있다. 마지막에는 RFID와 같은 소형 장치에 적용되는 물리적 암호 해킹 공격 기술을 상세히 서술하였는데, 이러한 기술은 오랜 암호 해독 역사에 비추어 볼 때 최근에 개발된 강력한 공격방법이며, 안전한 암호장치의 사용을 위해서는 반드시 방어하여야 할 기술이라고 본다.

마지막으로 RFID 표준화 동향 및 일본어 자료 번역을 도와주신 동서대학교 김태용 교수님, 집필기간동안 도와주신 도서출판 컴원미디어 홍정표 사장님 이하 여러분에게 감사의 말씀을 드리며, 그 외 필자를 도와준 모든 분들에게 감사의 말씀을 전한다.

2008. 12. 25
저자 씀

차례 C•o•n•t•e•n•t•s

1장 : 통신이론

2장 : RFID 기초

4장 : RFID 보안 기술

5장 : 스트림 암호

6장 : 블록 암호

7장 : 공개키 암호 알고리즘

8장 : RFID 보안 프로토콜

9장. RFID에 대한 물리적 해킹 방어 기술

부록 1. CSIEDA을 이용한 PCB 제작

부록 2. Orcad을 이용한 PCB 작업

1장 : 통신이론

1.1 통신의 기본 개념

통신의 의미는 정보(Information)를 한 장소에서 다른 장소로 보내어, 수신자로 하여금 그 정보를 사용자의 의도대로 사용할 수 있게 하는 것이다. 실제적으로 정보는 신호(Signal)라는 형태로 전달하게 된다. 'Data'는 '정보'와 같은 의미로 쓰여 지고 있다. 원래 'Data'는 숫자나 문자로 표현이 가능한 것에만 적용되어 왔는데, 요즘에 와서는 거의 모든 정보가 숫자로 표현 될 수 있게 되어짐에 따라 'Data'는 광범위한 의미로서 정보와 같은 뜻으로 쓰여 지고 있다. 디지털(Digital)은 숫자의 기본 구성요소인 'Digit'에 관련되어 있음을 의미한다. 따라서 디지털 통신은 정보가 숫자적으로 또는 Digit으로 표현되어 이루어지는 통신방식을 의미하게 된다. 디지털 통신방식은 Coding 과 Decoding의 과정을 거쳐야 한다. 다시 말하면, 정보를 갖는 신호는 사전에 약속된 방법에 따라 Code화 되고, 이 Code화 된 신호는 어떤 특정 형태의 집단으로 송신하게 된다. 수신 측에서는 수신된 신호 내에 포함된 Code의 형태에 따라 집단화된 Digit를 Decode하여 원래의 정보를 만들어 내게 된다. Coder와 Decoder의 개념을 그림 1-1 에 보인다.

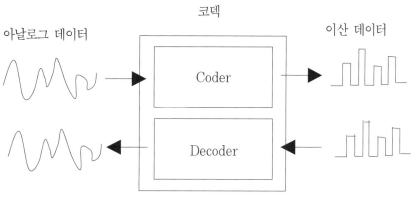

그림 1-1 Coder와 Decoder 개념도

이러한 디지털 통신에서 왜곡은 정보의 전송과정에 외부 혹은 내부의 부정확한 전송 체계로 인해 신호의 변질된다. 디지털은 이와 같은 전송과정에서 발생되는 왜곡을 효율적으로 제거할 수 있다. 최근에 와서 디지털 통신방식이 각광을 받게 된 이유는 디지털 통신방법에서 잡음의 영향에 매우 강하다는 것이다. 장거리 통신에 사용되는 신호는 송신 측을 떠나 수신 측에 도착될 때까지 내부 혹은 외부의 잡음으로 신호가 왜곡되고, 이로써 본래의 메시지 재생이 쉽지 않다. 여기서 신호의 왜곡은 원래의 정보 신호와는 전혀 관련 없는 외부의 신호에 의해 혼선을 일으키는 상태이다.

디지털 통신의 가장 큰 이점은 왜곡으로 인해 달라진 신호를 수신하여 그 왜곡 요인을 제거한 후 원래의 정보 신호를 만들어 낼 수 있다는 것이다. 그러나 디지털 통신에도 왜곡 보정 능력의 한계가 있음을 고려해야 한다. 만일 그 변질의 정도가 너무 심한 경우에는 원래의 정보가 전혀 다른 의미로 재생될 가능성도 있는 것이다. 이와 같이 디지털 통신방식에도 왜곡된 신호의 재생에는 한계점이 있다. 그러나 디지털 통신망의 이러한 잡음 한계점을 향상하기 위하여 때로는 중복된 신호(Redundant Information)를 사용하기도 한다.

1.2 A/D와 D/A 변환기

전송된 실제 신호 값들은 연속 이산 신호의 한 순간의 신호이므로, 전압 값의 연속 전송을 다루는 대신에 이산 값의 연속 데이터가 중요하다. 디지털 통신 시스템의 중요한 특징은 그 신호 데이터는 단지 이산 값만을 가질 수 있으며, 컴퓨터에서 나온 정보가 그 한 예이다. 아날로그 통신 시스템에서 어떤 사람의 음성 신호를 전송하기 위해서는, 이 신호가 디지털 신호의 형태로 바뀌어야만 한다. 이것은 아날로그에서 디지털 형태로의 변환(Analog to Digital Convert : A/D 혹은 ADC)에 의해 행해진다.

아날로그 시간 신호를 디지털 신호로 변환하려면 우선 아날로그 신호를 이진수로 변환해야한다. 이것은 시간에 따라 변화하는 신호의 샘플링에 의해 이루어진다. 이 이진수의 집합은 아날로그 신호 값의 시간적인 연속적인 값을 나타낸다. 그리고 이 수를 이산 코드워드로 코드화되어야 한다. 이것을 만들려면 우선 집합 내의 수를 근사화해야 한다.

예로서, 만약 샘플신호 값의 범위가 0에서 10V라면, 각 샘플은 가장 가까운 정수로 근사 화가 가능하다. 이것은 0V에서 10V까지 11개의 정수를 갖는 코드워드를 표시할 수 있다. 실제로 디지털 통신 시스템에서 코드워드의 형태는 1과 0으로 이루어진 2진수이다. 이와 같은 2진수로 아날로그 디지털 변환기(analog to digital converter)의 간단한 형태를 생각할 수 있다. 이 변환기는 각 샘플 값들이 아날로그 신호 값의 가장 가까운 전압 값으로 근사 화하여 0〔V〕에서 10〔V〕까지에서 표시할 수 있다. 그리고 결과의 정수를 4비트 2진수(BCD code)로 변환이 가능하다. 이것의 프로세스는 다음과 같다. 우선 양자화(quantization)를 수행하여야한다. 이것의 목적은 연속 값을 이산 값으로 변환하려는 것이다. 균일 양자화(uniform quantization)에서는 함수 값의 연속 값을 균등한 영역으로 나누고, 정수로 된 코드를 각 영역에 할당한다. 어떤 특정 영역내의 모든 신호의 값들은 같은 수로 엔코딩(encoding)된다. 그림 1-1은 3개의 비트로 이루어 진 양자화를 표시하고 있다. 그림 1-2(a)는 어떤 신호의 영역을 0과 1사이에 있다고 두고 각 영역으로 나누어지는 구간에서 비트 세 개로서 표현하고 있다. 각 영역은 비트 세개로 2진수가 할당되어 있다. 3비트의 2로서 제곱이기 때문에 8개의 영역으로 나누었다. 어떤 신호라도 어떤 임의의 상수 값을 더하고 스케일링(scaling)을 함으로써 이 영역으로 정규 화할 수 있다.

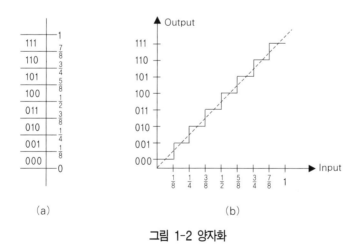

그림 1-2 양자화

그림 1-2 (a)는 세로축을 따라 2진수를 검토하면, 첫 번째 비트(the most significant bit : MSB)가 0과 1사이의 절반 영역으로 나누어 위쪽 영역에 대해서는

1이고, 그 아래쪽에 대해서는 0임을 알 수 있다. 그것은 전 영역에서 같은 방식으로 적용되어, 그 다음 비트는 그 영역의 반에서 적용되어서, 그 반의 위쪽에 1, 아래쪽에 0이 된다. 이러한 과정은 그 영역을 위와 아래의 두 부분으로 나누어서 지속적으로 이러한 적용을 한다면 쉽게 비트를 한 신호에 대해 활당할 수가 있다.

그림 1-2 (b)는 아날로그 신호에 대한 양자화를 설명한다. 입력이 연속적으로 들어오는 신호의 값으로 출력은 이산값을 표현할 수 있다. 만약 양자화가 균일하게 이루어지며 각 간격의 넓이는 일정하게 이루어진다.

1.3 이진 신호를 위한 양자화기

양자화기에는 크게 다음의 세 가지로 나눌 수 있다.

1. 아날로그 신호에 해당하는 양자화 레벨(quantization level)로서 연속적으로 세는 카운팅 양자화기(counting quantizer)
2. 비트 대 비트로 코드워드를 만들어내는 직렬 양자화기(serial quantizer), 즉 최상위 비트를 만들어 내고 나중에 최하위 비트를 만들어 낸다.
3. 동시에 모든 코드워드를 만들어 내는 병렬 양자화기(parallel quantizer).

1) 카운팅 양자화기

그림 1-3은 카운팅 양자화기(counting quantizer)를 나타낸다. 램프 함수 발생기(ramp generator)는 각 샘플링 점에서 시작하고, 2진 카운터도 동시에 시작한다. 샘플-홀드(sample and hold)시스템의 출력은, 각 샘플링 간격 동안 이전의 샘플 값을 유지하여 계단 모양을 갖는 원래 신호의 근사 값이다. 전형적인 파형 이 그림에 나타나 있다. 램프함수의 시간 간격 T_s의 지속시간은 샘플 값에 비례한다. 이것은 램프함수의 기울기가 상수이기 때문에 그렇다. 클럭 주파수(clock frequency)는 카운터가 램프 간격 동안 가능한 최대 샘플 값과 일치하는 최고값(모두 1일 때)까지 카운트하기에 충분한 시간이 되도록 한다. 카운터에서 마지막 카운트는 양자화 레벨과 일치한다. 예로서 신호 $s(t) = \sin 2000\pi t$를 4비트의 디지털 신호로 변환시켜 주는 ADC를 설계는 다음과 같이 할 수 있다. 샘플링 정리에 따르면 샘플링 율은 최소한 2000샘플/초보다 커

야 한다. 속도를 이 값에 25%를 더한 2500샘플/초로 정한다. 여기에는 실제적으로 많이 절충(trade-off)하여 이러한 샘플링 율을 결정하여야 한다. 만약 최소 값에 근접한 샘플링 율을 선택한다면 원래 신호를 재생하기 위해서는 수신 단에 매우 정확한 저역통과필터가 필요하다.

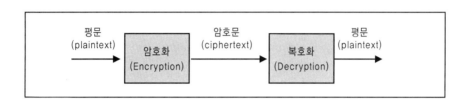

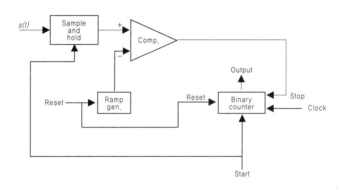

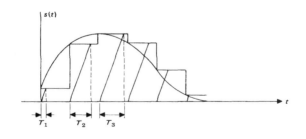

그림 1-3 Counting 양자화기

반면에 훨씬 큰 샘플링 율을 사용하면 전송되는 파형의 대역폭이 증가하게 된다. 샘플링 율의 증가는 TDM을 사용하여 동시에 전할 수 있는 채널의 수를 감소시킨다. 개개의 샘플 값은 -1에서 +1V사이의 값을 갖는다. 이 장에서 논의된 카운팅 양자화기는 양(positive)의 샘플에 대해서만 동작한다. 그러므로 샘플이 음(negative)의 값을 갖지 않도록 1V만큼 양으로 천이시킨다. 천이된 샘플은 0에서 2V의 범위를 갖는다. 램프

함수는 한 샘플 주기 0.4msec 내에 최대 샘플 값에 도달할 수 있어야 한다. 그러므로 기울기는 적어도 $(2/0.4 \times 10^3) = 5000\,V/\sec$ 이어야 한다. 실제적으로는 이 값보다 더 큰 값을 사용하는데, 그 이유는 타이밍에 있어서 약간의 지터(jitter)와, 램프함수가 다음 샘플점에 앞서 0으로 돌아가는 시간을 제공하여 주기 위함이다. 만약 그 주기의 작은 부분에서 샘플을 변환하고 싶으면 훨씬 큰 기울기를 선택해야 한다. 이것은 변환기가 많은 다중화된 신호로 분할된다면 적용될 수 있을 것이다. 최소 경사에서 램프함수가 최대 샘플 값에 도달하는 데 0.4초 걸린다. 그러므로 카운터는 0.4msec내에 0000에서 1111까지 카운트해야 한다. 이것은 40000카운트/초의 속도를 요구한다.

2) 직렬 양자화기

직렬 양자화기(serial quantizer)는 연속적으로 좌표축을 두 개의 영역으로 나누어가는 방식을 쓴다. 먼저 축을 반으로 나누고 샘플이 윗부분이나 아랫부분에 있는지를 관찰한다. 관찰의 결과는 코드워드(code word)의 MSB가 된다.

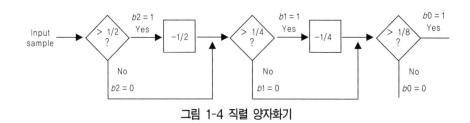

그림 1-4 직렬 양자화기

샘플이 놓여 있는 반 영역을 다시 두 개의 영역으로 나누어 비교한다. 이것은 다음의 비트를 만든다. 이 과정을 인코딩하는 비트의 개수와 같을 때까지 계속한다. 그러므로 각각의 비트는 2의 배율로 정밀도가 증가한다. 그림 1-는 0에서 1범위의 입력에 대해 3비트 인코딩을 하는 직렬 양자화기의 블록도(block diagram)를 나타낸다. 다이아몬드의 모양을 한 것이 비교기(comparator)이다. 이것은 입력을 어떤 고정된 값과 비교하여 고정된 값보다 크면 1을 출력하고, 그렇지 않으면 0을 출력한다. 블록도는 이러한 두 가지의 가능성을 Yes와 No로 표시하고 각각 다른 통로로 연결한다. 그림은 3비트의 코드워드와 입력의 범위가 0에서 1사이의 것에 해당하는 것만 나타나 있다. 만일 신호의 샘플값이 0과 1 사이의 값이 아니면, 신호는 그 범위의 값을 얻을 수 있도록 정규화되어야 한다(천이되어 증폭 또는 감쇠된다). 만일 좀 더 많은(혹은 적은) 비트가 필요하면 적절한 비교 블록이 더 해질 수 있다(혹은 제거된다). 코드화된 샘플값의 첫 번째 비트인 b_2는 MSB(most significant bit)로 알려져 있고, 코드화된 샘플의 세 번째이자 마지막 비트인 b_0는 LSB(least significant bit)임을 유의하기 바란다. 용어를 이렇게 정한 이유는 b_2에 관계된 가중치는 $2^2 = 4$인 반면, b_0에 관계된 가중치는 $2^0 = 1$이기 때문이다. 예로서 다음의 두 가지 샘플 입력 값을 가지고 그림 1-5의 시스템의 동작을 설명은 다음과 같이 풀이할 수 있다. 이 때 입력은 0.2와 0.8V이다. 0.2V인 경우에서 1/2과의 첫 번째 비교는 NO이다. 그러므로 $b_2 = 0$ 이다. 두 번째 1/4과의 비교도 No이다. 그러므로 $b_1 = 0$ 이다. 1/8과의 세 번째 비교는 YES이다. 그러므로 $b_0 = 1$이다. 0.2V에 대한 2진 코드는 001이다. 0.8V인 경우는 처음 1/2과의 비교는 Yes이다. 그러므로 $b_2 = 1$이다. 그러면 1/2를 빼서 0.3만 남는다. 그 다음 1/4과의 비교는 YES이다. 그러므로 $b_1 = 1$이고, 1/4을 빼서 0.05가 남는다. 1/8과의 세 번째 비교는 No이다. 그러므로 $b_0 = 0$ 이므로, 0.8V에 대한 코드는 110이다. 간략화된 시스템은 그림 1-5의 -1/2로 표시된 블록의 출력을 두 배로 한 후에, 그 결과는 다시 1/2과의 비교기로 궤환(feedback)시켜 구할 수 있다.

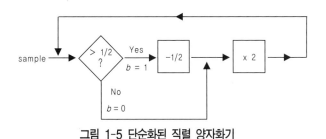

그림 1-5 단순화된 직렬 양자화기

　　신호 샘플은 특정 코드워드 길이의 비트로 이루어진 결과값을 얻을 때까지 계속 반복된다. 이것은 작은 샘플을 보기 위하여 현미경을 사용하는 것과 유사성이 있다. 샘플을 관찰영역의 중심에 놓은 후 배율을 두 배로 하여, 그 과정을 필요 배수만큼 되풀이한다.

3) 병렬 양자화기

병렬 양자화기(parallel quantizer) 혹은 〔플래시 코더(flash coder)〕는 코드워드의 모든 비트를 동시에 처리하므로 동작이 가장 빠르다. 이것은 많은 개수의 비교기가 필요하기 때문에 가장 복잡하다. 3비트의 인코더(encoder)가 그림 1-6에 나타나 있다. '코더 (coder)'라는 이름이 붙여진 블록은 만일 7개의 출력이 모두 1(YES)이면, 샘플 값은 7/8보다 크므로 코더의 출력은 111이다. 만일 비교기의 출력이 1에서 6까지 1이고, 7이 0이면 샘플 값은 6/8과 7/8사이에 있으므로 코더의 출력은 110이다. 모든 레벨에 대해 같은 방식으로 처리되어 마지막으로 비교기의 출력이 모두 0이면 샘플은 1/8보다 작은 경우로서 코더의 출력은 000이 된다. 가능한 $128(2^8)$개의 코더의 입력 중 단지 8개만이 유효하고, 다른 120개의 입력은 부적합하다(예를 들어, 샘플이 718보다 크고 518보다 작은 수는 없다). 그러므로 조합회로는 많은 부분이 don't care조건을 가지므로 설계가 간단해 진다. 직렬 양자화기(serial quantize)가 순차적으로 카운트할 때, 2진수 구조를 이용하는 반면, 병렬 양자화기(parallel quantizer)에서는 그러한 구조가 필요하지 않다. 사실 양자화 영역에 대한 코드는 어떤 유용한 방법으로 정해질 수 있다. 순차 할당(sequential assignment)의 문제점은 전달 비트에러가 일정하지 않은 재생 에러를 유발시키는 것이다. MSB에서의 비트에러는 LSB에서의 에러보다 훨씬 큰 영향을 준다.

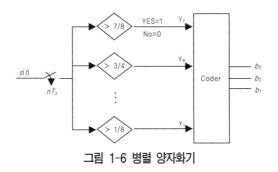

그림 1-6 병렬 양자화기

코드워드에서 1비트를 반전시키면, 숫자(digit)가 한 단계만 변한다. 이 코드는 플래시 코더(flash coder)회로에서 쉽게 구현된다. 이것은 또한 다른 종류의 양자화기에도 쓰일 수 있다. 카운팅 양자화기에서는 카운트열 순서를 바꾸면 된다.

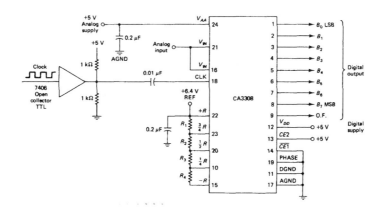

그림 1-7 CA 3308 IC 플래시 양자화기

실제 현장에서 사용되는 ADC 칩인 CA 3308의 응용회로를 그림 1-7에 보인다. 이 칩은 21번 핀으로 아날로그 신호를 입력하면 1번에서 8핀으로 디지털 신호가 병렬로 출력된다. 그리고 기준전압은 6.4Volt이다.

1.4 현장에서 Decoding(Digital to Analog Converter)

디지털에서 아날로그 형태로의 변환은 DAC(Digital to Analog Converter : D/A 혹은 DAC)에 의해 이루어진다. 이 변환을 수행하기 위해서 레벨을 각각의 2진 코드워드들과 대응시킨다. 코드워드는 샘플 값들의 범위를 나타내기 때문에, 변환을 위해 실제로 선택되는 값들은 보통 그 영역의 중심점이 된다. 만일 A/D변환이 앞서 언급한 대로 수행되었다면 역과정도 각각의 비트 위치에 가중치를 할당하는 것과 동일하다. 4비트 2진 워드를 위한 처리과정을 설명해 보자. 아날로그 샘플이 정규화 되고(0과 1V 범위내로), 순차적 코딩(sequential coding)이 사용되었다고 하자. 아날로그 샘플 값으로의 변환은 2진수를 10진수로 변환한 후 나누기 16, 더하기 1/32를 함으로써 수행된다. 즉, 2 진수 1101은 10진수 13을 나타내고 이것을 13/16+1/32 = 27/32로 변환된다. 1/32를 더해주는 것은 1/16레벨의 낮은 부분에서 그 영역의 중간으로 이동시키는 역할을 한다. 그림 1-8은 이 변환을 나타낸다. MSB가 1이면 I/2V 전원이 회로로 언결된다. 두 번째 비트는 1/4V 전원을 제어하며 1/8, 1/16……도 마찬가지이다. 그림 1-9의 이상적인 디코더는 각각의 비트가 샘플값들의 특정한 부분과 관련되므로 직렬 양자화기와 유사하다. 그림 1-은는 카운터 디코더를 나타낸다. 클럭은 계단함수 발생기와 2진 카운터를 동시에 동작시킨다. 2진 카운터의 출력은 2진 디지털화된 입력과 비교된다. 정합이 일어났을 때 계단함수 발생기는 동작을 멈춘다.

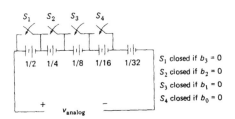

그림 1-8 디지털을 아날로그로의 변환

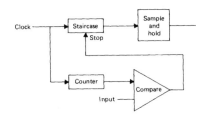

그림 1-9 카운팅 D/A

발생기의 출력은 샘플되고, 다음 샘플이 도달할 때까지 동작이 정지된다. 마지막 계단 형태 결과를 원래 신호로 근사화하기 위해 저역통과필터를 이용하여 고조파 성분을 제거시킨다.

1.5 Aliasing Error

1) 샘플링에서의 에러

샘플링 정리는 신호 $s(t)$가 샘플들로부터 완벽하게 복원될 수 있음을 나타낸다. 그러나 실제로 샘플링을 하게 되면 주요한 세 가지의 이유로 에러가 발생한다. 반올림에러(round-of error)는 통신 시스템에서 여러 가지의 샘플 값들이 반올림되면서 일어난다. 이러한 반올림에러는 디지털 시스템에서 오직 이산적인 값들만을 보내기 때문에 생긴다. 절단에러(truncation error)는 샘플링을 유한 구간에서 수행하기 때문에 발생한다. 즉, 샘플링 정리는 무한 구간에서 전 시간 동안 샘플 값을 취하여야 하고, 모든 샘플은 각각 특정한 시간에서 원래 함수의 값을 복원하기 위해서 사용된다. 그러나 실제의 시스템에서 신호는 한정된 시간 동안만 관찰된다. 원래 함수와 복원된 시간함수의 차이로서 에러를 정의하고, 그 에러에 대한 상한(upper bound)은 이 에러함수의 크기를 나타낸다. 그러한 한계 값은 시간함수에서 샘플 값의 제거된 값들의 합으로 구성된다. 세 번째의 에러는 샘플링률(sampling rate)이 충분히 높지 않을 때 발생한다. 이 영향을 최소화하기 위하여 입력 신호는 샘플링하기 전에 항상 저역통과필터를 통과시킨다. 한편 너무 높은 샘플링률을 갖는 시스템을 설계하면 오히려 원하지 않는 높은 주파수의 신호(혹은 잡음)가 입력에 나타나게 된다. 어느 경우든지 너무 느린 샘플링에 의해서 생긴 에러를 엘리어싱(aliasing)이라 한다. 엘리어싱의 분석은 주파수 영역에서 가장 쉽게 실행된다. 분석을 하기 전에 시간 영역에서의 문제를 알아보자. 그림 1.16는 주파수가 3Hz인 정현파를 나타낸다. 만약 이 정현파를 4샘플/초의 속도로 샘플링한다면 어떻게 되겠는가? 샘플링 정리는 신호의 복원을 위한 최소의 샘플링률을 6샘플/초로 정하고 있다. 그래서 4샘플/초는 적합하지 않다.

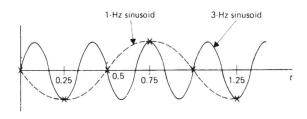

그림 1-10 엘리어싱 에러

느린 속도로 샘플링된 샘플들이 그림에 표시되어 있다. 그러나 이들은 점선으로 표시된 것처럼 1Hz의 정현파의 결과를 갖게 된다. 즉, 3Hz의 신호가 1Hz의 신호로 잘못 인식되는 것이다. 샘플된 파형의 Fourier변환은 원래 신호의 Fourier변환을 주기적으로 반복함으로써 얻을 수 있다. 원래 신호가 샘플링률의 반보다 큰 주파수 성분을 갖고 있다면, 이 성분들은 저역의 주파수 성분과 겹치게 된다. 그러므로 그림 1-10와 같이 3Hz의 신호는 겹쳐져서 1Hz로 나타난다. 그림 1-10은 전형적인 신호가 Nyquist율보다 낮은 속도로 이상적인 임펄스(impulse)열(좁은 펄스의 이론적으로 이상적인 한계)에 의해 샘플되었을 경우를 나타낸다. 저역통과필터를 통과한 변환은 더 이상 원래 신호의 Fourier변환과 같지 않다는 점을 주의하여라. 필터의 출력을 $s_0(t)$라 하면 에러는 다음과 같이 정의된다.

$$e(t) \doteq s_0(t) - s(t) \tag{1-1}$$

식 (1-1)의 양변에 Fourier변환을 취하면 다음과 같다.

$|f| < f_m$에 대하여
$$\begin{aligned} E(f) &= S_0(f) - S(f) \\ &= S(f - f_s) + S(f + f_s) \end{aligned} \tag{1-2}$$

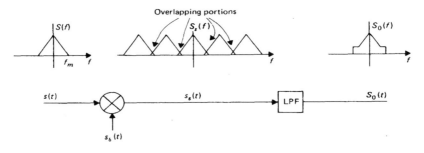

그림 1-11 Nyquist율 이하의 율(rate)로 샘플된 임펄스

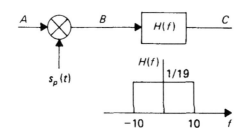

그림 1-12 샘플링 예

만약 $S(f)$가 $f_s/2$ 이하의 주파수로 제한된다면 에러의 Fourier변환은 0이 될 것이다. $S(f)$에 대한 특별한 형태의 가정이 없다면, 이 예제를 더 이상 계속할 수 없다. 일반적으로 여러 가지 한계값은 $f > f_s/2$이상의 $S(f)$의 성질에 근거를 둔 에러함수(error function)의 크기로 나타난다.

1.6 디지털 데이터 전송과 수신

1) Timing

타이밍은 디지털 통신과 아날로그 통신을 구별하는 중요한 요소이다. 수신 단에서 수신된 신호가 무엇인지를 결정하기 전에, 혹은 현재의 신호가 1을 전송한 것인지, 아니면 0을 전송한 것인지를 결정하기 전에 먼저 심볼 타이밍(symbol timing)을 해야 한다. 즉, 수신자는 수신 시스템의 클럭(local clock)과 수신되는 신호의 타이밍이 같도록 해야 한다. 일단 심볼 타이밍이 맞춰지고, 수신 리코더가 수신 심볼에 대해 결정을 내렸다면 문자 또는 워드와 블록 또는 메시지의 동기화를 포함한 다른 타이밍들 간의 관계를 맞출 필요가 있다. 즉, 이들 심볼들이 정확한 메시지와 연결될 수 없다면 데이터 길이가 긴 심볼들을 원래 신호를 복원하기가 어렵다.

2) 데이터 동기화

(1) NRZ

수신파형은 대개 이진 신호가 전 시간대에 걸쳐 존재하는 형태임으로 각 데이터 심볼의 신호에 일치하도록 시간 축으로 동기시키는 것이 중요하다. 데이터 전송에서 데이터 심볼들이 일정한 주기로 전송될 때는 동기적이지만, 워드 혹은 메시지 사이의 간격이 비주기적일 때는 비동기적이다. 비동기 전송은 종종 Start-bit나 Stop-bit로 이루어진 동기를 위한 신호가 필요하다. 비동기 통신은 심볼 동기화가 각 메시지나 코드워드의 시작 부분에서 이러한 동기를 위한 신호가 필요하다. 이러한 비동기 통신은 많은 부가 데이터가 필요하다. 동기 통신에서는 심볼 타이밍이 전송의 시작점에서 이루어질 수 있으므로, 단지 미소한 조절만이 필요하다. 비트 동기화 문제는 수신 심볼 순차에 주기적인 성분이 존재할 때 단순화된다. 디지털 통신에서 1과 0의 순차를 시간 축 상에서 전송하는 가장 간단한 방법 중의 하나는 디지털 1에 대해서는 +V를, 디지털 0에 대해서는 0V를 전송하는 것이다. 이것을 단극 전송이라 한다. 디지털 1에 대해서는 +V를, 디지털 0에 대해서는 -V를 전송하는 것을 쌍극(bi-polar) 전송이라 한다. 데이터의 두 신호 값들의 차가 크면 클수록 좋기 때문에 +V와 -V을 전송하는 쌍극 전송이 좋다.

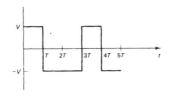

그림 1-13 전형적인 NRZ 파형

그림 1-13은 디지털 순차 10010을 전송하는 신호의 파형이다. 파형 코딩 형태인 NRZ(Non-Return to Zero)에 대해 알아보자. 이와 같은 특정 형태를 NRZ-L라고 하며 전압레벨이 논리레벨에 바로 대응된다. 즉, 논리 1은 +V로 논리 0은 -V로 대응된다.

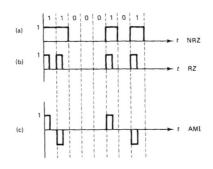

그림 1-14 NRZ와 RZ의 Signaling

그림 1-14는 순차 11000101에 대한 NRZ와 RZ(return to zero)파형 코딩을 나타낸 것이다. RZ에서는 펄스가 비트 간격의 끝에 도달하기도 전에 0상태가 되기 때문에, 펄스의 간격이 NRZ보다 넓지 못하며, 이 변화는 대역폭(bandwidth)을 증가시킨다. 단극 전송에서 우려되는 것은 파형의 평균값이 1의 함수라는 것이다. 이것은 전자

장비가 교류(ac) 커플링되어 직류(dc)를 전송하지 않을 경우 문제를 야기시킨다. ADI(alternate mark inversion)는 단극 RZ와 거의 유사하며, 1단을 나타내는 신호들이 +V와 -V를 번갈아가며 나타내는 것으로 그림 1-14 (c)에 나타나 있다 NRZ-L 전송에서는 두 가지 문제를 고려해야 한다. 첫째, 데이터가 정적일 때, 즉 비트 간격 사이에 변화가 없을 때 전송되는 파형에도 변화가 없게 되며, 이로 인해서 비트 동기화 문제가 일어난다. 둘째, 데이터의 반전(inversion)에 관한 문제인데, 만약 데이터 전송 중에 반전(+V가 수신 단에 -V로 판독)될 경우, 전체의 데이터가 반전되어 모든 비트에서 에러를 발생하게 된다. 반전은 여러 형태로 일어날 수 있으며, 위상 변조를 통해 정보가 전송될 때 가장 빈번하게 일어난다. 180°에 상응하는 시간지연(time delay)이 바로 데이터 반전으로 나타나기 때문이다. 이러한 이유로 인해 인코딩에서 차동(differential)형태를 쓰기도 한다. 즉, 데이터는 특정 신호레벨로 나타내어지는 것 대신에 레벨간의 변화로 나타내어진다.

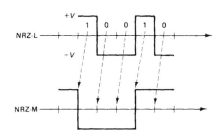

그림 1-15 NRZ-M 차동형식

그림 1-15는 NRZ-L과 NRZ-M시스템에 대해서 나타내었다. M은 MARK를 나타낸다.

(2) Bi-Phase

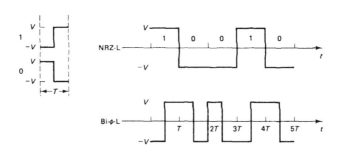

그림 1-16 Biphase 형식

그림 1-16은 Biphase-L에 대한 인코더이다. NRZ-L의 데이터와 주파수가 두 배인 클럭을 exclusive-OR시켜준다. 데이터가 0일 경우 게이트의 출력은 클럭과 같고, 데이터가 1일 경우 게이트의 출력은 클럭을 반전시킨 것과 같다. 그래서 타이밍 문제를 해결할 수 있으나 송수신에서의 신호의 반전은 신호를 뒤바꾸어 비트에러를 증가 시킬 수도 있다. 차동 인코딩(differential encoding)을 biphase와 결합하여 타이밍과 신호의 반전 문제를 해결할 수 있다. biphase-M과 biphase-S는 차동 형태로 모든 비트주기의 시작점에서 반전이 일어난다. biphase-M의 경우 데이터가 0일 때 비트주기의 1/2점에서 다시 전이가 일어나고, 데이터가 0일 때는 비트주기의 1/2점에서 전이가 일어나지 않는다. biphase-S의 경우 데이터가 1인 경우 1/2점에서 전이가 일어나지 않으며, 데이터가 1인 경우 1/2점에서 전이가 일어난다. 이것을 그림 1-17에 나타내었다.

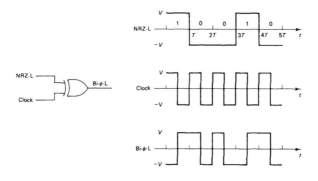

그림 1-17 Biphase-L에 대한 인코더

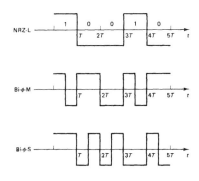

그림 1-18 Biphase-S 형식

그럼 1-18은 Biphase-S의 인코더로서 NRZ-M신호를 1/2주기만큼 지연시켜 주파수가 두 배인 클럭과 exclusive-OR시킨다. biphase-M은 이와 유사하며, NRZ-M 대신 NRZ-S를 이용한다.

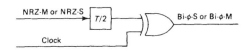

그림 1-19 Biphase-S에 대한 인코더

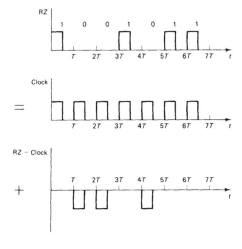

그림 1-20 RZ신호의 주기적인 요소

특징 1. Bi-phase 신호는 매 Bit마다 그 Bit의 중간점에서 신호상태의 변위를 일으킨다.(Transition)

특징 2. 이 변위의 방향은 Data Bit의 값에 따라 결정된다.(예를 들어 U-2970B에서는 Po-sitive 쪽으로 바뀌는 것을 '0'로 표시하고 Negative 쪽으로 바뀌는 '1'로 표시한다.) 그림 3.8은 NRZ Data Bit들과 이에 상응하는 Bi-phase Code들을 보여주고 있다.

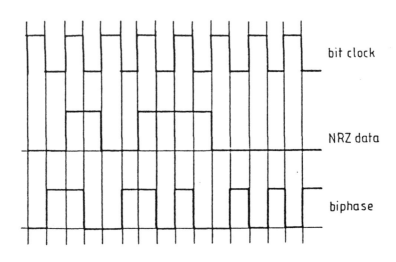

그림 1-21 NRZ Data Bit Stream의 신호 파형

1.7 Digital Modulation

1) 진폭 변조(ASK)

기저대역 신호는 저주파수들로 구성되어 있기 때문에 대역통과 특성들을 가지고 채널을 통해서 효율적으로 전송될 수 없다.

대역통과채널(band-pass channel)을 통해서 효율적으로 전송할 수 있게 하기 위해서, 기저대역 신호를 변조시키는 일반적인 세 가지 방법이 있다. 전송의 효율을 증가시킬 수 있는 것 이외에, 이들 기술은 주파수 분할 다중화(frequency-division multiplexing : FDM)와 같은 2차원의 다중화를 가능하게 한다. 이러한 형태의 다중화를 사용함으로써 다중화시키지 않았을 때 가능한 것보다 더 많은 신호를 보내기 위해서 넓은 대역의 채널을 사용할 수 있다. 세 가지 기술들은 아날로그 통신에서 이용한 것과 같은 진폭 변조(amplitude modulation : AM), 주파수 변조(frequency modulation : FM), 위상 변조(phase modulation : PM)이다. 샘플된 정보를 보내기 위해서 다중 진폭 펄스들을 사용하는 개념을 도입하였다. 이 기술을 펄스 진폭 변조(pulse amplitude modulation PAM)라 한다. PAM파형의 Fourier변환은 직류, 즉 0 주파수 주위의 대역 안에 집중되어 있다. 만일 PAM파형을 진폭 변조시키면 부분적으로 일정한 진폭을 갖는 정현파 신호를 얻을 수 있다. 만일 정보신호가 2진이면, 정현파는 각 비트주기 동안 두 개의 가능한 진폭들 중 한 개를 가질 것이다. 우리는 전송된 신호 부분에 대하여 식 1-3을 이용함으로써 부분적으로 일정한 신호인 2진 경우를 분석할 수 있다.

$$s_i(t) = \frac{A}{2}[1 + md_i(t)]\cos(2\pi f_c t) \qquad\qquad (1\text{-}3)$$

두 개 신호 부분은 2진 0과 1을 보내기 위해서 각기 I=0 과 i=1의 결과를 갖는다. $d_i(t)$는 +1 또는 -1이며, 이것은 정규화된 쌍극(bipolar) 데이터로 간주할 수 있다. m은 변조 지수(index of modulation)이다. 예를 들어, 만일 m=0이면 우리는 순수한 반송정현파를 보낸다.

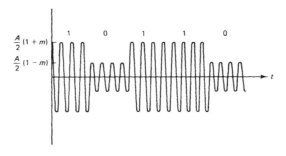

그림 1-22 ASK파형

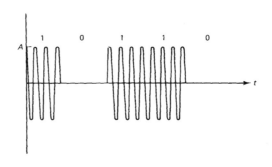

그림 1-23 On-Off키잉(OOK)

만일 m=1/2이면 0인 경우에 대하여 A/4진폭의 정현파적 버스트(burst)를 보내고, 1인 경우에 대해서는 3A/4진폭의 정현파 버스트를 보낸다. 파형이 그림 1-22에 나타나 있다. 이와 같은 전송 형태를 진폭 천이 키잉(amplitude shift keying : ASK)이라 한다. M=1인 경우가 일반적으로 사용된다. 그림 1-23에 대표적 파형을 나타내었다. OOK는 단극(unipolar) 기저대역 신호를 가지고 반송파 진폭 변조하는 것과 같다.

(1) ASK 스펙트럼

기저대역 신호들을 위해서 사용된 것과 유사한 기술을 이용하여, 2진 ASK(BASK) 신호의 전력스펙트럼밀도를 구할 수 있다. 랜덤 데이터와 on-off 키잉을 고려해 보자. 식 (1-4)로부터 반송파 진폭은 A/2이고 반송파 전력 P_c는 $A^2/8$임을 알 수 있다.

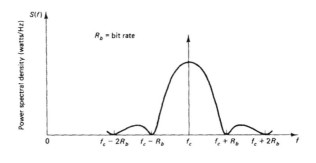

그림 1-24 OOK의 전력스펙트럼밀도

전송된 전력이 2진 1이 보내어지는 동안은 $A^2/2$이고, 0이 보내어지는 동안은 0이

라는 사실을 알고 있으므로 ASK 신호의 전체 평균 전력을 구할 수 있다. 만일 1과 0
이 동등하게 발생한다면, 평균 전송전력은 $A^2/4$이다. 이것의 반이 반송파 전력이고,
나머지 $A^2/8$은 측대역(정보)안에 있는 전력 P_i이다. 이 양은 전력스펙트럼밀도 곡선
의 연속적 부분 아래의 면적과 같다. 전력스펙트럼밀도는 그림 1.4에 나타나 있다. 전
송된 반송파 AM의 형태와 같이 반송주파수에서는 충격파로 표시되고 있음을 주의하
여라.

(2) ASK 변조기

   ASK파형을 발생시키는 것에는 두 가지 접근방식이 있다. 첫 번째 접근방식은 기저
대역 신호를 가지고 시작하여, 정현반송파를 진폭 변조하기 위하여 이것을 사용한다. 기
저대역 신호는 몇몇의 다른 파형 부분들로 구성되기 때문에, AM파형 또한 몇몇의 다른
변조된 부분들로 구성된다. 다른 접근방식은 기저대역 신호의 형성 없이 직접적으로AM
파형을 발생시키는 것이다. 2진수의 경우, 발생기는 단지 두 개의 구별되는 AM파형 부
분들 중 하나를 구성할 수 있도록 해야 한다. on-off 키잉인 경우 그림 1-25에서 나타
낸 것처럼 발진기를 on하고 off하는 스위치 가 필요하다

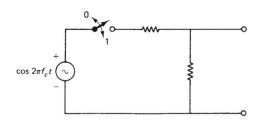

그림 1-25 OKK BASK을 위한 변조기

(3) ASK 동기 검파기

   변조기(modulator)가 크게 두 가지로 분류될 수 있는 것처럼 복조기(demodulator)
도 두 가지 분류가 있다. 첫 번째 접근방식은 기저대역 신호를 복원하기 위해서 AM파
형을 복조하는 것이다. 이 과정은 아날로그 AM복조기술을 이용하여 수행될 수 있다.
일단 기저대역 신호가 복원되면 그 복원된 신호를 데이터 신호로 디코드할 수 있다. 복

조기의 두 번째 분류는 복조와 디코딩을 하나의 처리과정으로 결합하는 것이다. 통신이 디지털이기 때문에 수신된 AM파형은 이산 신호 부분들로 구성된다. 수신기는 가능한 신호 부분들 중의 어느 것이 각 샘플링 주기 동안 수신되었는가를 알 필요가 있다. 우리는 이미 이 목적을 위한 최적 수신기가 정합필터 검파기라는 것을 알고 있다. 이것이 그림 1-26에 나타나 있다. on-off 키잉의 경우, 그림 1-26의 검파기는 보여주는 간단한 형태로 만들 수 있다. 출력이 비교되어지는 임계치는 0이 아니다. 두 개 신호의 에너지가 같지 않기 때문이다. 정합필터 검파기를 사용하는 것은 수신기에서 반송파를 복원시키는 것을 필요로 한다. 파형이 반송파항을 포함하기 때문에 대역 통과필터 또는 PLL(phase locked loop)을 사용하여 반송파를 복원할 수 있다.

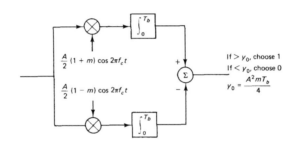

그림 1-26 BASK을 위한 정합필터 검파기

(4) ASK 비동기 검파기

정합필터 검파기를 위한 반송파의 복원은 어렵지 않다. 그러나 만일 데이터가 0들의 긴 스트링(string)을 포함하면, 수신기는 수신된 모든 것이 랜덤 잡음인, 상대적으로 긴 주기를 경험하게 된다. 이와 같은 경우 반송파는 송신기가 다시 시동되었을 때 다시 복원되어져야 한다. 아날로그 통신에서 사용된 경우와 마찬가지로 비동기 검파(incoherent detector)에서는 반송파의 복원이 요구되어지지 않는다. 비동기 검파의 가장 간단한 형태가 그림 1-27에서 보여주는 포락선 검파기이다. 포락선 검파기의 출력은 기저대역 신호이다. 비동기 검파기는 동기 검파기보다도 구성하는 데 단순하다. 그러나 성능을 조사할 때까지 성급하게 제작 결정을 하지 않아야 한다. 예상할 수 있는 바와 같이, 비동기 검파기는 동기 검파기보다 더 높은 비트 에러율을 가지고 있다.

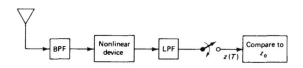

그림 1-27 OOK BASK 경우의 포락선 검파기

실제로 정보신호가 수신측에 도달하여 다시 정보 신호화하는 데에는, 이 광범위한 주파수의 대역 중 DC로부터 Bit 주파수보다 약간 높은 주파수까지만 전송하여 주면 충분하다. 이 송신에 필요한 **주파수 대역을 기본파대(Base Band)라고 부른다. 실제 송신단계에서는 이 Base Band를 직접 송신하지 않고 다른 주파수의 대역으로 바꾸어서 송신을 하는데 그 이유 중 두 가지를 고찰하여 보면 첫째로 단일 Channel에 다중신호를 동시에 송신하기 위한 목적과 둘째로는 송·수신측 사이의 전송방식에 따라, 예를 들면 무선전파를 사용할 경우 주파수를 무선전파의 범위로 올려주어야 하기 때문이다. ASK는 Base Band의 주파수를 다른 Band의 주파수로 바꾸는데 가장 간단한 방법중의 하나로서 **반송파를 사용하여 진폭변조를 함으로서 그 목적을 달성하고 있다. 진폭변조는 반송파의 진폭을 Base Band의 신호에 비례하여 바꾸어 주는 것을 의미한다. 이때 반송파의 진폭이 두 가지 또는 그 이상 몇 가지의 사정에 규정된 Level사이에서 **변화하는데 이를 편이(Keying)라고 한다. 따라서 반송파를 단속하여 반송파가 송신되는 것을 디지틀 신호의 '1'이라고 하고, 반송파의 중단상태를 디지틀 신호의 '0'로 간주한다면 이를 ASK라고 부르고 된다. 여기서 우리는 두 가지 형태의 ASK를 실험하게 된다. 그 첫 번째는 그림 1-28에 나타난 것처럼 시간에 따라 반송파의 존재여부로 디지틀 신호를 대변하는 방법이다.

이 ASK 신호는 그림 1-29에 나타난 것처럼 반송파를 중심으로 상·하측파대의 주파수를 점유하고 있다. 이는 마치 Base Band가 DC(0 주파수)를 중심으로 위치하고 있는 것과 유사하다. 이 방식의 ASK에서는 반송파의 주파수는 일정하여 반송파 자체 내에는 아무런 정보도 포함되어 있지 않다. 두 번째의 ASK 타입은 아무런 정보도 내포하지 않고 에너지만 소모하는 이 반송파를 제거함으로서 송신효율을 향상시키는 방법이다. 이 경우에는 양측파대(Side Band)만 수신 측으로 전송이 된다.

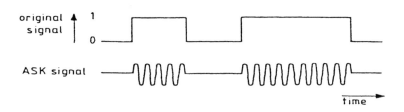

그림 1-28 반송파를 내포한 ASK 신호

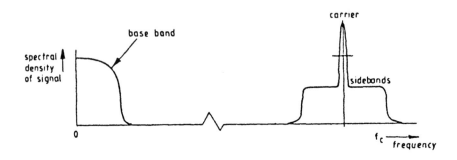

그림 1-29 기본파대와 ASK 신호의 주파수 분포도

2) 주파수변조(FSK)

주파수 변조는 전송하고자 하는 데이터의 반송주파수를 해석의 방법이다. 주파수 천이(Frequency Shift)는 비선형적인 방법으로 데이터 신호들을 비교하여 상대적인 주파수로 변화시키는 방법으로 만든다. 변조된 데이터 신호의 대역폭은 데이터 기저대역 신호의 대역폭으로부터 변화한다. 아날로그 통신에서 FM은 부가된 잡음의 존재한다는 가정하에서 잡음 억제 성능을 주기 때문에 AM대신 많이 사용된다. 주파수 변조를 사용하는 다른 이유는 인코더와 디코더를 간단하게 구현할 수 있다는 것이다. 기저대역 신호를 발생하는 시스템에서 기저대역 신호가 임의의 구간에서 연속인 부분들로 구성되었다고 하면 그것은 예는 다음과 같다. 2진수 1은 V_1볼트의 구형파 펄스로 전송되어지고, 2진수 0은 V_0볼트의 펄스로 전송될 때이다. 주파수 변조(frequency modulation)에서 기저대역 정보에 따라서 변화하는 것은 반송파의 주파수이다. 이것은 기저대역 신호에 따라 변화되는 것이 반송파의 진폭인 진폭 변조(AM)와 차이가 있다. 기저대역 신호는 "0" 혹은 "1"중 하나를 선택하기 때문에 변조된 파형은 두 가지 주파수 중 하나를 취하고, 변조 과정은 키잉(keying)형태로 생각할 수 있다. 이와같은 과정으로 만들어진 FM파형이 주파수 천이 키잉(frequency shift keying : FSK)이다. 만약 양극 기저 대역 신호가 반송파를 주파수 변조하기 위해서 사용될 때, FM 파형은 식 (1-4)로 표현할 수 있다.

$$\lambda_{fm}(t) = A\cos\left[2\pi f_c t + 2\pi k_f \int s_b(t)dt\right] \tag{1-4}$$

여기서 $s_b(t)$는 +V 또는 -V이다. 시간작으로 순간적인 주파수는 다음과 같이 위상을 한번 미분함으로써 다음 식과 같이 주어진다.

$$f_t(t) = f_c \pm k_f V \tag{1-5}$$

최대 주파수 편이(maximum frequency deviation) Δf는 $k_f V$이며, FSK 파형의 주파수는 다음과 같다.

$$f_i(t) = f_c + \Delta f d_i(t) \tag{1-6}$$

$d_i(t)$는 1 또는 0의 값을 가지며, 각 값에 따라 +1 또는 -1이다. 그림 1.30은 FSK 파형을 보여준다.

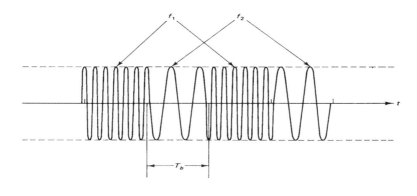

그림 1-30 FSK 파형

(1) FSK의 변조기와 복조기

변조기의 동작은 두개의 주파수가 기저대역 값에 의해 갑자기 변화하는 것으로 표현된다. 이때 기저대역은 완벽한 구형파 펄스로 만들어져 있다고 가정하였었다. 실제로 펄스는 반송파 변조하기 전에 만들어진다. 그러므로 실제로 주파수 천이는 순간적으로 급히 변하는 것이 아니라 주파수가 보다 완만하게 변한다. 그리고 변조기는 전자 장치를 사용하여 이런 내용을 구현되어 져야 한다.

(2) 복조기

복조기는 그림 1-31의 동기 정합필터 검파기를 가지고 이해하면 쉽다. 복조기는 상관기를 이용한 검파를 통하여 가능하다. 정합필터는 정현파 버스트를 이용하여 만들 임펄스 응답기인 필터이다. 이것은 정현파 주파수에 동조된 대역통과필터와 유사하다. 동기 검파기는 수신기에서 두 가지의 반송파 주파수를 분리하여야 한다. 각 반송파 주파수의 변조는 전송되어진 반송파이기 때문에 두 개의 대역 통과필터의 PLL을 이용함으로서 가능해 진다. 그러나 FSK의 경우 반송파는 항상 존재하지 않는다. 예를 들어, 1이 전송되어지는 동안 $f_c - \Delta f$ 에서 반송파 보다 다소 낮은 주파수가 전송되고, 반면 0이 전송되어지는 동안 $f_c + \Delta f$ 에서 반송파 보다 다소 높은 주파수가 전송된다.

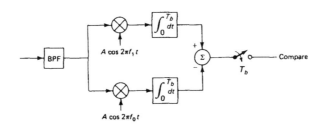

그림 1-31 FSK을 위한 정합필터 검파기

만일 대역통과필터가 쓰이면 과도상태가 발생한다. 이와 같은 과도로 인한 왜곡은 연속적인 1 또는 0의 수가 증가할수록 더욱 심화된다. 이 때문에 비동기 검파기를 고려하게 된다. 비동기 검파기의 간단한 구현이 그림 1-31에 나타나 있다. 검파기는 0과 1로 구성된 기저대역신호를 위해 사용된 두 개 주파수 중, 각기 주파수에 동기된 두 개의 대역통과필터를 갖는다. 정합필터 출력은 검파된 포락선과 그것을 다시 적분 그리고 덤프(dump) 연산을 통하여 검파한 기저대역 신호이다. 검파기는 단순히 수신기에서 두 개의 가능한 정현파 중 어느 것이 더 두개의 필터를 통합값이 큰가를 비교한다. 만일 두 개의 포락선 검파기의 출력 차를 이용하면, 그 결과는 양극 기저대역 신호이다. 다른 형태의 비동기 검파기는 다음과 같다. 하나의 예로 포락선 검파기 다음에 판별기 (discriminator)를 연결한다. 판별기의 출력은 입력 주파수에 비례하는 진폭을 갖으며, 포락선 검파기의 출력은 두 개의 다른 양수 레벨들로 구성된 기저대역 신호를 갖는다. 이 신호는 기저대역 기술을 이용하여 검파할 수 있다

3) PSK(Phase Shift Keying, 위상 천이 키잉)

아날로그 통신(analog communication)방식에서는 주파수 변조와 위상 변조 사이에 유사성이 많다. 기저대역 신호 파형의 주파수는 순간 위상(instantaneous phase)을 시간의 도함수로 정의되기 때문이다. 디지털 통신(digital communication) 방식에서는, 주파수 변조와 위상 변조의 통신 방식의 차이는 크다. 디지털 정보신호가 파형의 이진수로 표현되어 지기 때문이다. 위상 변조에 있어서도 진폭 변조 및 주파수 변조와 같이 식 1-7과 같은 정현 반송파로부터 시작한다

$$Acos[\Theta(t)] \tag{1-7}$$

주파수 변조에서 순간주파수에 비례하는 $\Theta(t)$는 기저대역 또는 정보신호에 따라서 달라진다. 위상 변조에서 기저대역 신호에 의해 결정되는 것은 위상이다. 따라서, 식 1-8과 같이 나타낼 수 있다.

$$\Theta(t) = 2\pi[f_c t + k_p s_b(t)] \tag{1-8}$$

2진 주파수 천이 키잉(binary frequency shift keying : BFSK)에 있어서는 1을 송신하는가, 또는 0을 송신하는가에 따라서 상이한 두 주파수의 정현파 사이를 선택한다. 2진 위상 천이 키잉에 있어서는 반송주파수는 변하지 않고, 위상 변화 때문에 고정된 두 위상차 중에 하나를 갖게 된다. 0 및 1을 송신하는 데 사용되는 두 신호는 다음과 같이 표시한다

$$s_0(t) = A\cos(2\pi f_0 t + \Theta_0)$$
$$s_1(t) = A\cos(2\pi f_0 t + \Theta_1) \tag{1-9}$$

여기서 Θ_0 및 Θ_1은 정해진 위상 천이 차이다. 이들을 표시하는 또 한 가지 방법은 다음과 같다.

$$s_i(t) = A\cos[2\pi f_0 t + \Delta\Theta\, d_i(t)] \tag{1-10}$$

여기서 $d_i(t)$는 +1 또는 -1로 구성된 데이터의 양과 음의 값을 정하는 부호이며, $\Delta\Theta$는 변조지수(modulation index)라고 정의 하며, 이것은 위상의 미분한 값이다. 삼각함수를 이용하여, 다음과 같이 표시할 수 있다.

$$s_i(t) = A\cos(2\pi f_0 t)\cos[\Delta\Theta\, d_i(t)] - A\sin(2\pi f_0 T)\sin[\Delta\Theta\, d_i(t)] \tag{1-11}$$

여현 함수와 정현함수의 우함수 및 기함수 성질을 이용하여 간단히 하면 다음과 같이 된다.

$$s_i(t) = A\cos(\Delta\Theta)\cos(2\pi f_0 t) - A d_i(t)\sin(\Delta\Theta)\sin(2\pi f_0 t) \tag{1-12}$$

식 (1-13)의 첫째항은 잔류반송파(residual carrier)이며, 다음과 같은 전력을 갖는다.

$$P_c = \frac{A^2\cos^2(\Delta\Theta)}{2} \tag{1-13}$$

둘째항은 피 변조 정보신호 또는 측파대 신호를 나타내며, 이 항의 전력은 다음과 같다.

$$P_d = \frac{A^2\sin^2(\Delta\Theta)}{2} \tag{1-14}$$

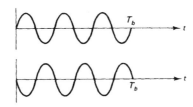

그림 1-32 BPSK을 위한 파형

전체 송신 전력은 $A^2/2$이다. 만일 변조지수 $\Delta\Theta$를 $\pi/2$로 놓는다면, 식 (1-12)는 다음과 같이 간략화될 수 있다.

$$s_i(t) = A\,d_i(t)\cos(2\pi f_0 t) \qquad\qquad (1\text{-}15)$$

이것은 억압반송파(suppressed carrier) 경우를 나타내고, 두 개 신호들은 서로의 부호가 반대인 경우이다.

$$s_1(t) = -s_0(t) \qquad\qquad (1\text{-}16)$$

이것은 최소 비트를 갖기 때문에, 가장 좋은 위상을 선택한 경우이다. 이때 위상은 180°이다. 이 표현은 신호공간(signal space)으로 잘 할 수 있다. 신호 공간도는 두 개의 직교 정규 신호의 방향에서 전송된 신호의 복소 투영을 나타내는 벡터 표현이다. 수평축은 $\cos(2\pi f_0 t)$ 요소를 나타내기 위해서 사용되고, 수직축은 $\sin(2\pi f_0 t)$ 요소를 나타내기 위해서 사용한다 정현과 여현의 위상차는 90°이다. 이들은 위상 쿼드러춰(phase quadrature)이다. 그림 1-33에 억압된 반송파 경우의 신호공간을 표현하였다.

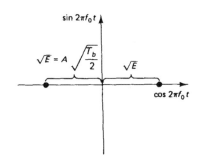

그림 1-33 PSK에 대한 신호공간

원점에서 각 점의 거리는 비트당 신호 에너지의 제곱근이다. 각 신호의 전력이 $A^2/2$이기 때문에 비트 당 에너지는 $A^2 T_b/2$이다. 두 지점 사이의 거리는 $2\sqrt{E}$, 즉 $A\sqrt{2T_b}$이다. 이 거리는 두 신호의 차이를 나타내며 이 거리가 길수록 비트에러확률이 더 작아진다.

(1) BPSK

BPSK 신호는 두 ASK파형의 중첩으로 생각할 수 있다. 만일 억압반송파인 경우 PSK는 두 개의 OOK 신호 사이의 차이를 나타낸것과 같다.

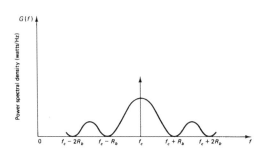

그림 1-34 BPSK에 대한 전력 스펙트럼밀도

첫 번째 것은 데이터 신호로서 진폭 천이 키잉했을 때 발생하는 OOK신호이다. 두 번째 것은 데이터 신호의 보수의 OOK신호이다. 따라서, 스펙트럼의 첫 번째 0은 반송 주파수로부터 비트율이 R_b만큼 떨어진 곳에서 일어난다. PSK의 대역폭은 $2R_b$이다.

그림 1-34는 전력 스펙트럼 밀도를 나타낸다.

(2) PSK의 변조기 및 복조기

(2-1) PSK 변조기

PSK의 변조기(modulator)는 FSK에서 사용된 변조기와 유사하다. 이것은 키(key) 변조기로부터 시작한다. 키 변조기는 두 개의 발진기와 하나의 스위치로 이루어져 있으며, 어느 신호를 송신하는가에 따라서 전환한다. 한 개의 발진기를 사용할 수도 있으며, 이 때 한쪽은 지연통로(delayed path)를 사용하고, 다른 쪽은 직접통로(direct path)를 사용한다. 아날로그 변조기는 급격한 위상 변화에 반응할 수 없으므로 스무딩(smoothing 또는 conditioning)이 필요하다.

(2-2) PSK 검파

검파에는 두 가지 방법이 있다. 파형을 복조함으로써 복원된 기저대역 신호를 얻을 수 있다. 다른 방식은 수신기 자체에 복조 및 검파과정을 하나의 과정으로 할 수 있다. 이 방식은 수신된 신호의 위상을 알고 있을 때는 정합필터를 이용하는 것이다. 만일 반송파가 송출되는 상태에서(즉, $\Delta\Theta \neq \pi/2$일 때), PSK 변조가 행해졌다면, 이 반송파는 매우 좁은 대역의 대역 통과필터 또는 PLL을 이용하여 재구성할 수 있다.

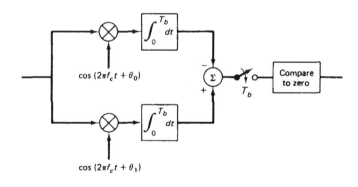

그림 1-35 BPSK 정합필터 검파기

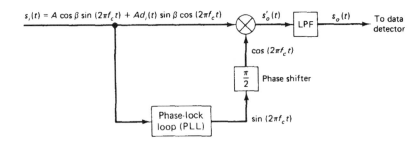

그림 1-36 BPSK에서의 반송파 재구성

만일 반송파가 없는 상태에서 ($\Delta\Theta\neq\pi/2$) 변조가 행해졌다면 PLL은 동기할 수 없으므로, 반송파 재구성을 위해서는 제곱루프(squaring loop)법을 사용해야 한다.

$$s_i(t) = Ad_i(t)\cos(2\pi f_0 t) \tag{1-17}$$

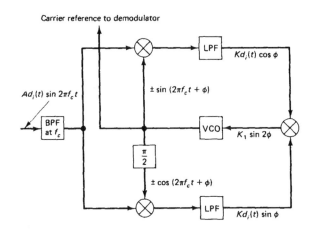

그림 1-37 코스타스루프

그것의 의미는 식 1-17을 제곱하면 데이터에 해당하는 정현파의 제곱은 얻는다. 이것을 그림 1-37에 나타내었다. 코스타스루프(costas loop)는 제곱루프(squaring loop)의 한 방식이다. 이것의 블록도는 그림 1-38에 나타나 있다. 만일 에러 각(error angle) ε가 0으로 되면 코스타스루프는 동기 상태가 된다. 비동기(incoherent) 검파기들은 PSK에는 사용될 수 없다. 비동기 검파기들은 모든 위상 정보를 잃어버린다. 입력이 PSK이면, 비동기 검파기의 출력은 항상 일정하다. 즉, 출력은 0을 수신하거나 1을 수신하거나 무관하다.

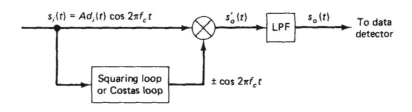

그림 1-38 반송파 재구성을 위한 제곱루프

참고문헌

[1] Rodem, "Analog and Digital Communication System"
    Prentice Hall, pp 269-300, 2000
[2] Haykin, "Communication Systems", Wiley,
[3] Miller, "Modern Electronic Communication", Prenties Hall

2장 : RFID 기초

2.1 서론

RFID는 Radio Frequency Identification의 약자이다. 이 기술은 오래전에 개발된 기술이다. 2차 대전 중 적군의 전투기인지 아군의 전투기 인지를 판별할 때, 이 RFID 기술을 사용하였다. 그러나 방대한 크기와 양의 하드웨어 때문에 일반 산업에서는 사용하지 못하였다. 20세기에 들어서 집적회로의 발달로 하드웨어의 소형화가 이루어짐으로 인해 여러 산업 분야에 적용이 가능하게 되었다. 이 기술은 대상물에 전자 택을 부착하고, RF(Radio Frequency)을 이용하여 대상물의 고유 정보를 인식하여, 고유정보를 수집, 저장, 가공 및 추적을 통하여 대상물의 위치, 원격 관리, 및 대상물의 정보 교환의 서비스를 제공한다. RFID는 택, 리더, 호스트 컴퓨터 그리고 미들웨어로 구성이 된다. 이 시스템과 연동하여 무선통신기기를 이용한 원거리 데이터 전송 그리고 원격 관리 등을 할 수 있다. 이 시스템은 모든 사물에 적용이 가능하다. 이로써 유비쿼터스 시대의 주축이 될 핵심 기술이다.

2.2 RFID 시스템

RFID는 전자인식 혹은 무선인식으로 번역한다. RFID system은 라디오 주파수를 이용하며, 사용하는 라디오 주파수 대역에 따라 그 용도도 다르다. 일반적으로 주파수는 125KHz, 13.56MHz, 433MHz, 900MHz 그리고 2.4GHz이다. 그 외에도 많은 주파수 대역을 사용한다. RFID 시스템은 Passive와 Active 시스템이 있는데 Passive는 Tag을 동작 시키는 전원은 내부에 존재하지 않고 Reader에서 보내온 전자기파를 이용하여 전원을 공급받는다. RFID 시용 대역 중에 433MHz 대역은 주로 Active RFID 시스템으로 사용된다. 주파수 대역을 선택할 때, 다음의 특성을 고려해야 한다.

- RFID의 통신 범위는 신호의 주파수가 낮을수록 무지향성으로 멀리 전파한다.
- 100MHz 이하의 주파수에서는 장거리 통신에 제한을 받는다. 그 이유는 이 주파수 대역에서는 대부분 유도결합을 이용함으로 환경 잡음이 높기 때문이다.
- 복잡한 환경에서 전파는 신호가 일반적으로 파장의 크기 정도 물체에서 회절 현상이 심해진다. 그러므로 파장이 짧아지면 환경에 대한 영향이 매우 커지므로 2GHz 이상에서는 거 의 비실용적이다. 아래 그림 2-1에서 보면 100MHz ~ 1GHz에서 능동형 RFID 주파수로는 최적의 기술적 성능을 나타 낸다.

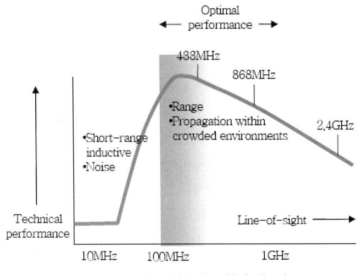

그림 2-1. 주파수 대역에 따른 기술적 성능 비교

이러한 RFID system은 리더(인식기), Tag, Host Computer로 구성되어 있다. 이 구성에 대한 블럭도를 그림 2-2에서 보인다.

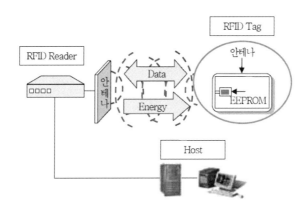

그림 2-2. RFID 시스템 블록도

2.3 RFID 시스템 구성

1) Reader

리더에는 안테나 코일, 수신된 파형의 최고치 추출을 위한 H/W 그리고 비교기 등이 있으며, MCU의 제어에 의해 안테나 코일은 Tag으로 에너지를 공급한다. Tag에서 Backscatter변조 혹은 다른 변조 방법으로 보내온 택 정보를 리더에서 복조하는 기능의 마이크로 콘트롤러(MCU)가 있다.

2) Tag

Tag의 구성은 실리콘 메모리 칩(브리지정류기, RF입출력장치), PCB 위의 입·출력 안테나 코일 그리고 저주파에서 동조 콘덴서 등의 장치이다. Tag은 에너지를 리더에서 발생되는 시변 전자기파에 의해 얻는다. 이것은 리더기의 전자기파 전송에 의해 Tag의 구동전원이 만들어진다는 의미이다. RF 신호를 변조신호라고 하고, 이 RF 영역 안에 Tag 안테나 코일이 통과될 때, 코일에서 AC전압이 유기된다. 이 전압을 Tag의 전원 정류기에서 직류로 정류된다. 이 전압에 의해 Tag은 구동이 되며, Tag은 리더로 Backscattering 방식에 의해 Tag 정보를 보낸다. 리더는 이 신호의 추출로 Tag안에 저장된 데이터를 인식할 수 있다.

3) Carrier

RF carrier는 리더에서 Tag에 에너지가 전송되는 파이며, Tag으로 부터 정보를 되받는다. 예로써 ISO 주파수(125KHz, 13.56MHz)의 예에서 추측할 수 있다. 고주파는 RFID Tagging에 사용된다.

4) Modulation

반송파 진폭의 주기적인 변화(진폭변조)는 Tag에서 리더기로 데이터 전송에 사용되며, 시스템은 다음의 방법으로 패시브 RFID Tag에 동작한다. 그것은 RF나 마이크로파 시스템을 이해하고 있는 사람들이 이 방법을 이용한다. 이것은 하나의 양방향 전송기이다.

5) System 신호

1. 리더는 RF 반송 사인파를 지속적으로 발진시킨다. 항상 변조가 일어나는지 아닌지를 관찰한다. 영역에서 추출된 변조는 Tag이 존재하는지를 감지한다.
2. Tag은 리더에 의해 발진된 RF 영역 내에서 동작한다. Tag이 완전한 동작을 할 때 필요한 에너지를 받으면 반송파가 분주되고, 코일 입력에 연결된 출력 TR에 의해 데이터 클럭이 시작된다.
3. Tag의 출력 TR은 코일에 접속되고, 메모리 어레이의 클럭이 시작될 때 관련된 데이터는 연속적 전송이 된다.
4. 션트 코일은 반송파의 순간적인 감쇄의 경우는 반송파의 진폭의 변화를 나타낸다.
5. 리더는 Tag으로부터 전송된 진폭 변조 데이터의 피크치를 추출하고, 엔코딩 그리고 변조방법 사용에 따라 최종적으로 Bit Stream으로 만들어 낸다.

6) Backscatter 변조

수동 RFID Tag에서 리더로 데이터를 보내는 것에 사용된 통신 방법이다. TR에 의해 되풀이되는 Tag코일의 Shunting에 의해, Tag은 리더의 RF 반송파 진폭에서 아주 적은 변동을 만들어 낸다. RF link는 변압기처럼 동작한다. 2차코일(Tag 코일)이 순간적으로 접속이 되면, 1차코일(리더코일)은 순간적으로 전압 강하가 일어난다. 리더는

그림 3-1처럼 약 60dB 낮게(100V 사인파에서 100mV)피크치로 나타난다. 리더에서 이 진폭 변조는 리더기에 걸린 진폭 변조로 되돌아오는 통신 경로를 만들어 낸다. 데이터는 그것으로 인해 엔코드될 수 있고 혹은 역으로 변조할 수 있다.

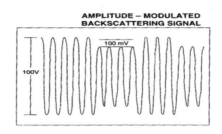

그림 3-1. Backscttering 신호

7) 데이터 엔코딩

데이터 엔코딩은 데이터 비트 스트림이 주기적으로 일어날 때 혹은 그 과정에서 일어난다. 이것은 전송되어 복조된 시간 동안 그리고 그것이 리더로 전송된 시간동안 일어난다. 여러 가지 엔코딩 알고리즘들은 에러 제거, 적용의 비용, 대역폭, 동기 용량의 효과를 만들 수 있다. 그리고 시스템의 다른 디자인을 할 수 있다.

RFID Tag에는 다음의 일반적인 엔코딩 방법이 쓰인다.

1. NRZ : 이 방법은 모든 부분에서 데이터 엔코딩이 일어나지 않는다. "1"과 "0"은 데이터 어레이로부터 직접적으로 출력 TR을 이용하여 만들어 낸다. "1"은 신호에서 "high"이고, "0"은 신호에서 "low"이다.

2. Differential Biphase : Differential Biphase는 데이터 출력 비트 열은 모든 클럭 모서리에서 "1"과 "0"을 알 수 있다. 이 모서리는 클럭 주기의 중간에서 일어난다. 이것은 리더에서 비트열의 동기화에 많은 장점을 갖고 있다. 이것은 에러 교정에 많은 장점을 갖고 있다. "1"은 그 앞 신호의 마지막부분("high" 혹은 "Low")에서 변하고, "0"은 그 앞 신호의 마지막 부분에서 변한다.

8) 데이터변조

모든 데이터가 진폭 변조(Backscatter Modulation)로써 반송파를 호스트로 전달함에도 불구하고 1, 0의 실제적인 변조는 다음 3가지 부가적인 변조 방법으로 이루어진다.

1. Direct : 직접변조. Backscatter의 진폭 변조는 단지 변조에만 쓰인다. 포락선의 높은 위치는 1이고, 낮은 위치는 0이다. 직접 변조는 높은 데이터 rate을 발생한다. 그러나 나쁜 잡음 특성을 갖는다.

2. FSK : 변조의 이 형태는 데이터 전송을 위해 다른 두 주파수를 사용할 때 쓰인다. 대부분 기본 FSK 모드는 Fc/8/10(Fc : 반송주파수)이다. 다른 말로 "0"은 8로 나누어진 반송 주파수의 주기를 갖는 진폭 변조 클럭 사이클로 전송된다. "1"은 Fc/10이다. 반송파의 진폭 변조는 비트 스트림에서 "0"과 "1"에 따라 Fc/8에서 Fc/10으로 연결된다. 그리고 리더는 단지 피크치 추출된 클럭의 모서리 사이의 카운터 사이클을 갖는다. FSK는 간단한 리더를 설계할 수 있고, 또한 잡음에 강하다. 그러나 낮은 데이터 data rate에서는 다른 변조의 형태보다 많은 단점을 갖고 있다.

3. PSK : 데이터 변조의 이 방법은 FSK에 비해 간단하다. 왜냐하면 한 주파수를 사용하기 때문이다. 페이저을 변화하여 "1"과 "0"을 표현한다. "1"과 "0"은 위상이 180도 차이가 난다. PSK는 잡음에 좋은 결과를 갖는다. FSK보다 빠른 data rate을 갖는다. 전형적으로 Fs/2 Backscatter CLK을 사용한다.

3장 : RFID 시스템 설계

3.1 안테나 설계

1) 서론

Passive RFID tag의 동작을 위한 전압은 Tag 안테나 코일에 전압이 유기되어야 한다. 이 발생된 전압은 교류 전압으로서 Tag의 동작을 위해 사용된다. 그러나 교류를 직류로 변환하는 정류장치가 필요하다. 13.56MHz의 파장은 22.12 meter이다. 그러므로 이 주파수를 사용하는 RFID 응용 분야에서 전파장(Full Wavelength) 안테나는 만들기가 어렵다. 그러므로 이 주파수에서 공진되는 작은 루프안테나를 사용한다. 13.56MHz Passive Tag의 루프 안테나는 수 mH의 인덕턴스와 수백 pF의 캐패시턴스가 공진을 위해 사용된다.

2) 안테나 설계를 위한 기본 이론

(1) 전류와 자기장

Ampere법칙은 "콘덕터에서 전류의 흐름은 콘덕터 주위에 자기장을 형성한다"이다. 즉 자기장은 전류에 의해 만들어지며, 유한길이를 갖는 원형 전선에서 식 (3-1)처럼 표현된다.

$$B_\Phi = \frac{\mu_0 I}{4\pi r} (cos\alpha_2 - cos\alpha_1) \quad [Weber/m^2] \tag{3-1}$$

여기서, I = 전류, r = 전선의 중심에서 거리, μ_0 =자유 공간에서 유전률 (여기서 $4\pi \times 10^{-7}$ [Henry / meter])이다. 유한 길이의 긴 선을 갖는 특별한 경우로 α_1

$= - 1800 \ \alpha_2 = 00$일 때는 식(3-2)로 쓸 수 있다.

$$B_\Phi = \frac{\mu_0 I}{2\pi r} \quad [Weber/m^2] \tag{3-2}$$

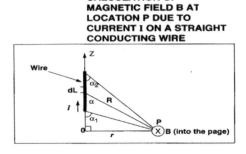

그림 3-1 코일에서 전류에 의한 자기장 B

이 자기장은 원형 루프 안테나에 의해 만들어지며, 식(3-3)과 같다.

$$B_\Phi = \frac{\mu_0 IN \, a^2}{2\left(a^2 + r^2\right)^{\frac{3}{2}}} = \frac{\mu_0 INa^2}{2}\left(\frac{1}{r^3}\right) \quad \text{for} \ \ r^2 \gg a^2 \tag{3-3}$$

여기서 I = 전류, a = 루프의 반경, r = 전선의 중심에서 거리, μ_0 = 자유 공간에서의 유전률이다.

식(3-3)은 자기장이 r^{-3}으로 감쇄하는 것을 보여준다. 이것에 대한 그림을 3-2에서 보인다. 그것은 루프의 평면에서 최대 진폭을 갖고, 전류와 권선수 N과 비례하는 것을 보인다. 식 (3-3)은 인지 거리에 대해 요구되는 Ampere-turn 계산하는데 필요하다.

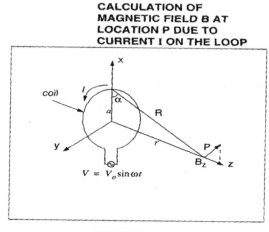

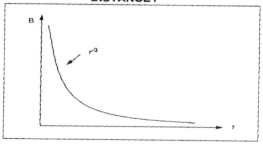

그림 3-2. 루프에 자기장과 거리에 따른 자기장 변화

(2) 안테나 코일에서의 유도된 전압

페러데이 법칙은 "폐쇄 망(루프)에 시간 변화하는 자기장은 루프를 따라 전압을 유기한다."이다. Tag과 리더 안테나가 폐쇄되었을 때, 시변 자기장 B는 리더 안테나에 의해 폐쇄된 Tag 안테나에 유기된다. 코일에서 유기된 전압은 코일에서 전류의 흐름으로 나타난다. 이것이 페러데이 법칙이다. Tag 안테나 코일에서 유기된 전압은 자속 Ψ 의 시간 rate변화와 같다. 식 (3-4)에 관계식을 보인다.

$$V = -N\frac{d\Psi}{dt} \qquad\qquad (3-4)$$

여기서 N = 안테나 코일의 권선수, Ψ = 각 turn을 통한 자속이며, − 부호는 렌

쯔법칙에 의한 것이다. 유기된 전압은 자속이 만들어진 반대의 방향으로 작용한다. 식 (2-4)에서 자속 Ψ는 총 자기장 B이고, 이것은 안테나 코일의 표면을 통하여 통과한다. 관계식을 (3-5)에 보인다.

$$\Psi = \int B \cdot dS \tag{3-5}$$

여기서 B는 식 (3-3)로 주어진 자기장, S = 코일의 표면적, ・는 백터 B와 표면적 S의 내적(두 백터 사이의 cos각)이다.

식에서 두 백터의 내적에 대한 표현은 안테나 코일을 통과하는 자속 Ψ가 안테나 코일의 집속 효과를 가져온다. 두 백터의 내적은 두 백터가 코사인 90o의 각을 갖고 있을 때 최대 값을 갖는다. Tag 코일에 통과하는 최대 자속은 두 코일(리더와 Tag)이 병렬로 되어 있을 때이다. 이 상태는 Tag 코일에서 최대 유기전압이 만들어 지고, 이 때 최대의 인식거리가 된다. 식 (3-6)의 내적은 리더와 Tag 코일 사이의 상호 결합의 항이 표현되어 있다.

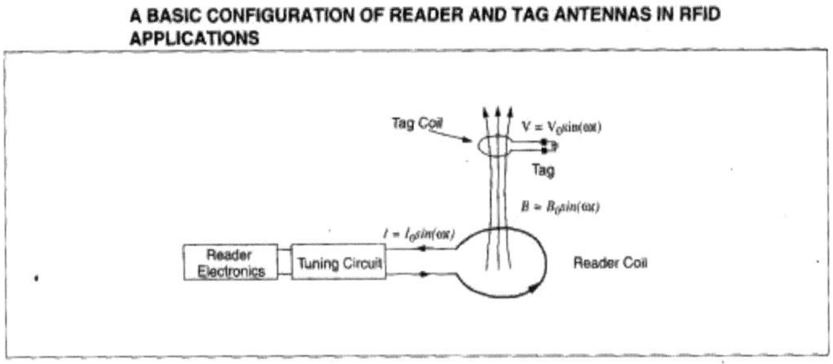
A BASIC CONFIGURATION OF READER AND TAG ANTENNAS IN RFID APPLICATIONS
Tag Coil
V = V0sin(ωt)
Tag
B = B0sin(ωt)
I = I0sin(ωt)
Reader Electronics
Tuning Circuit
Reader Coil

그림 3-3. 리더와 택 안테나의 구성

$$V = -N_2 \frac{d\Psi_{21}}{dt} = -N_2 \frac{d}{dt}\left(\int B \cdot dS\right) \tag{3-6}$$

$$= -N_2 \frac{d}{dt}\left[\int \frac{\mu_0 i_1 N_1 a^2}{2(a^2+r^2)^{3/2}} \cdot dS\right]$$

$$= -\left[\frac{\mu_0 N_1 N_2 a^2 (\pi b^2)}{2(a^2+r^2)^{3/2}}\right]\frac{di_1}{dt}$$

$$=-M\frac{di_1}{dt}$$

여기서 V = 택 코일의 전압, i_1 = 리더 코일의 전류, a = 리더 코일의 반경, b = 택 코일의 반경, M = 택과 리더코일의 상호 인덕턴스, M은 다음 식으로 주어진다.

$$M=\left[\frac{\mu_0 N_1 N_2 a^2 \left(\pi b^2\right)}{2\left(a^2+r^2\right)^{3/2}}\right] \qquad (3\text{-}7)$$

위 식은 전형적인 변압기 응용에서 전압 변환과 동일하다. 1차 코일의 전류 흐름은 2차 코일에서 전압을 만들어 내는 자속 Ψ를 만들어 낸다. 식에서 Tag 코일 전압이 두 코일 사이상호 인덕턴스가 크게 작용한다. 상호인덕턴스는 코일의 위치에 따라 다를 수 있다. Tag 코일에서 유기되는 전압은 r^{-3}으로 감소한다. 따라서 인식 거리도 r^{-3}로 감소한다. 식 으로부터 동조된 루프 코일에서 유기된 전압 V0에 대한 일반적인 표현은 다음과 같다.

$$V_0=2\pi f NSQB_0 cos\alpha \qquad (3\text{-}8)$$

여기서 f= 신호의 주파수, N= 루프에서 코일의 턴수, S=루프의 면적(m^2), Q = 회로의 선택도, B_0 = 신호의 세기, α =신호가 도달한 각도이다. 위의 식으로 선택도 Q는 송신 주파수의 감도로 측정한다.(그림 3-4 참조)

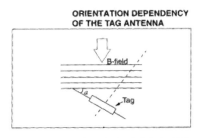

그림 3-4. 자기장과 택 안테나의 방향

루프 안테나 코일의 직각 면으로 유기된 전압은 수신된 신호 입사각의 함수이다. 유기된 전압은 안테나 코일이 $\alpha = 0$인 입사 신호와 병렬로 되어 있어야 한다.

(3) 안테나 코일의 인덕턴스

전기 전류 소자에서 콘덕터는 자기장을 만드는 콘덕터를 통하여 전기가 흐른다. 이 시변 자기장은 다른 콘덕터를 통하여 전류 흐름을 만들어 내는 능력을 갖고 있다. 이것을 인덕턴스라고 한다. 인덕턴스 L은 콘덕터의 물리적인 특성에 좌우된다. 인덕터의 인덕턴스 L은 총 자속에 인덕터를 통하여 흐르는 전류 I의 비로 정의한다.

$$L = \frac{N\Psi}{I} \qquad (Henny) \tag{3-9}$$

식 (3-9)에서 N=턴수, I= 전류, Ψ=자기장이다.

많은 turn 수를 갖는 coil에 대해 인덕턴스는 turn 사이가 공간일 때 이 공간이 크면 클수록 작은 값을 갖는다.

(4) 인덕턴스의 계산

- 직선 전선의 인덕턴스

이것은 다음 식으로 계산한다.

$$L = 0.0021 \left[\log \frac{2l}{a} - \frac{3}{4} \right] \qquad (\mu H) \tag{3-10}$$

여기서 l 그리고 a = 단위 cm로 길이와 전선의 반지름이다.

- 사각형인 얇은 판 인덕터의 인덕턴스

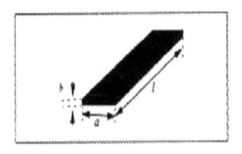

그림 3-5. 판 형태 인덕턴스

$$L = 0.002l \left\{ \ln\left(\frac{2l}{a+b}\right) + 0.50049 + \frac{a+b}{3l} \right\} \qquad (\mu H) \qquad (3\text{-}11)$$

여기서 a = 길이(cm), b = 두께(cm), l = 컨덕터의 길이(cm)이다.

3.2 안테나회로의 설계(MCRF355 칩)

1) 리더 안테나의 회로

13.56MHz에 대한 리더 안테나 코일의 인덕턴스는 보편적으로 수 mH의 범위에 있다. 이 안테나는 공심 코어 혹은 페라이트 코어 인덕터에 의해 만들어 진다. 안테나는 금속이나 혹은 PCB 내에서 만든다. 리더 안테나는 단일이나 여러 개의 코일로 만든다. 이것의 보편적인 형태는 직렬이나 병렬 공진 회로이고 혹은 여러 개의 선으로 된 루프(변압기) 안테나코일이다.

코일 회로는 최대 전력 효률에 도달하도록 동작 주파수에 동조되어야 한다. 동조된 LC 공진 회로는 선택된 주파수만 통과하는 BPF와 같다. 동조된 회로의 Q는 인지거리와 회로의 대역폭에 관계가 있다. 안테나 회로의 크기와 형태의 선택은 설계 개념에 따라 다르다. 직렬 공진회로는 공진 주파수에서 최저 임피던스를 가져야 한다. 그래야 공진 주파수에서 최대의 전류를 흘릴 수 있다. 다른 방법으로 병렬 공진회로는 공진 주파수에서 최대의 임피던스를 갖는다. 그 병렬 안테나 회로의 형태인 복수개 루프 안테나를 사용할 수 있다. 반송 주파수의 주파수 편차와 리더 안테나로부터 출력 전력은 미국정부에서 규제한다.

2) Tag 안테나회로

Tag의 안테나 회로의 한 예로서 Microchip사의 Tag을 소개하고자 한다. MCRF355 Tag의 안테나는 동조 그리고 재동조에 의해 Tag의 data를 전송한다. 안테나는 리더 안테나의 공진 주파수에 동조되어야 한다. Tag이 재동조된 상태에서 주파수는 최적 동작으로 조정되어야 한다. 이 조정으로 인해 최대 변조도와 동조 그리고 재동조 주파수가 각각 3MHz와 6MHz일 때 최대 인지 영역이 된다. 동조 주파수는 A pin과 Vss pin사이에 회로를 연결함으로서 만들어 진다. 재 동조 주파수는 안테나 B pin이 접속되었을 때 찾을 수 있다. 동조된 공진 주파수는 다음과 같다.

$$f = \frac{1}{2\pi \sqrt{L_T C}} \tag{3-12}$$

여기서 $L_T = L_1 + L_2 + 2L_M$ 안테나 A와 V_{SS} 핀 사이의 인덕턴스, L_1 = 안테나 A와 B사이의 인덕턴스, L_2 = 안테나 B와 V_{SS} 핀 사이의 인덕턴스, M = 코일 1과 코일 2의 상호인덕턴스($k\sqrt{L_1 L_2}$), k = 두 코일의 결합 계수, C = 동조 콘덴서이다.(그림 3-6 참조)

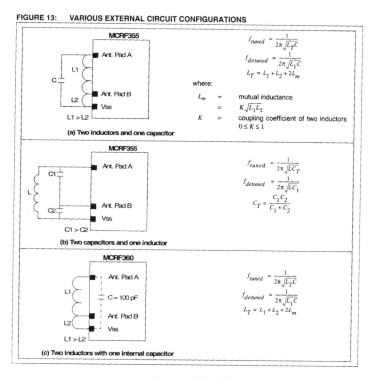

FIGURE 13:   VARIOUS EXTERNAL CIRCUIT CONFIGURATIONS

그림 3-6. 회로 구성

3) 안테나의 대역폭과 Q

만약 data rate가 70KHz로 동작되어야 한다면, 리더 안테나 회로는 data rate의 적어도 두 배의 대역폭이 필요하다. 그러므로

$$B_{min} = 140KHz \tag{3-13}$$

와 같이 된다. 회로가 13.56KHz로 동조된다고 가정하면, 최대 Q는 아래와 같다.

$$Q_{max} = \frac{f_0}{B} = 96.8 \tag{3-14}$$

실제 LC 공진회로에서 13.56MHz 밴드에 대한 Q는 약 40이다. Q는 페라이트 코어를 사용하는 인덕터에서 값이 증가한다.

4) 공진회로

공진 회로를 위한 C 값의 계산은 식 3-15와 같이 한다.

$$C = \frac{1}{L\sqrt{(2\pi f_0)^2}}$$
(3-15)

(1) 병렬공진회로

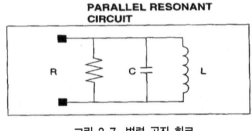

그림 3-7. 병렬 공진 회로

위의 회로는 병렬 공진 회로이다. 회로의 임피던스는 다음과 같다.

$$Z(j\omega) = \frac{1}{\frac{1}{R} + j\left(\omega C - \frac{1}{\omega L}\right)} \qquad [\Omega]$$
(3-16)

여기서 ω는 각 주파수이다. 식에서 분모가 최저일 때 최대의 임피던스를 갖는다. 이 상태는 $\omega^2 LC = 1$일 때이다. 이것을 공진이라고 하며, 공진주파수는

$$f_0 = \frac{1}{2\pi\sqrt{LC}}$$
(3-17)

이다. $\omega^2 LC = 1$을 식 (3-16)에 대입하면, 임피던스 z는 R이고 여기서 R은 부하 저항이다. 병렬 공진에서 RC는 대역폭을 회로에서 결정한다.

$$B = \frac{1}{2\pi RC} \qquad\qquad\qquad (3\text{-}18)$$

선택도 Q는 여러 가지 방법으로 결정한다.

$$Q = \frac{Energy\ Stored\ in\ the\ system\ per\ One\ cycle}{Energy\ Dissipated\ in\ the\ system\ per\ One\ Cycle}$$

$$\qquad\qquad\qquad\qquad\qquad\qquad (3\text{-}19)$$

$$= \frac{reactance}{resistance} = \frac{\omega L}{r} = \frac{1}{\omega Cr} = \frac{f_0}{B}$$

여기서 $\omega = 2\pi f$ 각주파수, $f_0 =$ 공진주파수, $B = $ 대역폭, $r = $ 저항성 손실이다.
위의 식으로 병렬 공진 회로에서 Q는 다음과 같다.

$$Q = R\sqrt{\frac{L}{C}} \qquad\qquad\qquad (3\text{-}20)$$

병렬 공진에서 Q는 부하 저항 R에 비례하고, 캐패시턴스는 제곱근에 반비례하고, 인덕턴스에 제곱근에 비례한다.

$$V_0 = 2\pi f_0 NQSB_0 cos\alpha = 2\pi f_0 N\left(R\sqrt{\frac{C}{L}}\right)SB_0 cos\alpha \qquad (3\text{-}21)$$

위의 식은 다음을 의미한다. 택 코일에서 유기된 전압은 코일 인덕턴스의 제곱근에 반비례하고, 턴수와 코일의 표면적에는 비례한다.

(2) 직렬공진회로

간단한 직렬 공진회로를 그림 3-8에서 보인다. 회로의 임피던스 표현은 다음과 같다.

$$Z(j\omega) = r + j(X_L - X_c) \qquad [\Omega] \qquad\qquad (3\text{-}22)$$

여기서 r = 코일, 콘덴서의 dc Ω 저항, X_L, X_C (코일과 캐패시터와 리액턴스)이다. 그리고 X_L, X_C는 다음과 같다.

$$X_L = 2\pi f_0 L \quad \text{그리고} \quad X_C = \frac{1}{2\pi f_0 C} \quad \text{이다.} \quad \text{단위는 } \Omega\text{이다.}$$

위의 식에서 임피던스 $X_L = X_C$일 때 리액턴스가 소거되며, 이 때 임피던스는 최저이다. 이것을 공진 상태라고 한다. 공진 주파수는 병렬과 같다. 전력 주파수 대역폭은 r, L로서 다음과 같은 식으로 주어진다.

$$B = \frac{r}{2\pi L} \qquad (Hz) \tag{2-23}$$

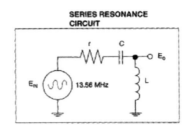

그림 3-8. 직렬 공진 회로

직렬 공진 회로에서 선택도 Q는 다음과 같다.

$$Q = \frac{f_0}{B} = \frac{\omega L}{r} = \frac{1}{r\omega C} \tag{2-34}$$

전압 분배기인 직렬 회로는 코일에서 전압 강하하며, 다음 식으로 주어진다.

$$V_0 = \frac{jX_L}{r + jX_L - jX_C} V_{in} \tag{2-25}$$

회로가 $X_L = X_C$에서 공진 주파수로 동조될 때, 코일의 양단 전압은 다음으로 얻어진다.

$$V_0 = \frac{jX_L}{r} V_{in} = jQV_{in} \qquad (2\text{-}26)$$

위 식은 코일 전압이 입력 전압과 회로의 Q로써 만들어 진다. 예로서 Q가 40인 회로는 입력 전압보다 40배 더 높은 코일 전압을 갖는다. 이것은 입력 신호 스펙트럼에서 모든 에너지를 단일 주파수 밴드에 나타냄을 의미한다.

5) RFID 시스템의 인지 영역

인지 영역은 리더와 Tag 사이에 통신 거리로 정의한다. 일반적으로 패시브 RFID의 인지 영역은 시스템의 구조에 따라 변화한다. 그리고 다음과 같은 파라메타에 의해 그 영향이 나타난다.

- 안테나 코일의 동작 주파수.
- 안테나의 Q와 동조 회로
- 안테나 형태
- 여기 전류
- 수신기의 감도
- 코딩과 디코딩 알고리즘
- 데이터 비트수와 감지 알고리즘
- 작동 환경의 상태(전기 잡음)

13.56MHz의 인지 영역은 125KHz 장치와 많은 관계가 있다. 이것은 주파수가 증가함에 따라 안테나 효율이 증가하기 때문이다.(저주파수 : 큰파장, 고주파 : 짧은 파장) 주어진 동작 주파수로 상태(a ~ c)는 안테나의 구조와 동조 회로와 관계이다. 상태(d ~ e)는 리더의 통신 프로토콜이다. (g)는 firmware S/W program에 관계있다. 장치가 주어진 조건에서 동작한다고 하면, 장치의 인지 영역은 안테나 코일의 능력에 의해 매우 효과적으로 작동한다. 원거리 인지 영역은 큰 안테나로 가능할 수 있다.

3.3 13.56MHz 리더기 회로

1) 서론

이 장은 13.56MHz 리더기의 회로에 관한 내용이다. 아래 블록도는 DV103003 리더기의 블록도이다. 이것은 단거리 인지용으로 설계된 회로이다.

2) 리더기 회로

RFID 리더기는 전송부와 수신부를 포함한다. 리더기는 반송 신호(13.56MHz)을 전송하고, Tag으로부터 Backscatter된 신호를 수신한다. 그리고 Tag의 ID data 처리를 수행한다. 리더기는 또한 외부 호스트 컴퓨터와 통신한다. 전형적인 RFID 리더기의 기본 블록을 그림 3-9에서 보인다.

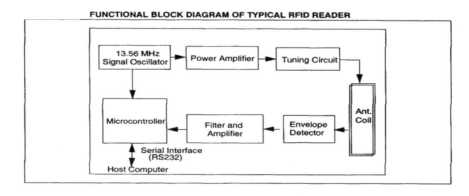

그림 3-9. RFID 리더의 구성

리더기의 전송부는 13.56MHz 신호발생기(74HC04), Power Amp(Q2), RF 동조 회로를 포함한다. 동조 회로는 안테나 코일회로와 13.56MHz 파워 드라이브 단 사이의 임피던스를 정합한다. 수신부는 포락선 검파기(D6), HPF 그리고 증폭기(U2, U3)을 갖는다. 그림 3-10은 구체적인 회로이다.

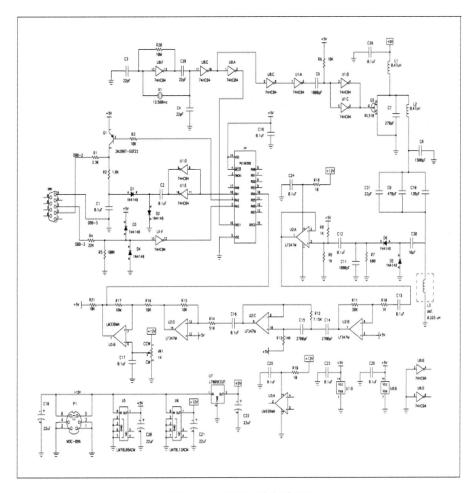

그림 3-10. RFID 리더 회로도

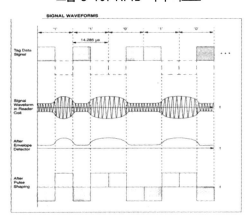

그림 3-11. 위의 그림 3-10 회로의 신호 파형

3) 원거리 인지화의 위한 최적조건

리더기와 Tag 사이의 인지 거리는 리더기의 전력, 정밀도, 안테나 크기를 증가시키면 증가시킬 수 있다. 구체적인 내용은 아래와 같다.

(1) 안테나 크기의 증가

리더기의 안테나 크기를 크게 하면 된다. 최적은 인지거리의 1.414배 크기의 안테나 반경이다.

(2) 안테나 회로의 Q의 증가

Tag에 유도된 전압은 회로의 Q에 직접 비례하기 때문이다. 원거리 인지를 위한 Q값은 다음과 같다.

$40 < Q < 96$: 리더기

$40 < Q$: Tag

(3) 리더기의 입력 감도의 최적화

감도는 "신호가 얼마나 약한가?" 그리고 "수신이 잘되는가?"의 측정이다. 감도는 반송파의 전력에 비례하고 변조도는(100% = 1)의 자승에 비례한다. 이것은 잡음 신호에 반비례 한다. 리더기의 수신부 감도의 떨어짐은 내부와 외부에서 일어나는 잡음이 그 원인이다. 외부 잡음은 컴퓨터, TV, 모터, 전력선, 변압기 등에서 들어오고, 내부 잡음은 소자의 열잡음이다. 잡음 감소의 한 방법은 잡음으로부터 멀리하는 것이다. 수신부는 70KHz 데이터 신호만 통과 시킨다. 수신부는 원거리 인지 응용에서 약 120dB의 감도를 갖는다.

(4) 앰프 게인 회로의 최적화

수신 회로는 데이터 처리 전에 변조된 신호를 증폭한다. 입력 신호는 실제 데이터와 잡음을 포함한다. 전형적으로 게인 증폭기와 필터로는 OP Amp을 사용한다. 게인은 실제 사용되는 데이터 신호를 포함하는 회로로 최적화 되어야 한다. 만약 안테나 코일 인덕턴스가 변화면 13.56MHz에서 공진이 되지 않는다.

3.4 U2270B을 이용한 RFID 시스템 설계 및 제작

1) U2270B 리더 IC

U2270B는 비접촉식으로 동작되는 RFID 시스템을 위한 Reader 칩이다. 이 IC는 택의 전원을 위한 에너지 공급 변환 장치가 내장 되어 있다. 또한 전원부, 발진부 그리고 자동 거리 정합 코일 운영 장치가 내장되어 있다. 또한 모든 신호 처리기가 내장되어 있다. 신호 처리기는 작은 입력 신호를 마이컴 입력 신호의 크기로 변화하는 처리기이다. U2270B는 e5530-GT나 TK5530-PP 택의 읽기 동작에 적합한 칩이며, TK5550-PP 그리고 TK5560-PP 택의 읽기 쓰기 동작을 위한 칩이기도 하다.

2) 특징

- 반송 주파수 f_{OSC}는 $100KHz \sim 150KHz$이다.
- 데이터 전송비는 $125KHz$에서 5Kbaud이다.
- 맨체스터나 Bi-Phase 변조를 사용한다.
- 전원은 자동차 전지 혹은 5〔V〕를 사용한다.
- 자동차 관련 응용에 적합하다.
- 출력 조정 가능
- 마이컴 연결가능
- 동작대기 상태에서 저 전력 소모
- 마이컴을 위한 전원 출력

3) 응용 분야

- 자동차 관련 응용
- 동물인식
- Access control
- Process control
- 산업분야 응용

그림 3-12는 U2270B을 이용한 시스템의 개략도를 보인다.

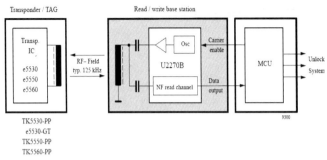

Figure 1.

*) IDIC® stands for IDentification Integrated Circuit and is a trademark of TEMIC.

그림 3-12. U2270B 이용한 RFID 시스템 개략도

4) U2270B 핀 사양

그림 3-13은 U2270B의 핀의 이름과 동작에 대해 보인다. 이 동작은 프로그램을 작성할 때 필요하다.

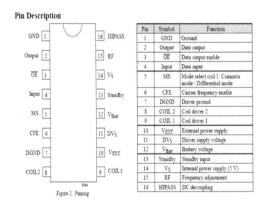

그림 3-13. U2270B의 핀

(1) U2270B을 이용한 응용 회로 1

소수 개의 외부 소자를 사용하는 응용 : 이 응용은 강렬한 자기장 커플링을 위한 것이다.

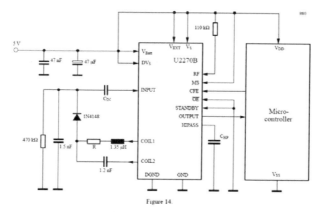

Figure 14.

그림 3-14. 응용 1의 회로

(2) U2270B을 이용한 응용 회로 2

이 응용은 응용1 보다 더 높은 통신 거리를 갖는다.

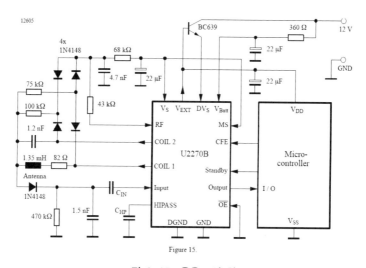

Figure 15.

그림 3-15. 응용 2의 회로

(3) U2270B을 이용한 응용 회로 3

이 응용은 응용 2와 비교될 수 있다. 그러나 동작 주파수가 바뀐다. 이것은 더 높은 안테나 공진 오차와 더 높은 통신 거리를 만들 수 있다. 만약 마이컴이 연결되어 있는 마이컴 신호로서 적절하게 동작 주파수를 제어하는 U2270B을 원한다면 이 응용회로가 적절하다.

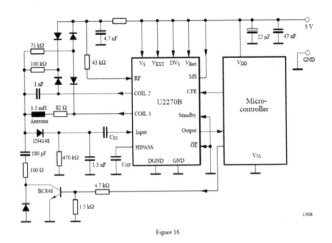

그림 3-16. 응용 3의 회로

3.5 RFID 제작 실험

1) 안테나 제작

(1) 다층을 갖는 원형 Loop 안테나 코일의 인덕턴스

작은 안테나의 제작을 위해, 큰 인덕턴스 값을 갖는 코일의 형태의 안테나는 복잡한 다층의 코일이 되어야 한다. 이러한 이유로 전형적인 RFID 안테나 코일은 평편한 다수 권선 구조 형태를 갖추어야 한다. 다음 그림 3-17에 그 코일의 형태를 보인다.

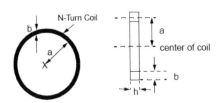

그림 3-17. 다층 코일의 안테나

정확한 인덕턴스 용량을 위해 필요한 코일 감은 횟수는 다음 식 2-27로 구할 수 있다.

$$N = \sqrt{\frac{L_{\mu H}(6a + 9h + 10b)}{(0.31)a^2}} \qquad (2\text{-}27)$$

- 응용 예제. 감은 횟수의 계산

위의 식에서 a가 1인치(2.54cm), h가 0.05cm 그리고 b가 0.5cm이며, L=3.87mH을 위한 $N = 200$ 이다. 125KHz에 공진이 되는 회로의 구조에 인덕터에 가로방향으로 캐페시터가 필요하다. 이 캐페시터를 구하라.

$$C = \frac{1}{(2\pi f)^2 L} = \frac{1}{(4\pi^2)(125 \times 10^3)(3.87 \times 10^{-3})} \quad (2\text{-}28)$$
$$= 419 \quad (pF)$$

(2) 다층을 갖는 사각형 Loop 코일의 인덕턴스

만약 N이 코일의 감은 횟수이고, a가 사각형의 한 면의 중심에서 모서리까지 길이이고, 길이 b이고 그리고 폭이 c일 때, 다음과 같은 식으로 계산한다.

$$L = 0.008aN^2\left(2.303log_{10}\left(\frac{a}{b+c}\right) + 0.2235\frac{b+c}{a} + 0.726\right) \quad (\mu H)$$
$$(2\text{-}29)$$

인덕턴스를 위한 식은 잘 알려져 있고 인덕턴스와 주어진 크기에 대한 감은 횟수사이에 공진 가능한 적정치를 알 수 있다. 프로토 타입의 코일을 만들 때, 약 10% 초과하여 감는다. 그리고 목적으로 하는 공진을 위해 약간의 감은 횟수의 조정을 한다.

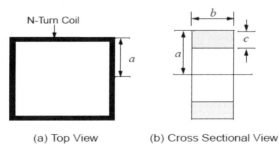

(a) Top View   (b) Cross Sectional View

그림 3-18. 사각형의 다층 코일 안테나

2) 시스템 전체 회로도

구성은 MAX 232, Atmega 128L, U2270B을 이용하여 RFID 리더 시스템을 설계하였다. CPU로서는 Atmega128L을 사용하였으며, 이 칩은 U2270B의 전원과 같은 3Volt를 사용하는 칩이다.

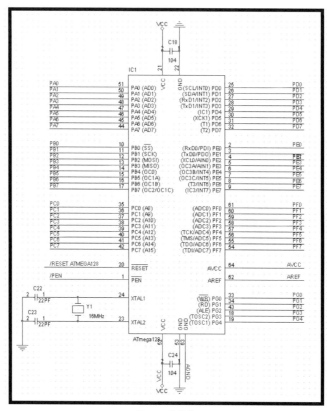

〈MCU 부분〉

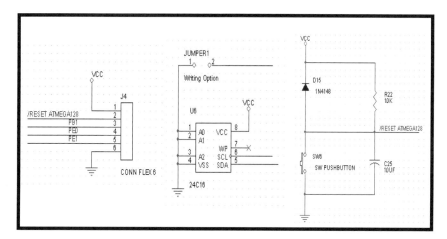

〈ISP 및 Rest S/W〉

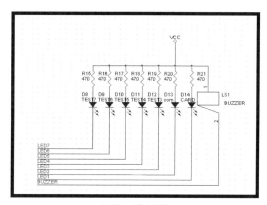

〈LED 및 부저〉

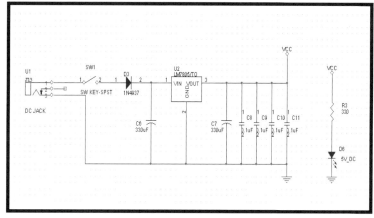

〈전원부〉

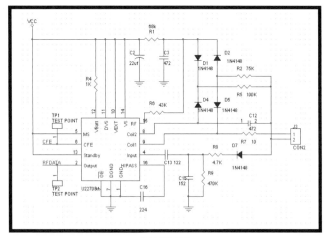

〈U2270B〉

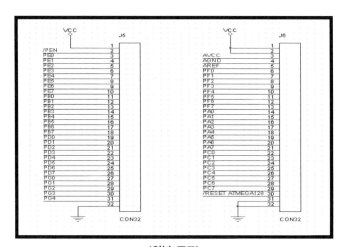

〈외부 포트〉

리더와 PC의 데이터 통신을 위해 MAX232을 사용하였다. 그리고 CPU의 프로그램을 위하여 ISP을 이용한다. PC에서 CPU인 Atmega128L에 프로그램을 다운하기 위해서는 Codevision이라는 다운로드 프로그램을 사용한다. 이 프로그램을 사용하면 수신된 Tag ID를 2단 LCD에 보일수도 있다. 제공된 회로에서 CPU의 남은 포트를 사용하기 위해 코넥트를 연결하였다. 만약 다른 장치를 제어하기를 원한다면 남은 포트에 연결된 코넥트를 사용하면 된다.

3) S/W Programing

프로그램을 작성하기 위해서는 우선 Tag을 선정하여야 한다. 선정된 Tag의 동작 포맷을 정확히 인지하고, 그 포맷에 따라 프로그램을 하여야 한다.

(1) TK5552 택

- 특징
  - 무 접촉 Read/Write 데이터 전송
  - 992-Bit EEPROM 사용 프로그램 가능
  - 125KHz에서 유동성 연결 전력
  - 내장 코일 그리고 회로 안테나를 위한 캐패시턴스
  - Cyclical Data Read 출력을 갖는 시작Bit
  - 50ms보다 적은 Writer 그리고 검증 블럭
  - 상태 POR(Power On Reset) 지연
  - 프로그램 보호 장치
  - 상태 옵션
    Bit Rate : RF/16 그리고 RF/32
    변조 : 맨체스터
    POR 지연 : 1 ms/65ms
    최대 블록 : [0], [1], [1에서 2], [1에서 3], [1에서 4],....,[1에서 31]

- 응용 분야
  - 산업 자산 관리
  - 공정제어 그리고 자동화
  - 의료장치

(2) 설명

TK5552는 Read/Write 프로그램이 가능한 택이다. 인식을 시스템을 위한 모든 기능이 들어 있다. 리더와 택 사이에 양방향 전송 데이터를 무 접촉으로 읽기(uplink) 그리고 쓰기(downlink)가 가능하다. 이 택은 플라스틱으로 만들어 져있으며, 안테나는

LC 회로로 되어 있다. 이 택은 부가적인 전력이 필요치 않다. 그 이유는 리더에서 무선으로 전력을 공급 받기 때문이다. 데이터는 RF 영역(uplink 모드)의 진폭의 변조에 의해 변조된다. 내장된 1056비트 EEPROM(32 블록, 블록당 33비트)는 리더에서 읽기(uplink) 그리고 쓰기(downlink)를 할 수 있다. 블록들은 보다 많이 쓰는 것을 보호한다. 한 블록은 IC의 옵션 모드의 설정을 위해 존재한다.

(3) Downlink 동작

TK5552의 Write 동작은 다음 그림 3-19와 3-20에 보인다. 택으로 데이터의 쓰기 전에는 인터럽트에 의해 짧은 갭의 RF장 발생된다. 시작 갭이 발생되고 난 후에 lock bit의 앞에 OP code(11)가 온다. Lock Bit 뒤의 32 비트는 실제 데이터이다. 마지막 15비트는 목적 블록 주소를 알린다. 만약 정확한 수의 비트가 수신될 때, 현재 데이터는 특별히 지정된 메모리 블록으로 프로그램된다.

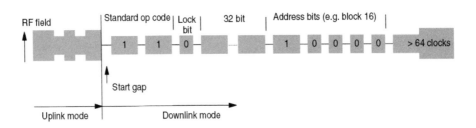

그림 3-19. Downlink Protocol

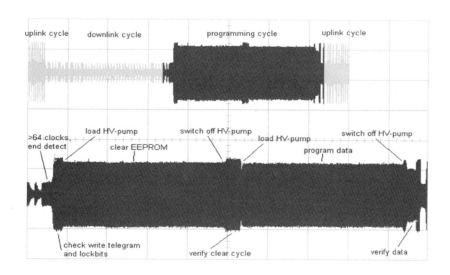

그림 3-20. 프로그램 사이클의 설명

(4) Downlink 데이터 디코딩

인식된 두 갭 사이 시간은 정보의 엔코드를 위해 사용된다. Field clock cycle는 갭이 인식되고 난 후 다음 갭까지 카운터를 한다. 여러 개의 field clock 경과후 데이터는 0 혹은 1로 바꾸어지게 된다. field clock의 요구되는 bit수는 다음 그림 3-21에 보인다.

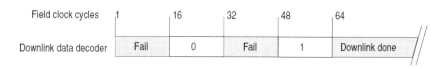

그림 3-21. Downlink 데이터 디코딩

(5) 실제 장치의 동작

만약 코일의 양단 전압이 내장된 MOS TR의 한계 값보다 작으면 TK5552는 Gap으로 인식한다. 이것으로 clock 펄스가 카운트된다. 0 혹은 1을 위한 주어진 값은 장치에 의해 카운트 된 현재의 clock 펄스를 인지한다.

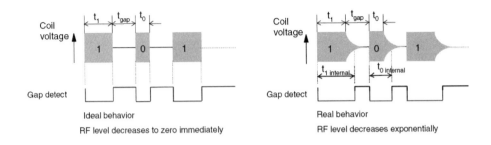

그림 3-22. 이상적인 신호와 실제 장치의 신호

　　실제 택 장치는 리더에서 보낸 응용 신호보다 항상 더 많은 클럭 펄스가 카운터된다. 그 이유는 RF 영역에서는 신호를 구분하는 스윗치가 즉시로 OFF 되지 않는다. 그것은 코일 전압이 지수 함수적으로 감소하기 때문이다. 이로 인해 MOS TR 스윗치 설정값이 정확하게 신호를 구별하게 Off되지 않기 때문이다. 그림 3-23에서 장치는 $t_{0\,internal}$ 그리고 $t_{1\,internal}$ 을 사용한다. t_0 그리고 t_1의 정확한 값은 응용에 따라 다르다. 전형적인 Time Frame은 다음과 같다.

$$t_0 = 70\mu s \quad to \quad 150\mu s$$

$$t_1 = 300\mu s \quad to \quad 400\mu s$$

$$t_{gap} = 180\mu s \quad to \quad 400\mu s$$

　　높은 선택도 Q을 갖는 안테나는 긴 t_{gap}가 요구되고 그리고 t_0 그리고 t_1은 짧은 값이 요구된다. 이 조건에 따른 응용회로를 그림 3-24에 보인다.

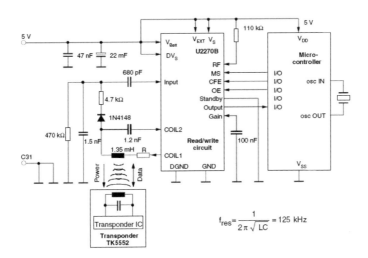

$$f_{res} = \frac{1}{2\pi\sqrt{LC}} = 125 \text{ kHz}$$

그림 3-23. 응용 회로(맨체스트 코드 , 단거리 인식용)

(6) 모듈내의 기능 설명(그림 3-24)

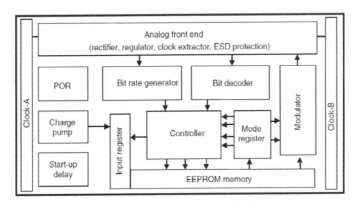

그림 3-24. 기능 블록 다이어그램

- Analog Front End(AFE)

AFE는 코일에 바로 연결된 모든 회로를 포함한다. 이 회로는 IC의 전력을 만들고, 리더와 양방향 데이터통신을 관장한다. 이 회로는 다음의 블록을 갖는다.

· AC 코일 전압으로부터 DC 전압을 정류한다.
· ESD 보호

- Clock을 만들어 낸다.
- IC에서 리더(Uplink 모드)데이터 통신을 위한 Clock A/Clock B 사이의 전환 가능한 부하
- 리더에서 IC(Downlink 모드)로 가는 통신을 위한 간격 인식기

- 제어기

제어 로직은 다음을 위해 존재한다.
- EEPROM 블록 "0"으로 상황 레지스트 초기화와 재설정
- 데이터 전송 제어 그리고 opcode 디코딩
- 에러 인식과 에러 제어

- Clock Extraction

클럭 발생회로는 내부 클럭 소스로부터 외부 RF 신호로 만들어 보낸다.

- Data Rate Generator

Uplink 모드에서 Data Rate는 RF/16(보통 7.81KHz) 혹은 RF/32(보통 3.91KHz)에서 동작을 선택할 수 있다.

- Bit Decoder

이 기능 블록은 field 간격을 디코드하고, 입력되는 데이터 열의 정확성을 검증한다.

- Charge pump

이 회로는 EEPROM의 프로그램 동작을 위해 요구되는 높은 전압을 만들어 낸다.

- Power-On Reset(POR)

이 회로는 IC의 기능에 정해진 제한 전압까지 지연을 한다.

- 변조기(Modulator)

변조기는 직렬 데이터 열을 정해진 EEPROM 데이터 블록으로 쉬프트한다. 그리고 AFE에서 댐핑회로를 제어한다. 택 IC의 전단은 PSK 그리고 멘체스트 엔코딩을 지원한다.

(7) 택 IC의 동작

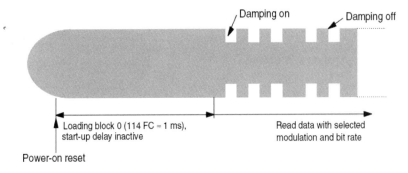

그림 3-25. Power-On 후의 Clock A/ Clock B에서 전압

그림 3-25에서 택 IC의 기본적인 기능은 RF 영역으로부터 IC 전력 공급, EEPROM에서 read 데이터 읽기, 변조기로 그것을 쉬프트하기, 수신 데이터 그리고 프로그램의 데이터를 EEPROM으로 넣기이다. 에러 인식 회로는 잘못 수신된 데이터 의 입력으로부터 EEPROM 보호한다.

- 전원 공급기

택 IC의 전력 공급은 Clock/A/Clock B에 연결된 동조 LC-회로에 의해 공급된다. 입력된 RF은 코일에 전류를 흘린다. 내장된 정류기는 DC전압을 만들고 공급한다. 과 전압 보호는 높은 전압으로부터 IC를 보호 한다. 코일에 따라서 LC회로 간의 전압은 100V이상 도달한다.

- 초기화

RF 영역에서 Power-On reset 펄스를 만들어 낸다. 이것은 start-up 신호이다. POR(Power-On-Reset)회로는 충분한 제한 전압에 도달할 때 까지 동작한다. 이 동 작에서 default start-up stream이 발생한다. 114 Field Clock cycle(FC)의 주기 동안에 택 IC는 EEPROM 블록 "0"으로 상황 데이터를 저장함으로서 초기화가 된다. 이것은 start-up delay 비트 지연 시간으로 일어난다. 만약 Start-Up Delay가 2 비 트로 set되면, 택 IC는 8192 RF clock cycles 될 때 까지 동작된다. 만약 옵션이 동 작 되지 않으면, 114 RF clock cycles(≈ 1ms)의 상황 주기 후에 지연이 일어나 지 않는다. 초기화 동안 field 간격 현상이 있으면 시퀀스는 재시동이 된다.

$$T_{INIT} = (114 + 8,192 \times delay\ bit)/125KHz \approx 65ms$$

이 초기화 시간 후에 택 IC는 Uplink 모드로 되고, 변조는 상황 블록에서 정의된 파라메터를 사용하여 자동으로 시작된다.

- Uplink 동작

택 IC에서 리더로 가는 모든 전송은 RF 반송파의 진폭변조(ASK) 방식으로 동작한다. 이것은 코일 단자(Clock-A 그리고 Clock-B) 사이에 부하 저항의 스위칭에 의해 동작된다.

- MaxBlock

메모리에서 오는 데이터는 직렬로 전송되고, block "1"(1 비트)에서 last block(MAXBLK, 32 비트)으로 증가되는 것으로 시작이 된다. last block이 전송은 모드 파라메트 영역 MAXBLK에 의해서 정의된다. MAXBLK 주소까지 전송되면, 데이터 전송은 block "1"에서 재 시작 된다. 0에서 31 사이의 값인 MAXBLK은 정해진 cyclic 데이터 열이며, 사용자에 의해 정해진다. 만약 "1"로 셋팅되면 단지 1 블록만 전송되고, 31로 셋팅되면, 1부터 31까지의 블록이 순차적으로 전송이 된다. 만약 "0"으로 셋팅되면 단지 상황 블록의 목차만 전송이 된다. 그림 3-26에 전송되는 데이터 열과 MAXBLK을 보인다.

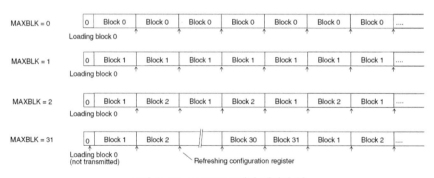

그림 3-26. MAXBLK에서 데이터 열

- 데이터 엔코딩

Uplink 모드에서 데이터 열은 항상 단일 start 비트(항상 "0")에 의해서 동작된다. 데이터 열은 블럭 1(1 비트) 혹은 MAXBLK(32비트)을 포함한다. 이 데이터 비트는 연속적인 형태이다. 변조기는 멘체스트 모드로 동작한다. 멘체스터 엔코드 데이트는 상승에지에서 로직 "1"을, 하강에지에서 로직 "0"을 표현한다. 이것은 부반송 주파수 RF/2를 사용함으로 PSK에 적용하게 된다. PSK 변조기는 변화하는 데이터의 위상을 변환시킨다. 처음 위상 천이는 0에서 1로 변화하는 데이터를 표현한다. (그림 3-27, 28 참조)

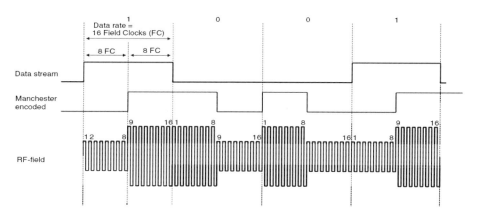

그림 3-27. 데이터 Rate RF/16을 갖는 멘체스트 엔코딩의 예

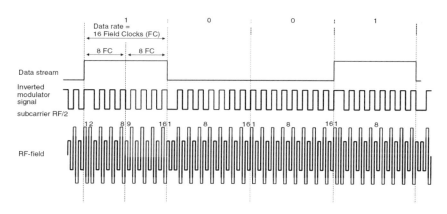

그림 3-28. 데이터 Rate RF/16을 갖는 PSK 엔코딩의 예

- Downlink 동작 (그림 3-29)

진폭 변조된 데이터는 갭의 연속 열 형태로 리더로부터 택으로 전송된다. 초기 동기 간격(start gap)을 제외하고 모든 갭은 같은 간격을 갖는다. 데이터 열은 갭의 두 번 정도의 간격인 start gap에 의해 전송된다. Start Gap의 인식으로 택 IC가 즉시 Downlink로 전환된다. 이 때 수신 상태 혹은 뒤의 데이터 열을 디코드 상태라고 하더라도 즉시 전환된다. 이 열은 두개의 opcode 비트를 포함한다. 이 두 비트는 데이터 비트 그리고 Address bit(0, 3 혹은 5)이다. Downlink mode에서 택 댐핑은 지속적으로 일어난다. 이것은 택의 공진 코일 회로에 보내진다.

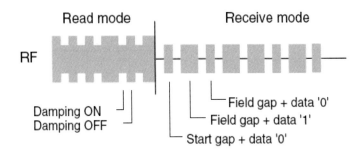

그림 3-29. Downlink 모드

만약 택 IC가 downlink 모드가 아니라면 Start Gap은 start-up 초기가 끝난 뒤 (RF field ON 펄스 ≈ 1ms, start-up 지연 동작하지 않을 때) 어떤 순간에도 받아들여 진다.

- Downlink 데이터 코딩

Gap time은 전형적으로 $80\mu s$ 와 $250\mu s$ 이다. start gap 뒤에 데이터 비트는 리더기에 의해 전송된다. 그림 3-30, 31에 동작 순서를 보인다.

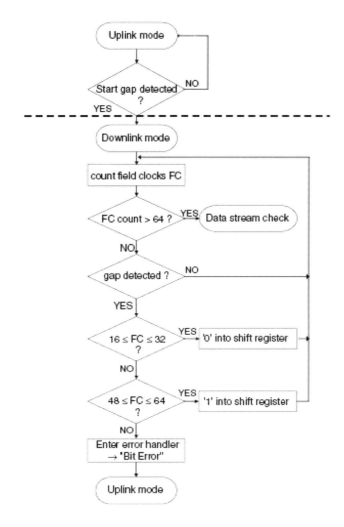

그림 3-30. 비트 디코더의 동작 - 데이터 열 디코더

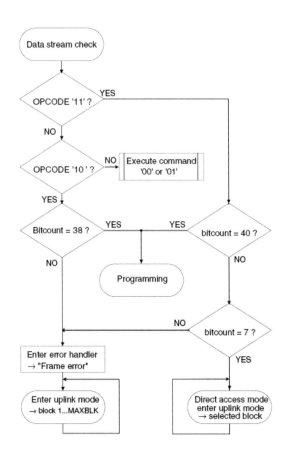

그림 3-31. 데이터 열 체크

- OP code 정의

    데이터 열의 처음 두 비트는 OP 코드로서 제어기에 의해 디코드된다.

    11 : 5-비트 데이터 열을 위한 Op Code

    · 표준 블록 쓰기 사이클 2 Op Code 초기화는 다음의 두 lock bit에 따른다.
      32 데이터 비트 그리고 5 비트 블록 주소(총 40비트)

    · 직접동작 명령은 5-비트 블록 주소 그리고 read-only 명령(총 7비트)에 따른다.

    10 : 3-비트 주소 데이터 열을 위한 Op Code

    · e5550에 호환되는 수신모드

    01 : 제품 테스트 명령을 위한 코드

    00 : 초기 reset 명령 위한 Op Code

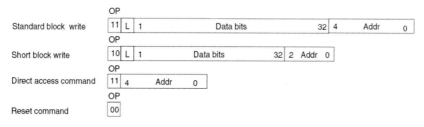

그림 3-32. 택 IC Op Code 포맷 정의

그림 3-33은 프로그래밍 사이클 프로우 챠트를 보인다. 이 순서도와 같은 내용으로 프로그램을 수행하여야 한다.

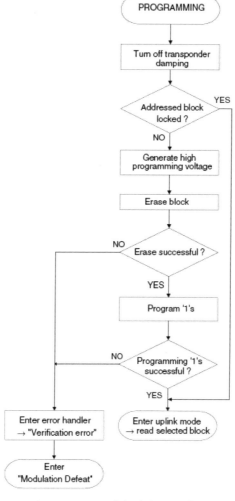

그림 3-33. 프로그래밍 사이클 프로우 챠트

3.6 e5551 Tag Chip
(Anticollision 기능을 갖는 표준 읽기/쓰기 인식 IC)

1) 기능

　e5551은 125KHz 대역 범용 비 접촉 읽기/쓰기 인식 IC(IDIC)이다. 칩에 하나의 코일이 연결되고, 이 코일은 IC의 전력공급 그리고 양방향 통신 인터페이스를 위해 설치되었다. 이 코일과 칩을 Transponder라고 한다. 264-bit EEPROM(블럭당 33비트인 8블럭)이 내장되어 있는 칩은 리더기로부터 블록단위로 읽기와 쓰기를 할 수 있다. 블록들은 중복 쓰기를 막는 보호 장치가 있다. 한 블록은 IC의 동작 모드 셋팅을 위한 것이다. 읽기는 내부 부하에 의해 코일의 댐핑으로 행해진다. 그것에는 다른 비트율 그리고 가능한 엔코딩 장치가 있다.

2) 특징

- 저전력, 저전압 동작
- 비 접촉 전압공급
- 비 접촉 읽기/쓰기 데이터 전송
- 라디오 주파수 : 100KHz ~ 150KHz
- 33비트인 8개의 블록의 총 264비트 EEPROM 메모리
- 32비트인 7개 블록의 총 224비트는 사용자를 위한 비트
- 블록 쓰기 보호 장치
- EEPROM의 비접촉 재 프로그램의 다양한 보호 장치
- Answer-On-Request(AOR) 사용으로 Anticollision 실행
- 일반적으로 50ms 적은 시간에 쓰기 그리고 블록 검증
- EEPROM으로 다른 옵션들의 set 실행
  비트율[bit/s] : RF/8.RF/16, RF/32, RF/40, RF/50, RF/64, RF/100, RF/128
  변조 : BIN, FSK, PSK, 맨체스터, Biphase
  그 외 : 종료 모드. 패스워드 모드

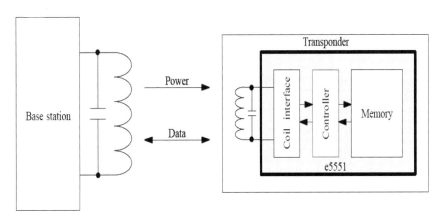

그림 3-34. e5551 택을 사용한 RFID 시스템

Name	Pad Window	Function
Coil1	$136 \times 136 \ \mu m^2$	1st coil pad
Coil2	$136 \times 136 \ \mu m^2$	2nd coil pad
V_{dd}	$78 \times 78 \ \mu m^2$	Positive supply voltage
V_{ss}	$78 \times 78 \ \mu m^2$	Negative supply voltage (gnd)
Test1	$78 \times 78 \ \mu m^2$	Test pad
Test2	$78 \times 78 \ \mu m^2$	Test pad
Test3	$78 \times 78 \ \mu m^2$	Test pad

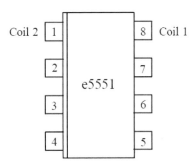

그림 3-35. 칩 사양

3) e5551 블록 설명

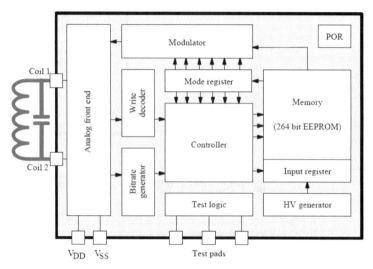

그림 3-36. e5551의 내부 구조

(1) AFE(아날로그 전반부)

AFE는 코일에 직접 연결된 다음과 같은 모든 회로가 들어있다. 그것은 IC의 전압 그리고 리더와 양방향통신을 만들어 낸다. 이 AFE는 다음의 블록을 포함하고 있다.

- ac 코일 전압을 dc 전압으로 바꾸는 정류기
- 클럭 발생기.
- IC로 부터 리더기로 가는 데이터(읽기)를 위한 코일1/코일2 사이의 전환 가능한 부하.
- 리더에서 Tag IC로 가는 데이터(Write)를 위한 Gap(간격) 인식기.

(2) 제어기

주 제어기는 다음의 기능을 갖는다.

- 전원이 들어오거나 읽기동안에 EEPROM 블록 0으로부터 구성 테이터를 갖는 부하모드 레지스터.
- 제어 메모리 인식(읽기, 쓰기)
- 쓰기 데이터 전송 그리고 쓰기 에러 모드 취급

- 쓰기 데이터 열의 처음 두 비트는 OP 모드이다. 그것에는 제어기에서 디코드되는 유효 OP-code들이 있다.
- 암호 모드에서 32비트는 OP-Code 가 블록 7에 내장된 암호와 비교된다.

(3) 비트률 발생기

비트률 발생기는 다음의 비트률을 보낸다. : RF/8 - RF/16 - RF/32 -RF/40 - RF/50 - RF/64 - RF/100 - RF/128

(4) 쓰기 디코드

쓰기진행 동안 디코드는 갭을 찾는다. 만약 쓰기 데이터 열이 확실하면 체크한다.

(5) 테스터 로직

테스터회로는 순간적인 프로그램 그리고 테스트 동안 IC를 검증을 수행한다.

(6) HV 발진기

EEPROM의 프로그램을 위한 약 18v 전압을 만드는 전압 펌프.

(7) PAD Layout

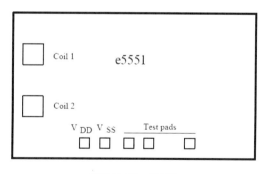

그림 3-37. 칩 패드

(8) Power-On Reset(POR)

POR은 공급 전압이 동작할 때, 펄스 신호를 주는 지연 Reset이다.

(9) Mode 레지스트

모드 레지스트는 EEPROM 블록 0에서 모드데이터를 저장한다. 그것은 모드 블럭의 시작점에서 지속적으로 원래 상태로 된다. 이것은 장치의 신뢰도를 높인다.

(10) 변조기

변조기는 두 단계에서 몇 개의 데이터 엔코드를 포함한다. 변조기의 기본 형태는 다음과 같다.

- PSK(위상 천이) : ① 모든 변화; ② 모두 "1"; ③ 모든 상승 에지(반송주파수: $fc/2, fc/4$ 혹은 $fc/8$)
- FSK(주파수천이): ① $f1 = rf/8$, $f2 = rf/5$; ② $f1 = rf/8$, $f2 = rf/10$
- Manchester : 상승 에지 = H; 하강에지 = L
- Biphase : 모든 비트는 변화가 있다. H 데이터의 비트 중심 부분에 변화가 발생한다.

(11) 메모리

e5551의 메모리는 264비트 EEPROM이다. 이 EEPROM은 블록 당 33비트를 갖는 8 블록을 내장하고 있다. LOCK 비트를 포함하고 있는 각각 블록의 33 비트는 동시에 프로그램 된다. 프로그램 전압은 칩 내부에서 만들어 진다. 블록 "0"은 일반적인 전송이 아닌 모드 데이터이다. 블록 1은 자유롭게 프로그램할 수 있다. 블록 7은 암호(Password)에 쓰인다. 만약 패스워드 보호 장치가 요구되지 않으면, 사용자 데이터로 쓰인다. 모든 블록의 비트 "0"은 그 블록의 LOCK 비트이다. 한번 LOCK가 되면, 블록(LOCK 비트도 포함하여)는 프로그램 되지 않는다. 메모리부터 데이터는 직렬로 전송이 되고, 블록 "1"로 시작되며, 1비트씩 MAXBLK 블록까지 32비트이다. MAXBLK는 0과 7사이(만약 MAXBLK=0이면, 블록0만이 전송될 것이다.)의 값으로 사용자에 의해 모드 파라메타로 세트된다.

```
  0  1                          32
  ┌─┬──────────────────────────┐
  │L│   User data or password  │   Block 7
  ├─┼──────────────────────────┤
  │L│        User data         │   Block 6
  ├─┼──────────────────────────┤
  │L│        User data         │   Block 5
  ├─┼──────────────────────────┤
  │L│        User data         │   Block 4
  ├─┼──────────────────────────┤
  │L│        User data         │   Block 3
  ├─┼──────────────────────────┤
  │L│        User data         │   Block 2
  ├─┼──────────────────────────┤
  │L│        User data         │   Block 1
  ├─┼──────────────────────────┤
  │L│     Configuration data   │   Block 0
  └─┴──────────────────────────┘
      └──────── 32 bits ────────┘

  ☐ Not transmitted
```

그림 3-38. 메모리 맵

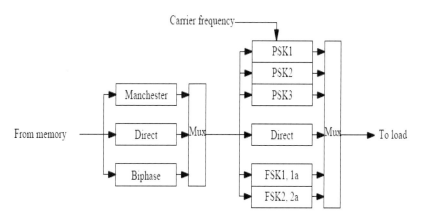

그림 3-39. 변조기 블록 다이어 그램

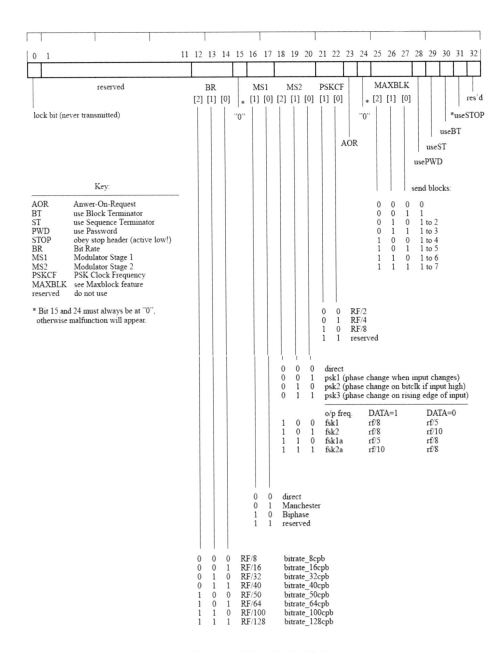

그림 3-40. 블록 0의 메모리 맵

4) e5551의 동작

e5551의 기본기능은 다음과 같다.

· 전원 : 코일로부터 IC로 공급.
· 읽기 : EEPROM 로부터 리더로 데이터 읽기.
· 쓰기 : IC로 데이터 쓰기.
· 프로그램 : EEPROM으로 데이터들의 쓰기.

몇 개의 에러들은 잘못된 데이터를 씀으로써 메모리 보호할 수 있다.

(1) 전원

e5551은 coil 1 그리고 coil 2 핀에 연결된 동조 LC회로에 의해 전원이 공급된다. 입력되는 RF(실제로 자기장)은 코일로 전류가 유기된다. 내장된 정류기는 dc 전압을 만들어 낸다. 과전압 보호는 IC 손상으로부터 막는다. 이 손상은 고압 자기장으로부터 만들어진다. 코일에 따라 LC 회로 양단 개발회로 전압은 100v이상 걸린다. Power-On reset 펄스인 RF 트리거의 처음 발생되는 것은 START-UP 상태로 정의된다.

(2) 읽기

읽기는 전원이 켜지고 난 뒤 바로 동작되는 상태이다. 이것은 코일 핀의 on과 off사이의 스윗칭에 의해 동작된다. 이것은 리더로부터 인지가 되었을 때에 IC(택) 코일을 통한 전류를 변화시킨다.

(3) Start-Up

e5551의 많은 다른 모드는 블럭 "0"을 처음 읽고난 후 동작한다. 이 변조는 블럭 "0"을 읽는 동안 off 된다. 256 필드 클럭 주기 set-up 시간이 지난 후에 선택된 모드로 변조가 시작된다.이 초기화 동안 어떤 영역(Gap)은 완전히 이 과정을 재 시작할 수 있다.

(4) 읽기 데이터 흐름

블록의 전송은 블록 "1"부터 이다. 마지막 블록이 들어오면 읽기가 다시 블록 "1"로 시작된다. 모드 데이터를 포함하는 블록 "0"는 절대로 전송되지 않는다. 모드 레지스트가 EEPROM 블록 "0"의 차례가 되어도 결코 읽지 않는다.

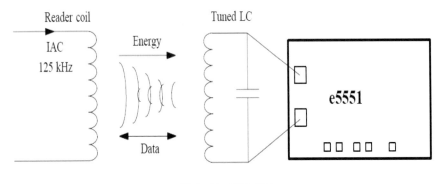

그림 3-41. 응용 회로

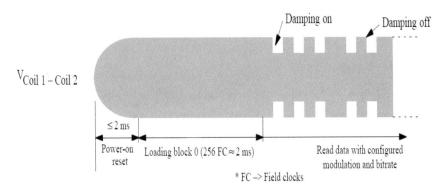

그림 3-42. power-on 후의 코일1과 코일2 사이의 전압

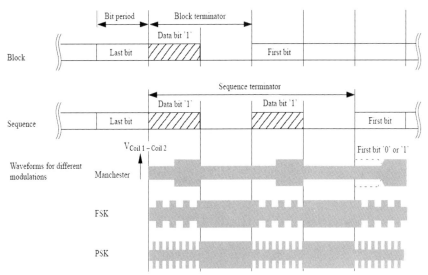

그림 3-43. Terminator

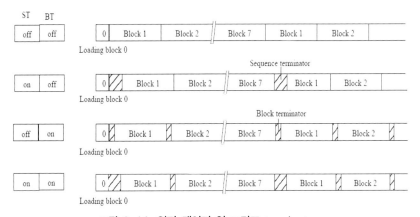

그림 3-44. 읽기 데이터 열 그리고 terminators

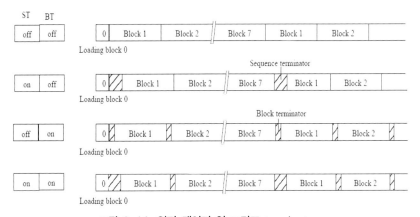

그림 3-45. MAXBLK의 예

(5) Maxblock 특징

만약 사용자데이터 블록의 읽기가 필요 없으면, MAXBLK 영역의 블록 "0"에서만 블록 읽기가 사용될 수 있다. 예로서 만약 MAXBLK = 5이면, e5551은 단지 블록 1에서 5까지만 반복하여 읽기 그리고 쓰기를 한다. 만약 MAXBLK이 "0"으로 되어 있으면, 전송되지 않는 이 블록 즉 "0"을 읽을 수 있다.

(6) Terminators

Terminator은 특별한 댐핑 형태이다.(옵션으로 선택가능) 이것은 리더기와 동기가 필요할 때 사용될 수 있다. 여기에는 두 가지 형태가 있다. 모든 블록보다 앞선 Terminator 블록 그리고 마지막 블록의 뒤에 오는 Terminator 블록이다. 연속 Terminator는 두 연속 블록 Terminator로 구성된다. Terminators는 모드 ST(Sequence Terminator enable) 혹은 BT(Block Terminator enable)로 각기 동작한다.

참고. MAXBLK = 0에서 전송에서 연속 Terminator는 불가능하다.

(7) Direct Access

직접인지 명령은 OP-Code('10')을 전송함으로 각기 블록의 읽기를 할 수 있다. 참고. PWD는 0이다.

(8) 변조 그리고 비트율

e5551은 두 변조 단계가 있다. 블록 "0"에서 해당되는 비트를 사용함으로 그 모드를 선택할 수 있다. (MS1[1:0] 그리고 MS[2:0]). 또한 비트율은 블록 0에서 BR[2:0]을 사용함으로서 선택할 수 있다. 이 옵션은 그림 4-21부터 4-26까지 자세히 설명되어 있다.

(9) Anticollision 모드

AOR(Answer-On-Request) 비트가 set 될 때, IC는 블록 "0"의 데이터를 읽고난 후 변조가 시작되지 않는다. 변조가 되기 전에 리더로부터 유효한 AOR 데이터 열 (Wake-up 명령)을 기다린다. Wake-up 명령은 유효한 패스워드에 의해 OP-code ('10')을 가지고 있다. IC는 RF 영역이 끊어지거나 혹은 정지 OP-code가 수신될 때

까지 동작상태로 남아 있게 된다.

표 5-2. e5551-동작 모드

PWD	AOR	STOP	Behavior of Tag after Reset / POR	STOP Function
1	1	0	**Anticollision mode:** • Modulation starts after wake-up with a matching PWD • Programming needs valid PWD • AOR allows programing with read protection (no read after write)	STOP OP-code ('11') defeats modulation until RF field is turned off
1	0	0	**Password mode:** • Modulation starts after reset • Programming needs valid PWD	
0	1	0	• Modulation starts after wake-up command • Programming with modulation defeat without previous wake-up possible • AOR allows programing with read protection (no read after write)	
0	0	0	• Modulation starts after reset • Direct access command • Programming without password	
x	0	1	See corresponding modes above	STOP OP-code ignored, modulation continues until RF field is turned off

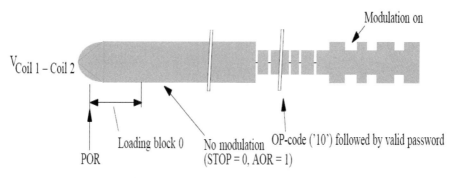

그림 3-46. AOR(Answer-On-Request) 모드

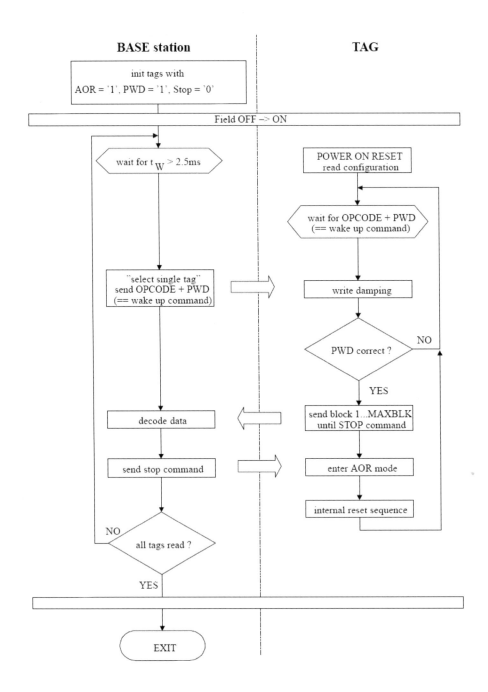

그림 3-47. Anticollision 과정

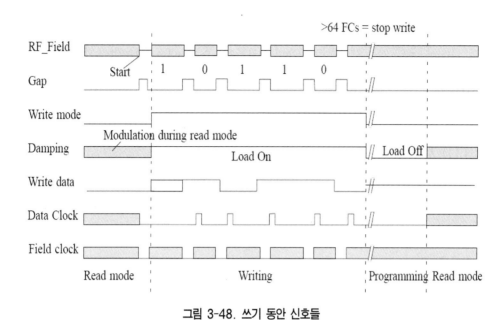

그림 3-48. 쓰기 동안 신호들

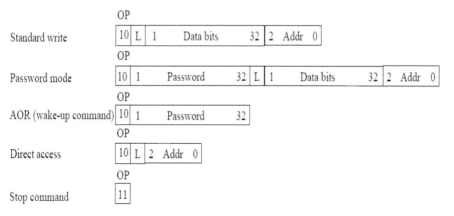

그림 3-49. 쓰기 데이터 디코딩

그림 3-50. e5551 OP-code 포맷

(10) 쓰기

IC(택)으로 쓰기 데이터는 Atmel Wireless & Microcontrollers의 쓰기 방법으로 행해진다. 짧은 간격인 RF 영역 저지로 인해 나타난다. 두 간격 사이 시간은 "0/1" 정보를 전송함으로서 엔코드된다.

(11) 시작 간격

처음 갭(간격)은 쓰기 모드 펄스인 시작 갭(간격)이다. 쓰기 모드에서 댐핑은 계속 동작 상태를 의미한다. 시작 갭은 부 연속 갭 보다 더긴 것이 필요하다. 시작 갭은 블록 "0"을 가진 후에 임의의 시간에서 인지된다.

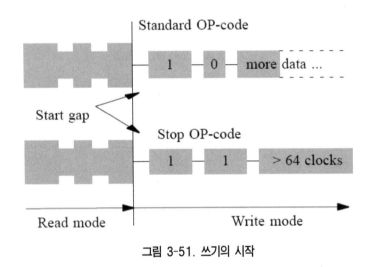

그림 3-51. 쓰기의 시작

(12) 디코드

갭 간격은 50usec - 150usec이다. 두 갭 사이의 시간은 "1"인 클럭이 56개이고 "0"이 24개인 클럭이다. 그것에는 previous 갭 뒤 64 필드 클럭보다 더 많은 갭은 없다. IDIC는 쓰기 모드가 있다. 만약 정확한 수의 비트가 수신되면, 그것은 프로그래밍이 시작되도록 한다. 만약 갭1이 틀려지면, 다른 말로 하나 혹은 더 이상의 간격이 "0" 혹은 "1" 표현과 다르면 IC는 프로그램이 되지 않는다. 그러나 블록 "1"에서 비트 1로 읽기 모드가 시작된다.

(13) e5551안으로 쓰기 데이터 넣기

e5551은 처음 두 비트의 Op-Code가 예정되어 있다. 그것은 두개의 유효 OP-Code ('10' 그리고 '11')이 있다. 만약 OP-Code가 다른 것이면, e5551은 마지막 간격 후에 블록 1에서 읽기 모드가 시작된다. OP-Code는 다음의 다른 정보를 갖고 있다.(그림 4-17 참조)

- 표준 쓰기는 OP-Code, lock 비트 32의 데이터 비트 그리고 3-비트의 블록 주소가 필요하다.
- usePWD 셋으로 쓰기는 OP-Code 그리고 주소/데이터 비트 사이에 유효한 패스워드가 필요하다.
- usePWD로 AOR 모드에서, OP-Code 와 유효한 패스워드는 동작 가능한 변조에 필요하다.
- 정지 OP-Code는 e5551의 정지에 필요하다

참고 : 데이터 비트들은 쓰기처럼 같은 방법으로 읽는다.

(14) STOP OP-Code

STOP OP-Code('11')은 Power-On 리셋 동작 동안 변조를 정지한다. 이 특징은 정산 RF 장을 갖는데 필요하다. 이것은 단일 택이 하나씩 인지하는 그런 영역이다. 각각의 IC는 읽고 그리고 정지 시킨다. 그래서 그것은 다음의 IC와 연결이 되지 않는다.

참고 : STOP-code는 IC를 정지시키는데 단지 2개의 OP-code를 포함한다. 임의의 첨가 데이터를 보내었으며 이것을 무시하지 않는다. 그리고 IC는 변조를 정지하지 않는다.

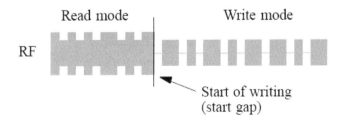

그림 3-52. OP-code 전송

(15) 패스워드

패스워드 모드가 작동될 때(usePWD=1), OP-code 뒤의 32비트들은 패스워드처럼 주의해야 한다. 그것들은 비트 1로 시작되는 블록 7의 내용과 한 비트 한 비트씩 비교한다. 만약 비교가 실패하면, IC는 메모리에 프로그램되지 않고, 블록 1에서 읽기 모드로 재 시동된다.

참고

- 만약 PWD가 되어 있지 않으면, IC는 프로그램 모드로 된다 그러나, IC는 패스워드 장소에 32개의 임의의 비트의 쓰기 데이터 열을 수신한다.
- 패스워드 모드에서, MAXBLK는 e5551에 의해 전송된 7개 이하의 패스워드를 검사한다.
- 2개의 OP-Code, 32개의 패스워드 비트, 한 개의 Lock 비트, 32개의 데이터 비트 그리고 주소 비트(=70개 비트)의 이 모든 전송에 약 35ms가 필요하다.

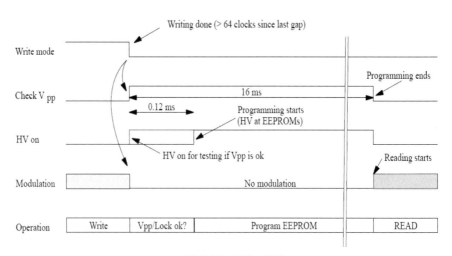

그림 3-53. 프로그래밍

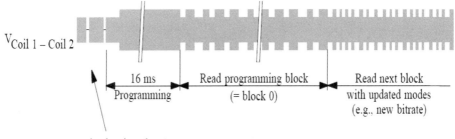

그림 3-54. 블록 0의 프로그래밍 후의 코일 전압

(16) 프로그래밍

모든 필요한 정보가 e5551에 쓰여 질 때, 프로그래밍 과정이 이루어진다. 그것에는 쓰기의 마지막과 프로그래밍의 시작 사이에는 32 클럭 지연이 있다. 이 시간 동안 Vpp(EEPROM 프로그래밍 전압)는 측정이 되어지고 프로그래밍의 블록을 위한 Lock 비트는 검사된다. Vpp는 지속적으로 프로그래밍 사이클을 통해 확인된다. 만약 임의의 시간에 Vpp가 매우 작으면, 칩은 즉시로 읽기 모드로 된다. 프로그래밍 시간은 16ms 이다. 프로그래밍이 끝나고 난 뒤, e5551은 리더 모드가 되고, 블록 프로그래밍이 시작된다. 만약 블록 혹은 순차 종료가 되면, 블록은 블록 Terminator에 의해 동작 된다. 만약 모드 레지스트(블럭 0)가 프로그램되어 진 적이 있으면, 새로운 모드가 동작된다. 이 동작은 지금 프로그램된 블록이 그 이전 모드를 이용하여 전송되고 난 후이다.

(17) 에러 처리

몇 개의 에러 상태는 다음을 확실히 인지한다. 그것은 유효한 비트들이 EEPROM으로 프로그램된다. 여기에는 다른 동작을 만드는 2가지 에러 형태가 있다.

(18) 쓰기 동안의 에러

그 동작에는 e5551로 데이터 쓰기 동안 일어나는 4개의 인지 가능한 에러가 있다.

- 두 갭 사이의 field 클럭의 잘못된 갯수
- OP-Code가 표준 OP-Code('10') 혹은 정지 OP-Code('11')와 같지 않은 경우
- 패스워드 모드가 동작될 경우. 그러나 패스워드가 블록 7의 내용이 맞지 않을 경우는 아니다.

- 비트의 수가 정확하게 수신되지 않을 때.

   표준 쓰기 : 38비트(PWD 셋가 안되어 있을 때

   페스워드 쓰기 : 70비트(PWD가 셋일 때)

   AOR wake-up : 32비트

   정지 명령 : 2비트

만약 위의 4가지 상태 중의 어떤 것이 인지되면, IC는 즉시 읽기 모드가 시작된다. 이것은 쓰기모드로 된 상태 이후이다. 읽기는 블록 1부터 시작한다.

(19) 프로그램 동안의 에러

만약 쓰기가 성공적으로 되었다면, 아래의 에러는 다음의 프로그래밍을 수행한다.

- 주소 블록의 Lock 비트는 셋이 된다.
- Vpp는 매우 작다.

이런 경우 프로그래밍은 즉시 정지된다. IC는 읽기모드로 복귀된다. 그리고 현재 진행되는 블록에서 시작한다.

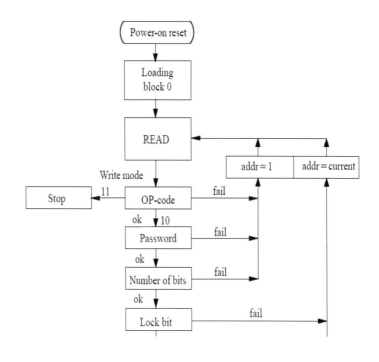

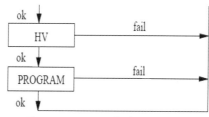

그림 3-55. e5551의 기능 다이어 그램

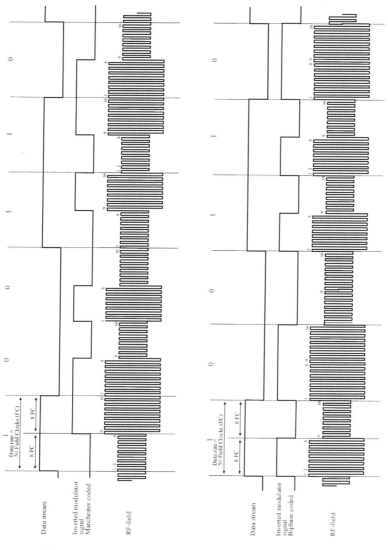

그림 3-56. 데이터 비 RF/40   그림 3-57. 데이터 비 RF/16

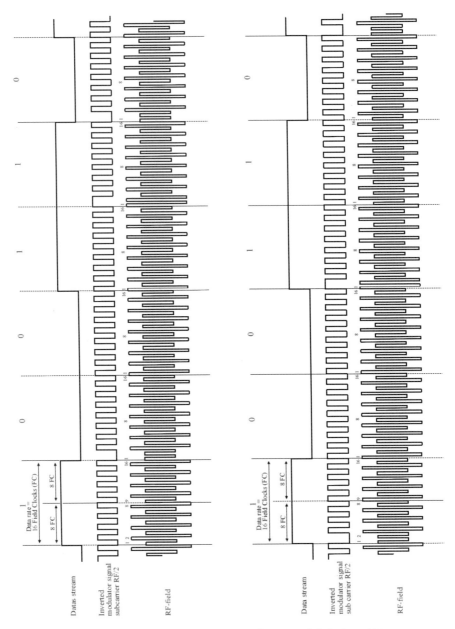

그림 3-58, 데이터 비 RF/16   그림 3-59, 데이터 비 RF/16

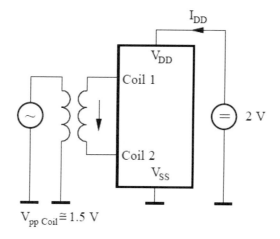

그림 3-60. IDD을 위한 측정

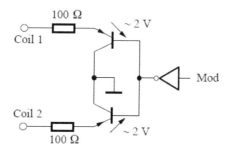

그림 3-61. 간단한 댐핑 회로

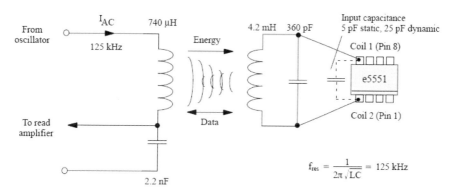

그림 3-62. 전형적인 응용회로

Parameters	Symbol	Value	Unit
Maximum DC current into Coil 1/ Coil 2	I_{coil}	10	mA
Maximum AC current into Coil 1/ Coil 2, f = 125 kHz	$i_{coil\,pp}$	20	mA
Power dissipation (dice) [1]	P_{tot}	100	mW
Electro-static discharge maximum to MIL-Standard 883 C method 3015	V_{max}	2000	V
Operating ambient temperature range	T_{amb}	−40 to +85	°C
Storage temperature range [2]	T_{stg}	−40 to +125	°C
Maximum assembly temperature for less than 5 min [3]	T_{sld}	+150	°C

참고

1) 자유공간에서 응용 시간 : 1sec

2) 데이터 보존 시간 축소

3) 5분 이하의 동안 기기의 150도 유지로 인한 데이터 왜란은 없음

(20) 동작 특성

$T_{amb} = 25°C$; $f_{RF} = 125$ kHz, reference terminal is V_{SS}

Parameters	Comments	Symbol	Min.	Typ.	Max.	Unit
RF frequency range		f_{RF}	100	125	150	kHz
Supply current (see figure 27)	Read and write over the full temperature range	I_{DD}		5	7.5	μA
	Programming over the full temperature range	I_{DD}		100	200	μA
Clamp voltage	10 mA current into Coil1/2	V_{cl}	9.5		11.5	V
Programming voltage	From on-chip HV-Generator	V_{pp}	16		20	V
Programming time		t_P		18		ms
Startup time		$t_{startup}$			4	ms
Data retention	1)	$t_{retention}$	10			Years
Programming cycles	1)	n_{cycle}	100 000			
Supply voltage	Read and write	V_{DD}			1.6	V
Supply voltage	Read-mode, T = − 30°C	V_{DD}			2.0	V
Coil voltage	Read and write	$V_{coil\,pp}$			6.0	V
Coil voltage	Programming, RF field not damped	$V_{coil\,pp}$			10	V
Damping resistor		R_D		300		Ω

(21) 핀 정보

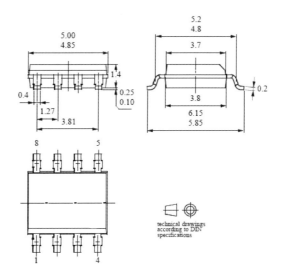

Package SO8
Dimensions in mm

3.7 차량에서 응용

최근에 차량 절도 수의 증가로 자동차 산업에서 효과적이고 간편한 정도로부터 차량 보호가 이슈화 되고 있다. Atmel은 1994년 처음으로 자동차 절도에 대응하는 단일 칩 리더 IC U2270B를 소개하였다. U2270B는 적응력이 있는 코일 드라이브 회로를 갖고 있고, 집적화된 NF 리더 채널 그리고 내장 전원공급기를 갖고 있다. Atmel의 TK5530, TK551 혹은 TK5561 택을 이용하여, U2270B는 완벽하고, 간단하고 그리고 효과있는 차량절도 방지 시스템을 만들 수 있다. 이 장은 U2270B을 이용한 차량 시스템의 제작 안내를 한다. 처음으로 자기장 연결에 대해 설명되고, 인지 거리에 관한 요소들을 설명한다. 그리고 리더 부분 그리고 안테나 연결 그리고 단일 인지 S/W에 대해 설명을 할 것이다.

1) 시스템 디자인 고찰

U2270B는 택과 마이컴 사이에서 데이터 비교 interface처럼 동작한다. 이것은 두

방향(U2270B ↔ 마이컴)의 인터페이스로 동작한다. 에너지는 리더에서 택 방향으로 전달된다. 리더는 리더 공심 코일에서 자기장을 만든다.(그림 3-63 참조) 이 리더 코일은 동작주파수에 공진되는 공진회로의 한 부분이다. 안테나는 직렬공진을 이용하여 에너지를 만든다. 안테나의 직렬공진으로, 저 임피던스 출력은 드라이브 회로에서 에너지를 전달한다. 이 때 비교적 적은 전압을 갖는다.

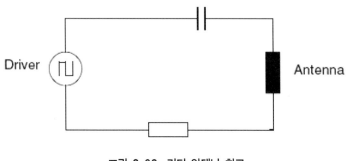

그림 3-63. 리더 안테나 회로

자기장은 리더기에 의해 만들어 지고, 발생된 자기장에 의해 택의 공진회로에서 전압이 만들어 지며, 전압은 택 IC의 전원으로 공급된다. 택 코일에 흐르는 전류는 자기장을 만들고, 이것은 리더기의 인식 영역과 겹쳐진다. 만약 택의 전원 전압이 충분히 높으면, 택의 고유 데이터 신호와 부합되게 택의 공진회로의 댐핑에 의해서 리더로 전송이 시작된다. 신호의 세기는 택 코일의 특성에 의해 달라지고, 진폭 천이는 댐핑에 의해 일어 난다. (그림 3-64 참조)

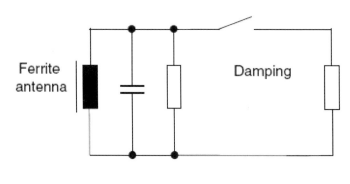

그림 3-64. 택의 등가회로

데이터는 택으로부터 리더기의 마이컴으로 전달된다. 택에서 리더로 전달되는 신호는 리더 전압에 비해 매우 작다. 이것은 리더 코일에서 작은 전압 진폭 변조를 만들어 낸다. 리더 안테나는 수신되는 신호를 위해 병렬 공진으로 동작한다. 이 공진은 고감도의 유용한 주파수 밴드 선택(Bandpass)을 할 수 있다. 리더 코일 단자의 고전압에 의해 복조는 리더기 안테나 뒷부분에서 이루어진다.(그림 3-65 참조) 신호는 정류기 그리고 decoupling 콘덴사를 거쳐 리더 IC의 입력단자에 넣어진다. LF 인식 채널이 증폭되고, 신호는 디지털 출력으로 바뀐다.

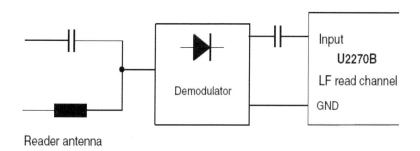

그림 3-65. 복조 경로

2) 인식 거리

완전한 동작을 위해서, 택의 내부 공급전압을 위한 최저 자기장 감도의 값을 알아야 한다. 만약 택의 공진 주파수와 자기장의 주파수가 다르면 자기장의 감도는 더 높아야 한다. 이것은 택의 공진 곡선으로 알 수 있다. 짧은 루프 코일의 자기장 밀도는 아래의 공식으로 계산할 수 있다.

$$H = \frac{1 \times N}{2 \times \left(1 + \dfrac{d^2}{r^2}\right)^{1.5}}$$

$$L = N^2 \times r \times \pi \times \mu_0$$

$$(\mu_0 = 1.257 \times 10^{-6})$$

- H : 자기장 밀도
- I : 코일을 흐르는 전류

- N : 코일의 턴수
- r : 코일의 반경
- d : 코일 중신과 택 사이의 거리
- L : 코일의 인덕턴스

확실한 인식을 위한 변조된 신호는 read 채널의 감도 레벨보다 높아야 한다. 즉 리더와 택의 두 방향의 비는 결합계수, 인덕턴스 그리고 리더와 택의 Q 파라메터로서 표현이 가능하다. 다음과 같이 그것에 대한 식이 주어진다.

$$V_T = V_R \times k \times \sqrt{\frac{L_T}{L_R}} \times Q_T$$

$$\triangle V_R = \triangle V_T \times k \times \sqrt{\frac{L_R}{L_T}} \times Q_R$$

- VT : 택 전압
- VR : 리더 전압
- k : 결합 계수
- LR : 리더 인덕턴스
- LT : 택 인덕턴스
- QT : 택 Q 계수
- QR : 리더 Q 계수
- DVR : 리더에서 변조된 전압
- DVT : 택에서 변조 전압

결합과 Q 계수는 이 두 방향에서 개선되어야 한다. Q 계수는 제작과 디자인 상태에서 한정이 되어 있다. 이것은 다음 장에서 논한다. 절충된 값은 인덕턴스를 찾으면 된다. 왜냐하면 양 방향에서는 서로 반대되는 효과를 갖고 있기 때문이다.

3) Zero 변조가 안되게 하는 방법

위의 식은 리더기와 택의 공진회로가 발진주파수에 동조되면 사용가능하다. 만약 공진회로가 공진이 되지 않으면, 변조된 신호는 택에서 리더로 전송되지 않고, 택으로 되돌아간다. 이것은 리더기와 비 동위상이다. 이것은 다음의 효과를 갖는다.

- 만약 위상이 90도(Zero 변조) 천이 되면, 리더기의 전압에서 진폭 변조는 만들어지지 않는다.
- 만약 위상 천이가 90도 이상 천이되면, 신호는 반전된다.

표 5-1에서 위에서 언급한 것에 대한 해결방법.

Zero 변조를 피하는 방법	비고
공진회로와 발진기 주파수의 정합	한개 이상의 택을 사용할 때는 불가능하다. 대량 생산에는 적합지 않음
리더기의 혹은/그리고 택의 Q 계수의 감소	같은 주파수 편차에서 작은 위상 천이 인지영역은 감소한다.
오차 영역 내의 단계적으로 발진 주파수 변화	만약 리더와 택의 공진 주파수가 확실히 틀리면 문제시 된다.
리더 안테나의 공진과 같은 발진기 주파수의 조정	부가적으로 제어 회로가 요구된다.
위의 상황에 덧붙여, 스윗치캐패시터에 의한 리더 공진 주파수 변화	적은 편차 제한

4) 전원공급

리더 IC는 내부 전원 공급기가 내장되어 있다. 이것은 사용자에 의해 7V에서 16V 사이의 정류되지 않은 전원공급기 뿐만 아니라 내부의 5V 전원으로도 동작된다. 내부 안정기를 사용할 때, U2270B는 STANDBY 핀으로, Power-Down mode로 set 할 수 있고, 이 공급기 전류는 매우 작다.

5) 응용 절차

발진기 주파수 조정은 리더 안테나의 공진과 같게 유지해야 한다. 주파수 조정은 발진기 조정 루프로서 할 수 있다. 그림 5-4는 발진기 조정 루프의 등가 회로를 보인다.

그림 5-5는 코일 1, 코일 2의 드라이브 출력 그리고 R1과 R2에서 측정된 안테나 전압을 보인다.

T1 : 코일 1 출력의 Low Cycle.

T2 : 코일 2 출력의 Low Cycle.

T2a : 안테나 전압이 "−"곳에서 T2의 시간 간격

T2b : 안테나 전압이 "+"곳에서 T2의 시간 간격

Aa : T2a 시간동안 안테나 전압의 합

Ab : T2b 시간동안 안테나 전압의 합

발진기 조절 루프는 위상 조정 루프이다. 이것은 드라이브 전압과 안테나 전압 사이의 위상 천이 조절한다. D1 그리고 D2를 통한 궤환 전류는 각각 방법으로 발진기 주파수를 조절한다. 이 방법은 위의 언급한 전압들의 사이에서 90도 위상 천이되는 것이다. T1 시간동안 궤환 정보는 D1 그리고 D2통해서 C1으로 전달되는 것이 없다. D3 그리고 D4는 통하게 되고, D1과 D2는 역 바이아스가 된다. T2 시간동안에 궤환 정보는 D1 혹은 D2를 통하여 전달 될 수 있다. T2 시간 동안 R2 그리고 D1을 통하여 C1의 바깥으로 흐른다. 만약 안테나 전압이 "+"(T2b시간 동안)이면, R1그리고 D2을 통하여 흐른다. C1으로 흘러간 전류는 T2시간동안 전류의 합이 된다. 만약 안테나의 공진 주파수가 발진기 주파수 보다 높으면, 위상이 천이된다. 그러므로 T1a 그리고 T2a 가 변한다. T2a는 감소하고 T2b는 증가하게 된다. 마지막으로 조절 전류(Aa 와 Ab의 합)는 "0"에서부터 다른 값을 갖는데 양의 수가 된다. Pin RF로 로 흘러 들어간 부가적인 전류로 인한 결과로 fre = fOSC 될 때 까지 발진기 주파수가 높아진다. 조절 루프는 루프 게인이 약 15이다. 리더 안테나의 더 높은 Q 계수는 더 높은 루프 게인을 갖는다. R1 그리고 R2의 댐핑 효과는 리더 안테나의 작은 Q 계수처럼 고려해야 한다.

6) 신호 인지

리더기에서 택으로부터 전송된 사용 가능한 신호는 리더 안테나 전압의 비해 매우 작은 진폭변조 형태로 나타난다. 복조는 다이오드, 충전 콘덴사 그리고 충전과 방전 위한

저항으로 이루어진다. 용량 결합(C2)의 high-pass기능은 사용된 택 코드에 맞추어져
있다.(그림 3-66 참조)

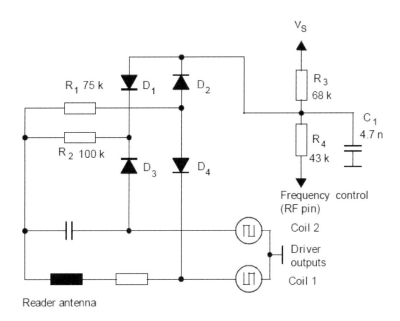

그림 3-66. 발진기 조절 루프의 기능 원리

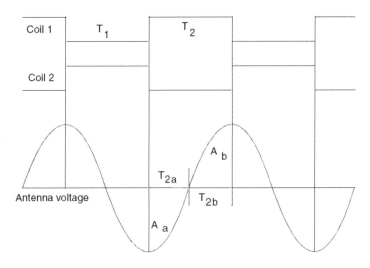

그림 3-67. 발진기 조절 루프의 신호들

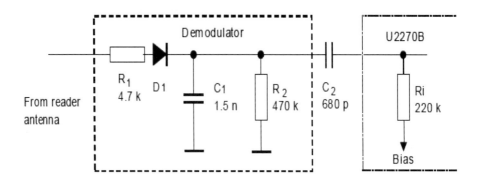

그림 3-68.. High-Pass 결합을 갖는 복조기

Bi-Phase 혹은 Manchester 엔코딩 사용 시, 각 부분의 값으로 대략 4kbit/s의 bit rate를 만들어 낸다. (그림 3-68 참조) 만약 더 낮은 데이터 rate 사용하려면, C2 값은 증가 시켜야 된다. 복조 후에, 신호는 걸러지고, U2270B 내부 리더 채널에 의해 증폭된다. 게인과 내장된 증폭기의 낮은 차단 주파수는 GAIN 핀에서 정해진다. 만약 최대 게인 요구된다면, GAIN 핀은 콘덴사(CGAIN)이 접지에 연결한다. 낮은 게인을 위해서는 저항(RGAIN)은 콘덴서와 직렬로 연결한다. 게인(G)와 차단 주파수(FOUT)는 아래의 식으로 계산 할 수 있다. R1의 값은 약 2.5K옴이다.

$$G = 30 \times \frac{R_1}{R_1 + R_{GAIN}}$$

$$f_{OUT} = \frac{1}{2\pi \times C_{GAIN}(R_1 + R_{GAIN})}$$

7) 전원 공급 그리고 부하 Dump 보호

시스템은 5v 안정화된 전원 혹은 7v에서 16v 까지 안정화 되지 않은 전원을 사용한다. 예로, 자동차 전원을 사용할 수 있다. 보호 저항은 과전압 상태를 위해 사용되었다. 최저 저항은 다음의 식에 의해서 정해진다.

- RthJA : 120K/W 온도 저항 둘러싼 Junction
- Tjmax : 150도(최대 결합 온도)

- Vz   : 18v 내부 클램핑 전압

- Rz   : 90옴 클램핑 다이오드의 내부 저항

- VIN   : 최대 연속 입력 전압

- VIN_LD   : 최대 입력 전압‘부하 dump″

- Tamb   : 주위 온도

- F   : 부하 덤프 펄스 시간동안의 관계되는 계수 : t⟨500ms에서 F=2,

               t⟨200ms에서 F=3이다.

$$P_{tot} = \frac{T_{jmax} - T_{amb}}{R_{thJA}} \quad \text{지속 전력 손실}$$

$$P_{tot-LD} = F \times P_{tot} \quad \text{전력 손실 load dump}$$

$$R_{Prot} \geq \frac{V_{IN} - V_Z}{\sqrt{\frac{P_{tot}}{R_z} + \left(\frac{V_Z}{2R_Z}\right)^2} - \left(\frac{V_Z}{2R_Z}\right)} - R_Z \qquad \text{: 지속 보호 저항}$$

$$R_{Prot} \geq \frac{V_{IN-LD} - V_Z}{\sqrt{\dfrac{P_{tot-LD}}{R_z} + \left(\dfrac{V_Z}{2R_Z}\right)^2} - \left(\dfrac{V_Z}{2R_Z}\right)} - R_Z \quad : \text{보호저항 load Dump}$$

이 계산은 최악의 경우이다. 그것은 RthJA의 사용으로 함으로서 나타난다. 온도 저항은 IC가 일반적인 PCB에 장착될 때처럼 일반적인 응용에서 더 작다.

8) 안테나 디자인

리더 안테나의 공진 주파수가 시스템에 의해 정의 될 때, 파라메타는 다음과 같이 설명할 수 있다.

- 코일의 인덕턴스
- 공진 회로의 Q 계수

인덕턴스는 코일의 크기와 코일의 턴수에 의해 달라진다. 리더 안테나의 인덕턴스 값은 에너지 전송과 신호 인식의 균형으로 셋팅이 되어야 한다. 만약 택의 파라메타를 알면, 결합계수는 계산되어 진다. 리더 안테나의 공진 주파수와 택의 공진 주파수는 같아야 한다.

$$k = \frac{V_T}{V_R \times Q_T} \times \sqrt{\frac{L_R}{L_T}} \quad : \text{결합 계수}$$

$$\triangle V_R = \triangle V_T \times k \times \sqrt{\frac{L_R}{L_T}} \times Q_R \quad : \text{리더 안테나의 변조 전압}$$

만약 코일이 실린더 형태로 장착 되어 있다면, 리더 안테나의 Q계수는 코일의 손실 저항 그리고 철 저항에 기인한다. 높은 Q 계수는 신호전송을 향상 시킨다. 그러나 만약 그것이 매우 높다면 순간 응답은 데이터 신호에서 나쁜 영향을 일으킨다. Q 계수가 15 이상이 값에서 데이터 신호의 악 영향이 없다.

9) 주파수 편차 설명

리더와 택의 안테나의 공진 주파수는 대부분의 응용에서는 같지 않다. 다음이 그 결과로 나타난 것이다.(Zero 변조 항을 참조)

- 택의 내부 공진 전압이 공진 곡선에 따라 작아진다.
- 리더기 전압의 진폭 변조는 만약 위상 천이가 90도이면 행하여지지 않는다.(Zero 변조) 혹은 90도 이상의 위상 천이가 이루어지면 신호는 반전된다. 이동 시스템을 위해서는 아래의 상태를 만족하여야 한다.
  - 택은 충분한 필요한 전력이 있어야 동작한다.
  - 리더기 전압과 변조 전압 사이의 위상 천이는 90도 보다 작아야 한다.

만약 공진 주파수들의 최대 편차를 안다면, 택 전압은 계산될 수 있다.

$$\psi = arctan\left(Q_T \times \left(1 + \frac{Tol}{100}\right) - \frac{1}{\frac{1}{Q_T} \times \left(1 + \frac{Tol}{100}\right)} \right)$$

$$V_T = V_R \times k \times \sqrt{\frac{L_T}{L_R} \times Q_T \times \cos(\psi)}$$

VT : 택 전압
VR : 리더 전압
k : 결합 계수
LR : 리더 인덕턴스
QT : 택 Q 계수
Tol : 공진 주파수 간의 편차
ψ : 리더기와 택 전압 사이의 위상 천이

zero 변조의 발생은 리더기와 택 사이의 위상 편차에 의해 발생 원인이 된다. 만약 택이 약하게 변조된다면, 위상 천이 ψ>45도 위상천이에서 Zero 변조가 일어난다. 이것은 다음을 의미 한다. 만약 시스템이 ψ가 작거나 45도 보다 작을 때에는 Zero 변조가 일어나지 않는다. 최대 편차는 다음과 같이 주어진다.

$$Max\,Tol = \left(\frac{1}{2} \times \frac{\left(1 + \sqrt{1 + 4 \times Q_{T^2}}\right)}{Q} \right) \times 100$$

MaxTol : zero 변조를 막는 Q 계수의 최대 편차

QT : 택 Q 계수

만약 MaxTol 〉 Tol(최대 편차) 이면, Zero 편차는 일어나지 않는다. 택은 그것보다 작은 공급 전압에서는 동작 되지 않는다.

만약 MaxTol 〈 Tol 일 때, Zero 변조를 막기 위한 3가지의 해결책이 있다.

1. 리더기의 안테나 그리고/혹은 택을 위한 더 정밀한 주파수 발생 부분의 취급. 위의 식으로 계산된 것처럼 공진 주파수 사이의 편차의 최대값이 MaxTol이다.
2. 스윗치 캐패시터의 의미로서 리더기 공진 주파수 교류.
   두개의 다른 공진 주파수는 선택되어 질수 있다. 최대 편차의 두 배의 값과 1의 비교(MaxTol의 2배).
3. 택의 Q값의 저하: 이것은 충분한 자기장에 의해 이룰 수 있다.

3.8 응용 예제(모바일 차량 인식 시스템)

무선 이동 차량 인식 시스템은 2개의 부가적인 시스템으로 이루어 져있다. 택 그리고 리더기 이다. U2270B는 적은 부품으로 리더 시스템을 디자인 할 수 있다. 그것은 마이컴 혹은 디지털 로직을 이용함으로서 읽기가 가능하고, 그리고 택의 키 코드 혹은 ID(인식)를 할 수 있다. 이 장에서는 U2270B에 대한 전형적인 응용 그리고 어떻게 택 신호를 디코드 하는가에 대해 설명하였다. 모든 설명들은 125KHz에서 Atmel의 택 TK5530을 위한 제조 방법이다.

1) 전형 적인 리더 응용

이 회로는 리더 그리고 택의 공진 회로의 짧은 영역 혹은 적은 편차를 갖는 시스템에 적합하다. 그림 3-69의 응용은 12V 공급 전압을 갖는다. 마이컴은 U2270B의 내부 전력공급에 의해 전력을 공급 받는다.

2) 동조를 갖는 리더 응용

이 응용(그림 3-70 참조)은 리더 안테나 회로의 동조에 관계된다. 큰 편차를 갖는 리더와 택의 안테나가 사용되었다. 마이컴은 리더와 택의 공진 주파수 사이의 차이를 최소화 할 수 있다. 이것은 통신 영역을 개선하고 zero 변조를 막는다.

3) 데이터 디코딩

일반적인 택들의 인식 혹은 키 코드는 맨체스터 혹은 Bi-Phase 코드처럼 엔코드되고, Baud rate을 위한 클럭은 리더 안테나에 있는 발진으로부터 택에 의해 만들어 진다. 일반적인 택 코드는 그림 3-71에서 보인다. 그림 3-71은 이상적인 상황에서 맨체스터 그리고 Bi-Phase 코드의 timing을 보인다. 엔코드 입력에서 코드의 Timing은 대부분의 응용에서 변조, 복조 그리고 잡음의 여러 효과에 의해 영향을 받는다. 그곳에는 데이터 신호의 상승 그리고 하강 에지의 지터가 있다. 택 신호와 디코드 시스템의 클럭은 비동기 이다. 디코드는 최대 영역 그리고 최소 에러를 가지는 그림 3-72에 보인 방법으로 리더 출력 신호를 만들어 낸다. 리더 출력 신호는 그림 3-73에서 보인다. 무용한 시간 간격(나쁜 경우)은 데이터 신호의 한 에지와 관계있다. 그림 3-75는 리더 출력 신호를 위한 펄스 길이를 규정한다. 만약 디코드가 이 timing으로 동작하면, 맨체스트 혹은 Bi-Phase의 디코드는 가능하다.

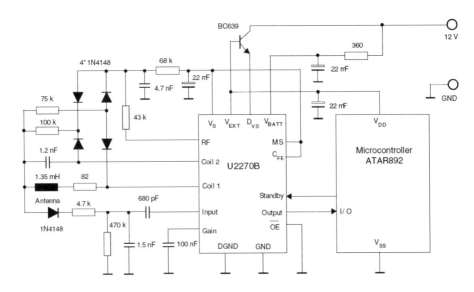

그림 3-69. 단거리 인지영역을 위한 12V 응용

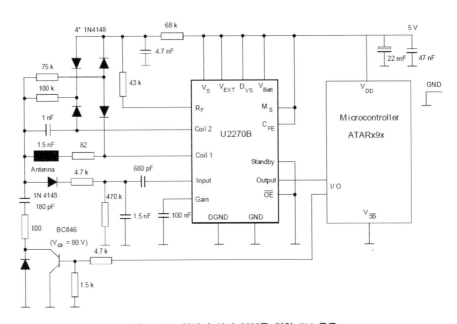

그림 3-70. 향상된 인지 영역을 위한 5V 응용

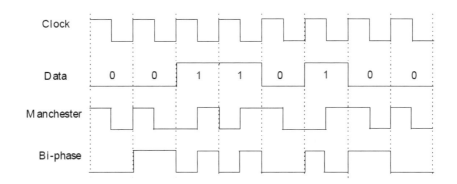

그림 3-71. 맨체스트 그리고 Bi-Phase 코드

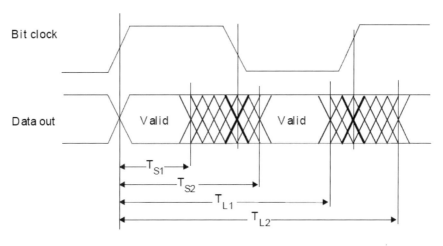

그림 3-72. 리더 출력 신호의 사용하지 않는 시간 프레임

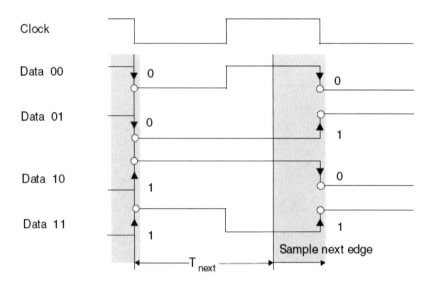

그림 3-73. 맨체스터 코드의 디코딩

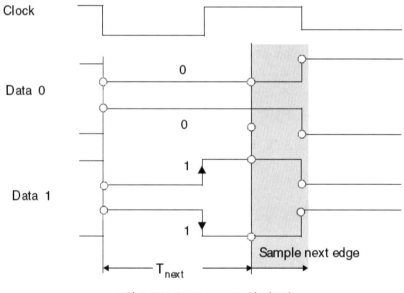

그림 3-74. Bi-Phase 코드의 디코딩

Description	Symbol	Value	Units	Condition
Short pulse length minimum	t_{S1}	90	μs	f_{Osc} = 125 kHz ±3%
Short pulse length maximum	t_{S2}	180	μs	f_{Osc} = 125 kHz ±3%
Long pulse length minimum	t_{L1}	210	μs	f_{Osc} = 125 kHz ±3%
Long pulse length maximum	t_{L2}	300	μs	f_{Osc} = 125 kHz ±3%

그림 3-75 리더 출력 신호를 위한 펄스 길이

맨체스터 혹은 Bi-Phase 코드의 디코딩을 위해, 택과 디코드의 클럭이 우선 동기가 되어야 한다. 코드들은 두개의 주파수 fclock 그리고 2*fclock를 갖는 신호처럼 디코드 된다. 한 클럭 주기의 길이를 갖는 양 혹은 음의 펄스 동기를 위해 인식되어야 한다. 이 과정 후, 비트 열이 디코드 된다. 그림 3-76과 3-77은 "어떻게 맨체스터 혹은 Bi-Phase 엔코딩을 위한 택 신호를 디코드 하는가?"를 보여준다. 그리고 "어떻게 에러 인지하는 가?"를 표시한다.

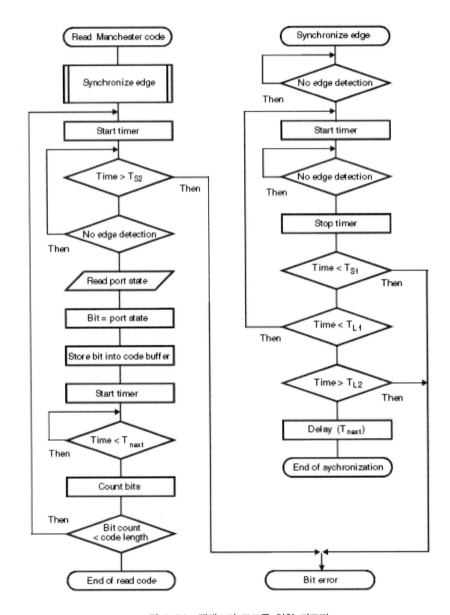

그림 3-76. 맨체스터 코드를 위한 디코딩

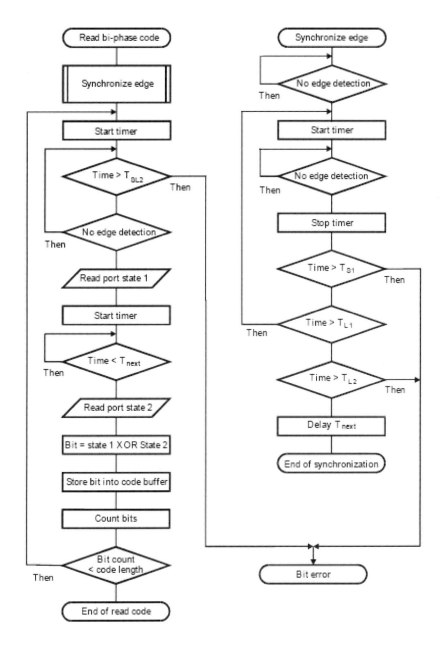

그림 3-77. Bi-Phase을 위한 디코딩

그림 3-76 그리고 3-77에서 아래의 시간 상수는 리더 신호 평가에 사용된다.

택의 확실한 인식은 그림 3-78에서 보인다. 만약 Standby Option이 사용되면, 마이컴은 리더에 연결된 Standby 핀이 active(Wake-Up)가 되어 있어야 한다. 그래서 그것은 동기가 되고, bit들을 읽게 된다. 읽기는 코드의 시작과 동시에 동기 되지 않는다. 그러므로 인지 첫 비트는 code 버프의 8비트 헤드 코드를 탐색함으로써 찾을 수 있다. 이것은 인식에 매우 빠르게 진행되도록 두어야한다. 왜냐하면, 마이컴은 읽기를 반복할 수 있기 때문이다. 리더 안테나를 갖는 응용에서 그것이 재 읽기를 시작하기 전에 제어기는 안테나 조정을 변경해야 한다. 읽기과정 이후에 리더는 Standby 모드로 변환할 수 있다.

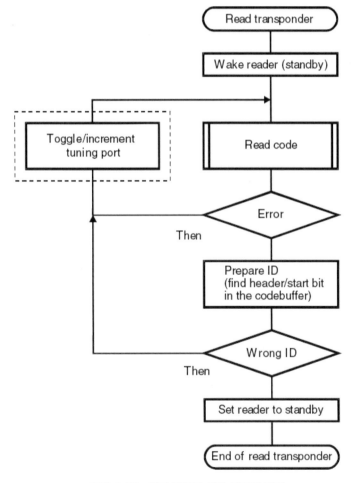

그림 3-78. 읽기 코드를 위한 디코딩 과정

참고 문헌

[1] Microchip MCRF 355 매뉴얼

[2] TEXAS INSTRUMENTs, Series 2000 Reader System Manual

[3] MicroID 13.56MHz RFID System Design Guide

[4] 8-bit AVR Microcontroller with 128K Byte, Atmega 128 Summary

[5] MAXIM, MAX 232 Data Sheet

[6] TK5552 Read/Write transponder Manual

[7] TK5530 read-Only transponder Manual

[8] Microchip, 125KHz RFID Design Guide

[9] RFID 길라잡이, 조형국, 홍능과학출판사

4장 : RFID 보안 기술

    RFID (Radio Frequency Identification) 는 태그에 정보를 기록해두고, 리더-라이터와 전파를 이용하여 데이터를 교환하는 자동인식 기술의 총칭이라고 할 수 있다. 따라서 기존의 바코드, 스마트카드 (smart cards) 와 같이, 특정 매체가 담고 있는 정보를 자동으로 식별하여 데이터 수집을 목적으로 다양한 활용이 기대되고 있다. 특히 RFID 태그는 라디오 주파수의 특성에 따라 인식거리가 길고 동시에 다수의 태그 인식도 가능하며 데이터 변경과 추가가 용이하다는 장점이 있다. 또한 RFID 태그의 소형화 및 저가격화가 예상되어, 사물인식 등과 같은 다양한 응용이 기대되는 기술이다.

    RFID 기술은 제2차 세계대전 당시 레이더에 대한 개념이 정의되면서, 아군과 적군 군용 비행체를 식별하기 위한 IFF 프로그램으로 개발되기 시작하였다. 1960년대 후반부터는 방사능 및 기타 위험 물질에 대한 모니터링을 비롯하여 가축관리, 철도차량 식별 등에 대한 연구가 진행되었다. 1990년대 후반부터는 수백만 개의 RFID 태그가 고속도로 이용료 정산, 출입/보안 카드, 컨테이너 추적 등에 활발히 적용되고 있으며, 현재 국내외에서는 IPv6 및 광대역 인터넷과 더불어 미래 IT 시장을 선도할 기술로 주목받고 있다.

    일반적으로 RFID 시스템은 칩과 태그, 리더, 미들웨어 및 응용서비스 등으로 구성되며, 수집된 데이터 및 정보들은 유무선 네트워크와 연동될 수 있다. RFID 기술이 현실 세계의 사물에 적용될 경우, 사물의 네트워크 및 디지털 정보화가 가능해지며, 사물에 대한 다양한 서비스 및 관리 작업에 혁신을 가져와 향후 USN 환경의 핵심 기술로 활용될 전망이다.

4.1 표준화 동향

1) ISO/IEC JTC1 SC17에 의한 IC 카드 규격의 표준화

IC 카드가 보급되면서 H/W 뿐만 아니라 S/W 측면에서도 표준화가 요구되었다. IC 카드의 표준화는 ISO 및 IEC에 의해 표준화 작업이 수행되고 있다. 정보기술 분야에서는 ISO와 IEC의 합동전문위원회 (JTC1: Joint Technical Committee One, Information Technology)가 설치되어 있으며, JTC1 내의 소위원회(SC: Subcommittee)에서 표준화 작업의 수행여부를 결정한다. 표준화의 초안 책정은 SC 내의 워킹그룹 (WG: Working Group)에서 이루어진다.

IC 카드는 ISO/IEC JTC1/SC17에서 표준화 작업을 시작하였다. SC17은 식별 카드의 규격에 관련된 위원회로 WG8에서 비접촉형 IC 카드의 표준화 작업을 담당하고 있다.

표 4-1. IC카드 규격의 표준화

SC	WG	대상 분야
ISO/IEC JTC1/SC17	WG1	식별 카드의 물리적 특성 및 시험 방식(테스트 메서드)
	WG3	기계판독 여권
	WG4	접촉형 IC 카드
	WG5	카드 발행자 번호
	WG8	비접촉형 IC 카드
	WG9	광 카드
	WG10	운전 면허증
	WG11	바이오메트릭스(생체인증기술)

SC17/WG8에서는 미디어 형상으로서 카드형 RFID에 대한 표준화를 수행하며, 다음과 같이 규격을 분류하고 있다.

표 4-2. RFID 규격 분류

분류	통신 거리	통신방식	ISO 표준규격
밀착형	~ 1mm	전자결합	ISO/IEC10536
		정전결합	
근접형	~ 약 20cm	전자유도	ISO/IEC14443
근방형	~ 약 1m	전자유도	ISO/IEC15693
마이크로파형	수 m	전파	미정

(1) ISO/IEC10536: 밀착형 카드 규격

● 규격 개요

밀착형 비접촉 IC 카드는 자기카드를 대신할 수 있으며, 신용카드 및 은행의 현금카드에 이용되는 것을 가정하여 표준화 작업이 수행되었다. 근접형의 등장으로 밀착형의 사용이 줄어들고 있으며 현재는 심의가 중단된 상태이다. ISO/IEC10536은 다음과 같은 사양으로 구성된다.

표 4-3. 밀착형 카드 규격 개요 & 사양

규격명	규격 개요
ISO/IEC10536-1	물리적 특성
ISO/IEC10536-2	결합 영역의 크기 및 위치
ISO/IEC10536-3	전기신호 및 리세트 수단
ISO/IEC10536-4	초기 응답과 전송 프로토콜

항목	사양
통신거리	~ 2mm
통신방식	전자결합/정전결합
주파수	4.91MHz
통신속도	9.6Kbps
전지	없음
사이즈(mm)	54×85.6×0.76

- 통신방식

전자결합: 카드측의 안테나와 리더/라이터측의 안테나를 맞세우고, 정지상태에서 전자유도에에 의해 통신을 한다. 전자결합의 이점은 강우와 같은 수분에 강하다. 그러나 철분 등에 의해 磁氣가 흡수되어 통신 불능이 되는 경우도 있다.

정전결합: 사이에 급속박과 같은 전극을 두고, 콘덴서를 형성한다. 한 쪽의 전극에 전압을 걸어 대전시키면 다른 쪽의 전극에 마이너스의 전하가 유도된다. 이러한 현상을 정전유도라 하며, 통신에 이 원리를 사용한다. 전극 사이에 수분이 있을 경우, 정전용량이 변하여 통신에 장애가 된다.

(2) ISO/IEC14443: 근접형 카드 규격

- 규격의 개요

근접형 카드는 교통 정산용, 전화카드용 등 폭넓게 활용되고 있다.

표 4-4. 근접형 카드 규격 개요 & 사양

규격명	규격 개요
ISO/IEC14443-1	물리적 특성
ISO/IEC14443-2	전파출력과 신호 인터페이스
ISO/IEC14443-3	초기화 및 충돌방지
ISO/IEC14443-4	전송 프로토콜

항목	사양
통신거리	~ 약 20cm
통신방식	전자유도
주파수	13.56MHz
통신속도	106Kbps
전지	없음
사이즈(mm)	54×85.6×0.76

- 통신방식

리더/라이터의 코일에 캐리어 주파수를 공급하면, 코일 근방에 유도 전자계가 발생한다. 유도 전자계내에 카드가 들어오면 카드 측의 코일에 전류가 흐르게 된다. (이러한 현상을 전자유도라 불린다) 전자유도 방식은 강우, 눈의 영향을 거의 받지 않는다.

- 제품화 사례

  Philips의 Mifare, Sony의 Felica의 두 종류가 많이 보급되어 있다. Mifare는 중국 및 한국, 브라질 등의 공공 교통기관에서 이용되고 있다. Felica는 일본 (JR동일본), 홍콩, 싱가폴 등에서 이용되고 있다. Felica는 211Kbps의 고속통신이 가능하지만, ISO/IEC14443에서 규격화되어 있지 않다. ISO/IEC14443 Type C라고 부르는 경우도 있다.

(3) ISO/IEC15693: 근방형 카드 규격

- 규격 개요

표 4-5. 근방형 카드 규격 개요 & 사양

규격명	규격 개요
ISO/IEC15693-1	물리적 특성
ISO/IEC15693-2	전파출력과 신호 인터페이스
ISO/IEC15693-3	충돌방지와 전송 프로토콜
ISO/IEC15693-4	코맨드 세트

항목	사양
통신거리	~ 약 1m
통신방식	전자유도
주파수	13.56MHz
통신속도	26Kbps
전지	없음
사이즈(mm)	54×85.6×0.76

- 통신방식

  근접형과 마찬가지로 전자유도방식을 채용하고 있다.

- 제품화 사례

  TI사의 Tag-it (RFID 태그) 등

2) ISO/IEC JTC1 SC31에 의한 바코드·2차원 심벌 규격의 표준화

ISO/IEC JTC1 SC17에서는 카드형에 국한된 RFID 표준화 작업을 하였으나, 자동인식 용도를 위한 표준화규격이라고 볼 수 없다. ISO/IEC JTC1에서는 자동인식 용도의 바코드, 2차원 심벌의 표준화를 수행하는 SC31이 있으며, 1998년에 ISO/IEC JTC1 SC31/WG4가 발족되고, 무선 태그의 표준화를 수행하게 되었다.

표 4-6. 바코드·2차원 심벌 규격의 표준화

SC	WG	대상 분야
ISO/IEC JTC1/SC31	WG1	1차원 심벌 및 2차원 심벌
	WG2	EDI 데이터의 1차원 심벌·2차원 심벌 부호화 방법
	WG3	1차원 심벌 및 2차원 심벌의 인쇄품질 및 기기의 시험 방법
	WG4	RFID
	WG5	RTLS(리얼타임 위치보정 시스템)

SC31/WG4에서는 RFID 관련하여 이하의 규격에 관해서 심의를 진행하고 있다.

표 4-7. RFID 규격

규격명	규격 개요		심의 상황
ISO/IEC15961	애플리케이션 기능		IS: 국제규격
ISO/IEC15962	데이터 코드화 규칙 및 논리 메모리 기능		IS: 국제규격
ISO/IEC15963	고유 ID		IS: 국제규격
ISO/IEC18000	Air interface		
	18000-1	규격화 파라메터	IS: 국제규격
	18000-2	135kHz	IS: 국제규격
	18000-3	13.56MHz	IS: 국제규격
	18000-4	2.45GHz	IS: 국제규격
	18000-5	5.8GHz	불성립
	18000-6	860-930MHz(UHF)	IS: 국제규격
	18000-7	433.92MHz	IS: 국제규격
ISO/IEC18001	애플리케이션 요구조건		TR: 테크니컬 리포트
ISO/IEC24729	애플리케이션 요구조건		TR: 테크니컬 리포트
ISO/IEC24710	Elementary tag		IS: 국제규격

(2004년 10월 심의기준)

● RFID 시스템의 개념도 (ISO/IEC15691/15692/18000)

　다음 그림은 RFID 시스템의 개념도와 RFID 관련 ISO 규격의 적용범위를 나타낸다. RFID 시스템은 RFID 태그, 리더/라이터, 애플리케이션으로 구성된다. 리더/라이터는 태그 드라이버와 데이터 프로토콜 프로세서로 구성되며, RFID 태그의 에어 인터페이스에 적합한 태그 드라이버를 인스톨함으로써 복수의 에어 인터페이스에 대응 가능하도록 규정하고 있다.

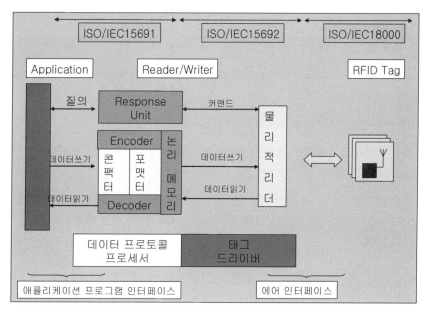

그림 4-1. RFID 시스템의 개념도

(1) 데이터 Syntax에 관한 규격 - ISO/IEC15961/15962

● ISO/IEC15691: Data protocol: application interface

ISO/IEC15692: Data protocol: data encoding rules and logical memory functions

　품질관리용 RFID에 관한 데이터 구문 (Syntax)을 규정하고 있다. ISO/IEC15691은 애플리케이션과 리더/라이터기간의 애플리케이션 커맨드와 데이터 포맷을 규정하고 있다. ISO/IEC15692는 리더/라이터의 논리 메모리와 태그 드라이버를 규정하고 있다.

(2) 고유 ID에 관한 규격 – ISO/IEC15693

• ISO/IEC15693: Unique Identification for RF Tag

RFID에서 사용하는 고유 ID에 대해서 규정하고 있다. 고유 ID는 RFID에서 사용되고 있는 IC칩의 품질관리 이력 및 RFID의 복수 동시읽기에 대한 충돌방지 (Anti-collision) 에 이용된다.

표 4-8. 고유 ID에 관한 규격

고유 ID

할당 클래스	고유 ID 발행자 등록번호	시리얼 번호
8비트	할당 클래스마다 정의	할당 클래스마다 정의

합계 64비트

발행자의 클래스 분류

할당 클래스 값	클래스	발행자 등록번호	시리얼 번호	발행자	합계
'11100000'	1	8비트	48비트	IC제조자	64비트
'11100001'	2	8비트	48비트	태그 제조자(2nd클래스)	64비트
'11100010'	3	16비트	40비트	태그 제조자(3rd클래스)	64비트
'11100011'	4	24비트	32비트	태그 제조자(4th클래스)	64비트
'11100100'~ '11101111'	미정	미정	미정	미정	64비트

(3) 무선 접속에 관한 규격 – ISO/IEC18000

• ISO/IEC18000 (Air Interface)

무선접속(Air Interface) 규격 즉, 태그와 리더기 사이의 무선접속에 대한 규격이다. 비접촉 IC카드에 관한 규격에서는 물리적인 형상을 규정하고 있지만, RFID 태그는 형상이 자유로우므로 물리적인 규격은 정하지 않고 있다. 따라서 RFID 태그와 리더기간의 통신방식에 관한 규정은 에어 인터페이스가 중심이 되고 있다. 다음 표와 같이 제5부(Part5)는 부결되고, 나머지 제6부의 국제 규격이 있다.

표 4-9. 무선 접속에 관한 규격

규격명	규격 개요		심의 상황
ISO/IEC18000	Air Interface		
	18000-1	규격화 파라메터	IS: 국제규격
	18000-2	135kHz 이하	IS: 국제규격
	18000-3	13.56MHz	IS: 국제규격
	18000-4	2.45GHz	IS: 국제규격
	18000-5	5.8GHz	불성립
	18000-6	860-930MHz(UHF)	IS: 국제규격
	18000-7	433.92MHz	IS: 국제규격

- Part1: ISO/IEC18000-1 (규격화 파라미터)

ISO/IEC18000-2 이후의 파트에서 규정된 파라미터를 다음과 같이 정의하고 있다.

표 4-10. ISO/IEC18000-1 규격화 파라미터

(1)리더기→태그	(2)태그→리더기	(3)프로토콜	(4)충돌방지
주파수	주파수	통신 개시조건	타입
고유 대역폭	고유 대역폭	태그 어드레싱	읽기 시간
EIRP	EIRP	고유 ID	처리가능 태그 수
스프리어스	스프리어스	읽기 사이즈	
스펙트럼 마스크	스펙트럼 마스크	쓰기 사이즈	
타이밍	타이밍	읽기 트랜젝션 시간	
변조	변조	쓰기 트랜젝션 시간	
부호화	부호화	에러 검출	
비트레이트	비트레이트	에러 정정	
변조 정도	비트레이트 정도	메모리 사이즈	
프리 앰블	변조 정도	커맨드구조 · 확장성	
스크램블	프리 앰블		
비트 전송순	스크램블		
웨이크 업	비트 전송순		
편파			

- Part2: ISO/IEC18000-2 (135 kHz 이하)

135kHz 이하의 RFID 에어 인터페이스에 대한 규정이다. 유형 A (FDX 태그라고 도 부른다)와 유형 B (HDX 태그라고도 부른다)의 두 종류가 있으며, 리더기와 유형 A와 유형 B의 양쪽의 태그와 통신이 가능해야 한다. 유형 A는 통신 중에, 항상 리더기 로부터 전원공급을 받고 있는 것에 반하여, 유형 B는 리더기에서 태그로의 통신시에만 전원공급을 받는다.

표 4-11. ISO/IEC18000-2 (135 kHz 이하)

		Type A (FDX)	Type B (HDX)
리더에서의 발신	반송주파수	125kHz	134.2kHz
	변조방식	ASK 100%	
	통신속도	5.2kbps	1.0-2.3kbps
	부호화 방법	PWM	
태그로부터의 발신	통신 방식	부하변조방식	용량 재방전 방식
	부반송파	없음	134.2kHz/124.2kHz
	통신속도	4kbps/2kbps	8.2kbps/7.7kbps
	변조방식	OOK	FSK
	부호화 방식	맨체스터/듀얼패턴	NRZ

- Part3: ISO/IEC18000-3 (13.56 MHz)

이 규격에서는 모드1과 모드2의 두 종류의 모드가 규정되어 있다. 모드1은 ISO/ IEC15693 (근방형 비접촉 IC카드) 의 규격에 옵션으로서 Tagsys사의 충돌방지 방식 을 추가한 것이다. 모드2는 Magellan사가 제안하고 있는 규격으로, 8채널을 이용하여 데이터 전송을 하므로, 848kbps라는 고속통신을 실현시킨 것이 특징이다. 모드1과 모 드2 사이에는 호환성이 없다.

표 4-12. ISO/IEC18000-3 (13.56MHz)

		MODE 1	MODE 2
리더에서의 발신	반송주파수	13.56MHz ± 7kHz	
	변조방식	ASK100%, 10%	PJM
	통신속도	24.68kbps/1.65kbps	423.75kbps
	부호화 방법	PPM	MFM
태그로부터의 발신	통신 방식	부하변조방식	
	부반송파	423.75kHz/423.75kHz & 484.28kHz	8-채널 969/1233/1507/1808/ 2086/2465/2712/3013
	통신속도	26.38kbps/6.62kbps or 26.69kbps/6.67kbps	105.9375kbps 8CH에서 동시통신 가능 (106kbps×8=848kbps)
	변조방식	OOK & FSK	BPSK
	부호화 방식	맨체스터	MFM

- Part4: ISO/IEC18000-4 (2.45 GHz)

모드1과 모드2 두 종류에 대한 2.45GHz의 RFID 무선접속을 규정하고 있으며, 양자간에 호환성은 없다. 모드1은 Intermec사가 제안한 방식으로, 전지를 필요로 하지 않는다. 모드2는 Simens사, Nedap사로부터 제안된 사양으로 전지를 필요로 한다. 전지를 탑재할 경우, RFID 태그는 커지지만 통신거리가 수 미터에서 10 미터 정도 늘어난다.

특징으로는 FHSS (Frequency Hopping Spread Spectrum) 를 채용하고 있는 것이다. FHSS는 디지털화 된 신호의 중심 주파수를 난수를 이용하여 변화 (호핑) 시킨다. FHSS에는 태그와 리더기간의 접속 수순이 간략화 되는 이점이 있지만, 2.45GHz대를 이용하는 다른 통신에 영향을 미칠 가능성이 있다.

표 4-13. ISO/IEC18000-4 (2.45GHz)

		Mode 1	Mode 2
전원		전지 없음	전지 부착
리더에서의 발신	반송주파수	2.45 GHz	
	방식	FHSS	
	변조방식	ASK	GMSK
	통신속도	30-40kbps	384 kbps
	부호화 방식	맨체스터	shortened Fire codes
태그로부터의 발신	부반송파	없음	153.6kHz
	통신속도	30-40kbps	384kbps
	변조장식	Backscatter	DBPSK
	부호화 방법	FM0	맨체스터

- Part5: ISO/IEC18000-5 (5.8 GHz)

Q-Free사가 제안하고 있는 RFID 규격이다. ITS (고속도로 교통시스템) 에서의 이용을 가정하고 있는 규격으로, 제5부 규격안은 결국 부결되었다.

표 4-14. ISO/IEC18000-5 (5.8 GHz)

		파라메터 값
리더에서의 발신	반송주파수	5.805 GHz ± 10 MHz
	변조방식	Two-level AM
	통신속도	500 kbps
	부호화 방법	FM0
태그로부터의 발신	부반송파	1.5 MHz/2.0MHz
	통신속도	250 kbps
	변조장식	2-PSK
	부호화 방법	NRZ1

- Part6: ISO/IEC18000-6 (860-930 MHz UHF)

UHF 대의 860-930MHz를 사용하는 RFID 규격이다. 여기에는 유형 A와 유형 B의 두 종류가 있으며, 상이한 점은 앤티컬리젼의 프로토콜에 있다. 유형 A는 Aloha 프로토콜을 사용하고, 유형 B는 이진 트리 프로토콜을 사용하고 있다. 현재 국내의 경우는 2004년, 908.5-914MHz의 주파수 대역이 정통부 고시에 의해 할당된 상태이다.

표 4-15. ISO/IEC18000-6 (860-930 MHz UHF)

		파라메터 값	
리더에서의 발신	반송주파수	860-930 MHz	
	변조방식	AM	
	통신속도	33 kbps	10-40 kbps
	부호화 방법	Pulse Interval Encoding	맨체스터
태그로부터의 발신	부반송파	없음	
	통신속도	40 kbps	
	변조장식	Backscatter	
	부호화 방법	FM0	

- Part7: ISO/IEC18000-7 (433.92 MHz UHF)

표 4-16. ISO/IEC18000-7 (433.92 MHz UHF)

		파라메터 값
리더에서의 발신	반송주파수	433.92 MHz
	변조방식	FSK
	통신속도	27.7 kbps
	부호화 방법	맨체스터
태그로부터의 발신	부반송파	없음
	통신속도	27.7 kbps
	변조장식	FSK
	부호화 방법	맨체스터

ISO/IEC18000 표준화에 따른 제품 예 : Infinion사의 인텔리 태그 (ISO/IEC 18000-4 준거), Magellan사/(주)일본신호의 18000-3 준거 RFID 등

(4) 애플리케이션 요구조건 - ISO/IEC18001

RFID 시스템을 설계할 때 필요한 사양을, 기초설문 조사를 거쳐 전형적인 애플리케이션에 대하여 예시하고 있다. ISO/IEC18001은 IS (국제규격) 가 아니고 TR로서 발행되고 있다. 다음 표는 ISO/IEC18001에 기재된 각 애플리케이션에 필요한 메모리와 동작거리 등에 대한 설문 결과를 정리한 것이다.

표 4-17. 애플리케이션 요구조건 설문조사

	동작 거리		
	< 10cm	10 - 70 cm	70cm - 5m
	팔레트 ID	자산 관리	차량관리
			팔레트 관리
1 KByte			
		FA 자동화 창고	도로 요금
		FA 물류 팔레트	창고/물류
			팔레트 관리
			자산 관리
			가솔린
메모리 사이즈			폐기물 관리
			재고 관리
			로그 트랙킹
			로그 트랙킹
			MRTAG
128 Byte			
		출입관리	입실/퇴실 · 추적
		도서관	수하물 반송
		팔레트 관리	수하물
			폐기물 관리
			비디오 대여
			컨테이너 관리
			항공 수하물
			자산관리
			EAS(전자상품감시)

(5) 애플리케이션 요구조건 - ISO/IEC24729

ISO/IEC24729는 ISO/IEC18001에 이어서 발행된 RFID 애플리케이션 요구조건에 관련된 기술보고이다. 다음 세 부분으로 분류된다.

표 4-18. 애플리케이션 요구조건 - ISO/IEC24729

Part	내용
Part 1	RFID 라벨의 실장 요건
Part 2	RFID 태그의 리싸이클
Part 3	RFID 리더기/안테나의 실장

(6) Elementary tag - ISO/IEC24710

ISO/IEC18000 규격에 따르는 기본 태그(기본적인 기능만 실장한 태그) 의 실장에 관한 기술보고이다. 이 기술보고는 기본 태그의 성능으로서, 메모리 용량 256bit 이하에서는 "쓰기 불가" (Write Once) 로 규정하고 있다.

4.2 RFID 보안 동향

1) RFID 시스템의 보안

다음 그림과 같이 RFID 시스템은 기존 정보기술 뿐만 아니라 네트워크상에서 존재하는 시큐리티의 안전성 문제와 밀접한 관련을 가지고 있다. RFID 태그에서 픽업된 ID 정보를 활용하기 위해서는 기존 네트워크상에서 DB 등과 연동시켜 ID에 관련된 정보를 검색하거나 활용하기 때문에, RFID 시스템은 전체 네트워크상에서 하나의 부분 시스템으로 간주될 수 있어 시큐리티에 대한 위험성은 그대로 존재한다.

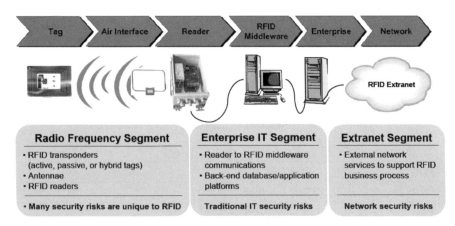

그림 4-2. 자동인식 기술에 대한 보안 위협요소 분류

이러한 이유로 RFID 시스템이 안고 있는 안전성 문제는 전체 네트워크상에서 하나의 시큐리티 문제로 남아 있다. Williamsburg Virginia는 다음 그림과 같이 RFID 시스템이 안고 있는 시큐리티 문제를 크게 세 가지로 분류하고 있다.

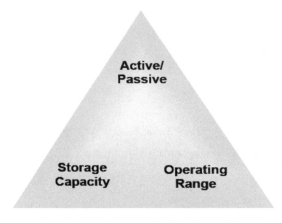

그림 4-3. RFID 시스템에 대한 공격 방법의 유형

- Storage Capacity
  - 일반적으로 읽기/쓰기가 가능한 태그는 PCB 보드의 플래시 메모리상에 탑재되므로 높은 위험성을 안고 있다.
  - 읽기 전용 태그의 경우는 저장되어 있는 ID만 노출될 수 있으므로 비교적 낮은 위

험성을 가진다.

- **Active/Passive**
  - 패시브 타입의 태그는 비교적 인식거리가 짧아 낮은 위험성을 가진다.
  - 현재 제공되는 패시브 타입의 태그는 플래시 메모리 (또는 EEPROM) 등에 저장할 수 있는 정보량은 상대적으로 적다.

- **Operating Range**
  - 인식 거리는 동작 주파수, 안테나 종류, 전송 전력 등에 따라 의존한다.
  - 능동형 태그 (Active tags) 는 패시브 타입의 태그보다는 더 큰 인식 거리를 가질 수 있다.

따라서 RFID 태그는 제공 벤더에 따라 다양한 형태를 가지며 다양한 주파수 환경에서 동작하므로 시큐리티에 관련된 문제도 서로 다르다. 태그에 따른 시큐리티 위험도를 다음 표와 같이 분류할 수 있다. 표에서 알 수 있듯이, 패시브 타입의 태그 보다는 동작거리가 더 긴 능동형 태그의 경우는 인식거리가 늘어남에 따라 데이터를 주고받는 무선구간에서 공격 대상이 될 가능성이 높다.

표 4-19. RFID Tag 분류에 따른 보안성 위험도

Tag Category			Applications	Standards	Risk Level
Semi-Active	Medium Range	Read/Write	▸ Transportation, tolls ▸ Ticketing, security ▸ Logistics	▸ Proprietary solutions	Medium
Semi-Passive	Medium Range	Read/Write	▸ Healthcare ▸ Medical logistics ▸ Sensors	▸ Proprietary solutions ▸ ISO 18000-4 ▸ ISO 18000-6 ▸ EPC class 3	High
Active	Long Range	Read/Write	▸ Transportation ▸ Logistics	▸ **Proprietary solutions** ▸ ISO 18000-7 ▸ EPC class 4	High
Passive	Short Range	Read/Write	▸ Supply chain ▸ Animal tracking ▸ Electronic article surveillance	▸ **EPC class 0/1** ▸ ISO 18000-2 ▸ ISO 15693	Medium
Passive	Short Range	Read/Write	▸ Contactless smart cards ▸ Logistics ▸ Financial transactions ▸ Transportation ▸ Security access control	▸ **EPC class 2** ▸ ISO 15693 ▸ ISO 14443 ▸ ISO 18000-4 ▸ ISO 18000-3	High

2) RFID Tag가 가지고 있는 취약점 분석

RFID 태그가 보안성 측면에서 본질적으로 가지고 있는 취약점은 다음과 같다.

- Monitoring the air interface: Radio receiver와 같은 전용 측정기 이외 에도 무선 데이터를 수신할 수 있는 수신기 제작이 가능하므로 무선 구간에서 통신 중인 ID 정보가 노출될 수 있다.
- Modifying/deleting data on the tag: 최근 다용도 RFID 리더기, 멀티 프로토콜을 지원하는 리더기가 출시되고 있다. 이러한 리더기 또는 특정 RFID 리더기 애플리케이션을 이용하면, 태그에 기록된 ID 정보를 확인할 수 있을 뿐만 아니라 태그에 직접 ID를 기록할 수 있다.
- Blocking access to the tag: 태그가 사용하는 통신 프로토콜을 사용하는 별도의 리더기를 이용하면 언제라도 태그의 정보에 액세스 가능하다. 따라서 상호 인증된 태그와 전용 리더기 사이에서만 통신이 가능해야 한다.
- Permanently disabling tags: 경우에 따라서는 태그를 인식할 수 없게 할 수 있다.

실제로 사용하는 태그의 종류, 동작 주파수 대역, 안테나 크기, 리더기에서 공급되는 전력의 정도, 주변 무선환경 등에 따라서 인식 거리가 달라지며 시큐리티에 대한 안전성도 달라질 수 있다. (그림 4-4 참조)

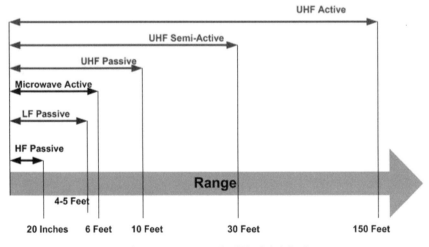

그림 4-4. RFID tag에 대한 인식거리 비교

3) 몇 가지 위협 모델

태그와 전용 리더기 사이에서 주고받는 ID 정보를 모니터링하면 다음과 같이 심각한 위험에 노출될 수도 있다.

(1) Passive Signal Interception

- RFID 태그 또는 전용 리더기에서의 신호는 휴대 가능한 COTS 기술을 이용하면 가로챌 수 있다.
- 특히 비교적 인식거리가 큰 능동형 UHF 대역에서 동작하는 태그의 경우는 좋은 공격 대상이 된다.
- 패시브 타입의 태그는 비교적 낮은 위험성을 가지고 있다.
- 높은 이득과 고출력의 안테나가 장착된 RFID 리더기는 전형적인 인식 구간에서 위험에 노출될 수 있다.

(2) Unauthorized tag reading

- 태그의 ID를 기록하기 위한 메모리 영역중 사용자 메모리 영역은 위험에 노출될 수 있다.
- 순수한 ID 정보만을 저장하고 있는 태그는 비교적 안전하다.
- 상호 인증 또는 암호화 기능을 가지고 있는 소수의 태그들만이 상응하는 리더기의 쿼리에 응답한다.

(3) Spoofing/impersonation

- 태그의 변조 또는 동일 리더기의 사용 등으로 민감한 데이터의 노출 가능성
- read/write가 가능한 태그의 경우는 이러한 위험에 노출될 수 있다.
- 은행 등에서 직불수단으로 사용되는 비접촉식 스마트카드 (신용카드), 교통카드의 경우는 인증과 암호기술에 의해 보호되고 있어 이러한 공격에 비교적 강하다.

(4) Data leakage

- 순수한 ID 태그는 구조적인 데이터 포맷을 가지며, 태그의 소유자 및 품목의 클래스 정보에 대한 특정 정보를 지니고 있다.

- 수많은 태그 ID 데이터가 리더기에 올라올 경우에는 안전성에 취약성을 가질 수 있고 공격의 대상이 될 수 있다. (조직화 및 계획적인 공격의 대상이 될 가능성)

(5) 태그의 데이터 변경/삭제

- Access control: 다양한 시큐리티 레벨에서 READ, WRITE, 그 밖의 명령어에 대한 패스워드의 사용 가능. 특정 태그의 경우는 READ/WRITE 보호되어 있다.

표 4-20. 태그에 대한 Access Control

Tag Type	READ PW	WRITE PW
ISO 15693	No	No
ISO 18000-3 Mode 1	No	No
ISO 18000-3 Mode 2	Yes(48 bit)	Yes(48 bit)
ISO 14443	No	Optional
EPC Gen 1	No	No
EPC Gen 2	Optional	Optional

(6) EPC 태그가 가지는 취약성

- kill command: Auto-ID 센터에서 프라이버시 보호를 위해 제공되는 명령어. 이 명령어를 전달받은 EPC 태그는 영구히 사용할 수 없다. 특히 대형 할인마트에서 구매된 품목의 ID를 영구히 사용하지 못하도록 조치할 수 있다. ID를 재사용할 수 없게 된다는 점에서 RFID가 가지는 장점이 약화됨.
- lock command: 이 명령어는 다양한 용도로 사용될 수 있다. 태그의 메모리 내용을 변경시도의 봉쇄 (writing protected 기능). 이 명령어를 전달받은 특정 태그의 경우는 패스워드에 의해 보호되기도 한다. 이러한 명령어를 사용할 수 있도록 프로토콜 설계된 태그의 종류는 다음과 같다.
  - 18000-3 Mode 1: 명령어를 사용하면 영구히 액세스 차단되며, 패스워드의 보호를 받지 않는다.
  - 18000-3 Mode 2: Mode1과는 달리 패스워드에 의해 보호/관리될 수 있다.
  - 15693: 18000-3 Mode1과 유사하지만, 특정 태그의 경우는 패스워드에 의해 관리될 수 있다.

- 14443: lock, unlock 명령어를 가지고 있으며, 제공 벤더에 따라 패스워드에 의한 관리가 가능한 태그도 있다.
- EPC Gen 1: 18000-3 Mode 1과 유사하다.

(7) 태그에 대한 전자기적 또는 물리적 공격

- 물리적 손상: Crushing, Bending, Ripping
  - 전자기적 손상: 컨베이어 벨트, 라벨 애플리케이션 등에 의한 정전적인 방전, 높은 에너지를 가지는 RF 신호, 인접해 있는 전자렌지의 영향 등
  - 환경적 요인: 대부분의 태그는 열악한 환경에서 사용 (온도, 습도, 충격 등은 그다지 심각한 문제는 되지 않음)

4) RFID 시스템에 대한 보안 대책

RFID 시스템이 가지는 물리적, 환경적 요인에 따른 취약점을 보완하기 위한 방안은 다음과 같다.

(1) Data Confidentiality (데이터의 기밀성 확보)

- 태그에 효율적인 암호기술의 개발과 적용
- 태그에 저장된 데이터의 보호 기술의 적용 – 태그의 저장 메모리내의 사용자 영역의 취약점 보완
- 사이드 채널 공격방법에 대한 대응책 마련

(2) Tag-to-Reader Authentication

- 태그에 저장된 ID 정보를 해시함수로 처리하거나 랜덤화
- 인증 프로토콜 적재로 안전적인 태그와 리더기 사이의 통신로 확보
- 필요하다면, 양방향 인증의 구현

(3) RF protocols

- 태그를 동정했을 경우, 정보 누출을 최소화 시키는 지속적인 최적화 프로토콜 구현
- 데이터 위험도를 줄일 수 있는 충돌방지 알고리즘의 최적화

(4) Readers

- 리더기에서 태그에 데이터 요청 명령어로 사용되는 kill은 패스워드에 의해 관리되도록 설계 (EPC 태그를 읽을 수 있는 리더기의 경우)
- 리더기에서 태그에 읽기/쓰기 명령어를 내보낼 때, 신뢰할 수 있는 locking 명령어 구현 및 사용
- 리더기 설계시, 필요한 프라이버시 및 시큐리티 정책 등을 포함시켜 초기 설계가 요구

(5) System design

- 액세스 콘트롤시에만 사용할 수 있도록 견고한 DB 구축
- 최신의 인증 구현 및 관리 기술의 적용
- 기존의 시큐리티 및 프라이버시 인프라의 적극적 활용
- fail-over, redundancy, load balancing 등의 효율적 컴퓨팅 시스템 설계

4.3 RFID 시스템에 대한 공격 사례

1) TI사의 제품

　RFID를 이용한 응용은 폭넓게 이루어지고 있다. 특히 월마트에서는 카트 안에 담긴 소매 품목에 태그를 부착하여 자동정산을 시도하였다. 미국 국방부의 경우는 테러 대응책의 하나로 모든 컨테이너 물류에 RFID 태그 (433MHz, 18000-7) 를 부착할 것을 권고하였다. 실제로 대형 유통업체의 경우는 바코드를 대신하여 RFID 태그를 활용하여 유통혁명을 꾀하고 있다. 여기에 사용되는 태그로서는 EPC global에서 제안되고 있는 EPC (Electronic Product Code) 를 들 수 있다. EPC 태그는 무선 바코드로서 활용할 수 있는 매우 저렴한 태그라고 할 수 있으나 디지털 서명 등에 대해서는 아직 구체적인 대안이 없는 상태이다. 따라서 이러한 EPC 태그에 적용할 수 있는 대칭키 암호 기술에 대한 구현은 고려되지 않고 있어 안전성의 문제를 근본적으로 안고 있다.

　사실 EPC 태그가 모든 태그를 대표하지는 않는다. 어떤 태그의 경우는 태그에 저장된 ID 정보뿐만 아니라 인증 프로토콜을 이용한 암호화 기능을 제공하는 경우도 있다.

대표적인 태그는 TI사의 DST (Digital Signature Transponder) 를 들 수 있으며, DST는 다양한 용도로 적용할 수 있을 뿐만 아니라 시큐리티 측면에 대해서도 고려되어 있다. (그림 4-5 참조)

- 이모빌라이저: 150만 개 정도의 자동차 키로서 수출되고 있다. 실제로 2005년 형 포드 자동차에 LF 대역의 TI사 태그가 이용되고 있으나 암호화 기능은 고려되어 있지 않다. 이모빌라이저는 연료분사 장치의 초기점화 키로서 이용된다. 그러나 자동차 절도에 있어서 약 90% 범죄율을 줄이는 효과를 가지는 것으로 보고되고 있다.
- 전자지불: ExxonMobile SpeedPass 시스템으로 사용되며, 7백만 정도의 암호화 키 체인을 가지고 있다. 10,000여 곳에서 활용되고 있다.

그림 4-5. TI사의 DST 예: 왼편에 있는 것은 ExxonMobile SpeedPass; 오른 쪽에 있는 것은 이모빌라이저 (immobilizer) 라고 불리는 자동차 키

DST는 작은 마이크로칩과 안테나 코일로 구성되며, 플라스틱 또는 유리 캡슐로 포장될 수 있는 패시브 타입의 디바이스이다. 이러한 디자인 구성은 소형화가 가능하며 수명이 대체로 길다. RF 명령어를 처리하기 위해 프로그램 가능하며 40 비트의 암호 키를 가지고 있다. 전용 프로토콜을 사용하여 리더기에 DST는 24 비트 길이의 응답 패킷으로 응답한다. 이러한 암호 기술을 이용하여 복제 또는 시뮬레이션에 대한 공격을 방어할 수 있다.

2) RFID 시스템에 대한 공격

TI사 DST 태그에 사용된 암호 알고리즘은 보고되어 있지 않으며, 전용 암호문은 40비트의 키를 사용한다. 이 알고리즘은 TI사의 한 엔지니어에 의해 1990년경에 설계되었으나, 현재의 시스템에 아직도 적용되고 있다. 현재 표준화 동향으로 볼 때, 40비트의 암호키는 적절하지 못하며 (key guessing attack에 취약) 보완할 필요가 있다. 암호 설계 시, 한 가지 중요한 원리는 시스템의 시큐리티는 암호 알고리즘이 아니라 키의 기밀성에 있다.

www.rfidanalysis.org에서는 DST 태그에 사용된 알고리즘을 재구성하기 위하여 몇 가지 특별한 암호기술을 사용하여, 실제 DST 태그의 연산중에 나타나는 응답을 간단히 관측하였다. black-box reverse-engineering 방법을 이용하면, 실제 태그와 동일한 키를 생성하고 동일한 응답을 하는 소프트웨어 프로그램을 구현하였다.

다음으로, DST 디바이스로부터 비밀키를 복구하기 위해 brute-force key 탐색을 시도하였다. 이를 위하여 키 값을 찾아내기 위한 소프트웨어 구현에 2주, 빠른 PC로 10주 정도 소요되었다. 이 공격에 필요한 평가 FPGA 보드와 개발 소프트웨어 및 케이블은 200달러에 판매되고 있다. 100MHz로 동작하는 단일 FPGA상에서 병렬처리로 32비트 키를 크래킹 가능하다. (10시간 정도 소요: 그림 4-6 참조)

그림 4-6. parallel cracker의 예. 전면의 키보드를 이용하여 데이터를
입력하고, 결과는 각 보드의 LED에서 나타낸다.

키를 크래킹하는데 소용되는 시간을 단축하기 위해서 16개의 FPGA를 이용하였다. TI사에서 5개의 DST 태그 (키는 알 수 없음) 를 제공받아 실험하였다. 이 장비를 이용하면, 5개의 키를 복구하는데 2시간 정도 소요되었다.

키를 복구한 다음, 실제 DST 시스템을 공격하기 위하여 DST 태그로서 동일 프로토콜로 통신할 수 RF 수신 디바이스를 제작할 필요가 있다. 이 디바이스는 공격 대상인 DST 디바이스로부터 키를 복구하는데 필요한 정보를 더 빨리 추출할 수 있다.(그림 4-7~그림 4-12 참조) 실제 DST 시스템에 대한 몇 가지 공격 사례는 http://www. rfidanalysis.org에서 동영상으로 제공되고 있다.

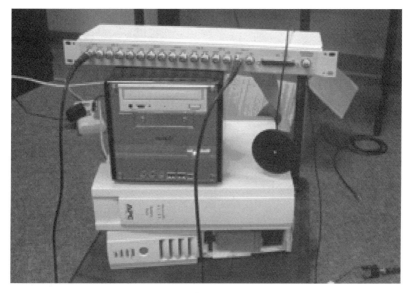

그림 4-7. 위 장비는 DST를 시뮬레이트하기 위한 장비이다. 밑에서부터 배터리, 전원부, 카드 인식용 소형 PC, BNC 포트이다. 오른 쪽에 검은색 원형 안테나가 달려 있다.

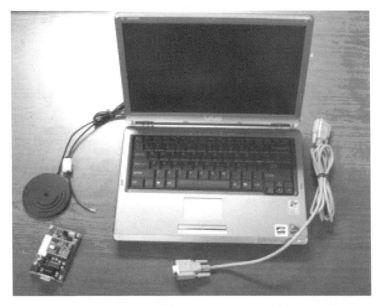

그림 4-8. 데이터를 캡처하기위한 이 장비는 근접 거리에 DST 태그를
흉내낸다. 왼쪽에서 마이크로리더, 랩탑 PC, 시리얼 케이블이다.

그림 4-9. Sniffing a DST tag in a victim′s pocket

그림 4-10. Cracking the key in a DST tag

그림 4-11. Starting a car using the DST simulator

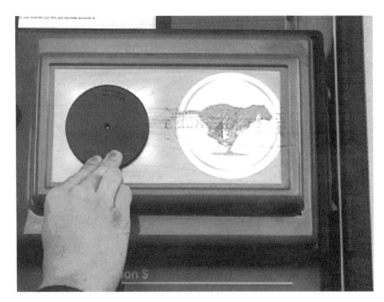

그림 6-12. Buying gas using the DST simulato

3) 그 밖의 이슈(http://www.gao.gov/cgi-bin/getrpt?GAO-05-551)

2005년 5월경, 미국 감사원 (GAO: United States Government Accountability Office) 에서는 미국내에서 RFID 시스템을 적용하는데 있어, 시큐리티 이슈에 대한 문서를 정리하여 출판하였다 (문서 번호: GAO-05-551). 몇 가지 사항을 간단히 요약하면 다음과 같다.

- 간략한 RFID 기술 개요 및 표준화 동향
- RFID 기술 구현에 따른 시큐리티에 관한 암호, 인증 등에 대한 내용 보고(연방 정보보안현대화법 (FISMA) 에 관한 내용)
- RFID 사용에 따라 발생하는 프라이버시 이슈
- 진행중인 프라이버시 이슈를 완화시키기 위한 실제와 수단
- RFID 적용에 관련된 그 밖의 고려사항

4.4 RFID 물리적 공격

정보보호 연구자들은 인터넷, 전산시스템, 전자상거래 및 전자금융시스템 등에서 신뢰성 있는 보안 서비스를 제공하기 위해 정보보호 알고리즘과 프로토콜을 개발해 왔다. 특히 암호 알고리즘과 프로토콜에 대한 수학적이고 이론적인 안전성 연구를 꾸준히 해왔다. 하지만 암호 알고리즘과 프로토콜 그 자체가 이론적으로 안전하더라도 실질적으로 사용되는 환경에 따라서 위협적인 공격이 가능하다는 사실이 근래에 알려졌다. IC칩에 내재된 암호 알고리즘에 대한 부채널 공격이 대표적인 경우로 이는 매우 현실적이고 위협적인 요소로써 국내외에서 활발히 연구가 진행되고 있다.

이론적으로 안전성을 제공하는 암호 알고리즘이나 프로토콜이더라도 스마트카드와 같은 암호장비에 실질적인 구현 시 추가적인 위험이 존재한다는 사실이 최근 발표되고 있다. 이러한 공격을 물리적 공격 (physical attack) 혹은 부채널 공격 (side-channel attack) 이라 한다 [3-5].

부채널 공격(side channel analysis attack)에는 크게 시차공격(Timing Attack), 오류분석공격(Fault Analysis Attack) 그리고 전력분석공격(Power Analysis Attack)이 있으며, 이 중 오류분석공격과 전력분석공격이 가장 강력하다고 알려져 있다. 이 중에서 시차공격은 1996년 Paul Kocher가 CRYPTO ′96 논문에 처음으로 소개한 내용으로 비밀 키에 따라서 암호장치가 수행하는 연산 시간을 분석하여 공격하는 방법으로 주로 공개키 암호시스템에 적용되고 있다. 이는 공개키 암호시스템에서 곱셈연산의 수행 시간이 제곱연산의 수행시간에 비하여 월등히 길기 때문에 가능하다. 이 외에도 수행시간 분석을 통한 몇 가지의 시차공격 시도가 있었으나 현재는 다른 부채널 공에 대한 연구에 비해 공격효과가 낮은 측면이 있고 새로운 공격 방법은 개발되지는 않고 있다.

부채널 공격의 하나인 오류분석공격 (fault analysis attack) 혹은 오류 주입 공격 (fault insertion attack)이라 불리는 물리적 공격은 1996년 Bellcore사에서 ″New Threat Model Breaks Crypto Codes: a new ′Potential Serious Problem′

was reported"라는 제목으로 RSA 암호 방식에 대한 공격방법으로 처음 소개되었다. 이러한 오류분석공격은 하드웨어의 예상치 못한 결함이나 넓게는 소프트웨어적인 버그 등에 의해서 오류가 발생할 경우 가능한 공격임을 가정한다. 일반적으로 오류는 인증기관의 서버와 같은 중량급의 장치로부터 소형 정보보호 장치인 스마트카드에서도 발생할 수 있다. 또한 연구 자료에 따르면 하드웨어 칩의 특정부분을 이온화하거나 전자파를 기기에 방사함으로써 인위적으로 오류발생이 가능하다고 한다. 이 공격에 대한 연구는 RSA 시스템에 대해 많은 연구가 이루어져 왔으며 특히 CRT(Chinese Remainder Theorem)에 기반한 RSA 시스템과 ECC 그리고 블럭 암호 시스템 등에 대해 집중적인 연구가 있었다. 그리고 각 오류 주입 공격 형태에 따른 대응책도 소개를 하고 있다. 현재의 연구 추세로 보아 오류 주입으로 인한 알고듬 자체에 대한 이론적 오류 주입 공격 가능성은 이미 밝혀졌기 때문에 이를 실제 사용하는 칩이나 카드에 현실적으로 적용하고 방어하는 연구가 진행 중인 것으로 보인다. 실제로 오류 주입에 대한 가능성이 현재의 방법보다 간단하고 쉽게 현실화 된다면 기존의 이론적으로 연구된 오류 주입 공격에 대한 대응책은 철저히 준비해야 한다.

오류분석공격이 소개된 2년 후 전력분석공격은 1998년 Paul Kocher가 "Introduction to Differential Power Analysis and Related Attacks"라는 제목으로 DES의 새로운 공격방법의 하나로 소개하였다. 공격자는 스마트카드가 소비하는 전력을 분석함으로써 스마트카드에 아무런 손상을 입히지 않고도 스마트카드내의 비밀정보를 알아 낼 수 있다. 전력분석공격이 소개된 이후 많은 암호학자들에 의해 암호 알고리즘이 장착된 스마트카드 시스템에 전력분석공격이 행해졌고 대부분의 기존 스마트카드 시스템이 이 공격에 취약한 것으로 보고되고 있다. 전력분석 공격은 현재의 부채널 방법 중 가장 강력한 공격 수단이 되고 있으며 공격의 환경 조성이 저가로 실현 가능하기 때문에 위협성을 높게 평가하고 있는 실정이다. 세계 각국에 있는 부채널 공격 및 방어 시스템 연구자들이 가장 관심을 가지고 연구하고 있으며 가시적인 연구 결과들이 발표되고 있는 연구 분야이다.

이와 같이 암호시스템이 수학적이고 이론적으로 안전하더라도 물리적 공격인 오류분석공격 및 전력분석공격에 매우 취약한 점을 지닐 수 있다. 더구나 향후 정보보호 장치의 대안이라 여겨지는 스마트카드도 예외는 아니어서 오류공격 및 전력공격을 방어할 수 있는 대응책의 개발뿐만 아니라 이를 분석할 수 있는 장치개발도 시급하다. 하나의 스마트카드 시스템이 부채널 공격에 대해 안전성을 증명 받기 위해서는 가용한 공격방법에 대한 리스트를 작성하고 이 공격법들에 대한 단계적 절차적 분석 평가 방법이 절실하다. 더구나 하드웨어 장치를 기반으로 하는 평가이기 때문에 다양한 스마트카드 설계 환경에 적용할 수 있는 일반화된 분석 기법 및 도구 개발이 필요하다.

외국에서는 전력 분석 도구 및 안전성 평가 툴을 개발하고 있는데 가장 대표적인 곳이 Cryptography Research Inc. 이다. 이 회사에서는 SPA와 DPA를 할 수 있는 실험세트를 구비하여 시판하고 있으며 이를 위한 다양한 종류의 특허권을 가지고 있다. 안전성 분석을 위해 개발된 툴과 핵심 기술들을 선점하여 그 장치 및 기술을 스마트카드 관련 업체에 전수내지는 판매하고 있는 실정이다.

한편, 최근에 국내 표준 암호인 ARIA, SEED에 대해서도 부채널 공격이 발표되었으며 오류공격 및 전력공격에 취약한 것으로 보고되고 있다. 따라서 부채널 공격에 대한 국내 암호의 안전성 평가 기준을 새롭게 도출할 필요가 있다.

이외에도 부채널 공격 방법에는 연산 수행시의 시간차를 분석하여 공격하는 시간분석공격(timing attack)과 전자기파를 분석하여 공격하는 전자기파분석공격(electromagnetic analysis) 등이 있다. 이러한 전자기파분석공격은 RF Tag와 같이 저급의 보안장치에도 적용 가능할 것이다. RF Tag는 인식거리에 따라 수백 kHz에서 수 GHz 까지의 주파수로 리더기와 통신을 하기 때문에, 통신 과정 중에 유출될 수 있는 RF Tag에 대한 비밀정보와 관련된 전자기파나 전력 등을 측정하여 분석함으로써 RF Tag에 대한 비밀정보를 얻을 수 있다.

(1) 부채널 공격의 최근 동향

- Simple Analysis : 단순히 암호 연산 수행과정이나 통신과정 중에 유출되는 전력이나 전자기파를 측정하고 분석함으로써 비밀정보를 알아내는 방법.

- Differential Analysis : 암호 연산 수행과정이나 통신과정 중에 유출되는 전력이나 전자기파를 측정하고 측정된 정보와 비밀정보와의 상관관계를 얻기 위해서

에러정정기법과 통계적인 분석기법등을 적용함으로써 비밀정보를 알아내는 방법.

• SEMD(Single Exponent Multiple Data) Attack

SEMD 공격은 동종의 스마트카드 2개 가지고 있을 경우, 비밀키를 알고 있는 스마트카드를 이용하여 다른 카드의 비밀키를 알아내는 공격이다. 즉, 비밀키가 알려진 스마트카드에 많은 수의 평문을 입력하여 얻어진 소비 전력신호를 평균하고, 같은 방법으로 다른 카드의 소비전력 신호를 측정하고 평균을 취한 후 두 평균값을 차분한다. 차분 데이터의 값이 "0" 일 경우에는 두개의 스마트카드에서 사용된 키는 동일하다.

• MESD(Mutiple Exponent Single Data) Attack

MESD 공격은 공격자가 자신이 선택한 지수를 이용하여 멱승과정을 수행한다는 가정이 추가되지만 SEMD 공격보다 강력한 방법이다. 먼저 공격자는 공격 대상의 스마트카드에 임의의 평문을 선택하여 평균 소비 전력신호 $S_M[j]$를 구한다. 그 후 공격자는 비밀키의 첫 번째 비트부터 순차적으로 각 비트를 "1" 과 "0"로 추측하면서 각각에 대한 소비 전력신호 $S_1[j]$과 $S_2[j]$를 구한다. 앞에서 구한 평균 소비전력신호 $S_M[j]$를 이용하여 각각에 대하여 차분 데이터 $D_1[j]$ 와 $D_0[j]$를 계산한다. 이때 $D_1[j]$, $D_0[j]$ 둘 중에서 더 긴 시간에 대해 "0"인 부분이 나타난 것이 올바르게 추측한 경우이다.

• ZEMD(Zero Exponent Multiple Data) Attack

SEMD, MESD 보다 강력한 공격으로, 공격자는 어떤 멱지수에 대해 알 필요도 없는 대신, 오프라인(off-line) 시뮬레이션을 이용하여 멱승과정에서의 중간 값에 대한 결과를 예상할 수 있어야 한다. 공격자는 비밀키를 최상위 비트부터 한 비트씩 순차적으로 추측하고, hamming weight에 따라 소비 전력신호를 예측하여 분류한다. 그 후 각각에 대해 평균을 취하고 차분한 후 예측한 지점에서 "0" 의 값과 구별되는 피크 값을 가진다면 추측이 올바르게 된 경우이다.

• Doubling Attack

Fougue가 제안한 Doubling 공격은 공격자가 비록 어떤 연산이 수행되는지는 모르더라도 적어도 언제 똑같은 연산이 또 수행되는지 알 수 있다는 가정을 바탕으로 비밀키를 찾는 것이다. 즉, 타원곡선 암호시스템에서 스마트카드가 $2A$와 $2B$를 수행할 때 공격자는 비록 A, B의 값은 모르더라도 A와 B가 같은지는 전력파형으로 구분하여 비밀값을 알아내는 방법이다.

• MRED(Modular Reduction on Equidistance Data) Attack

B. Boer 외 2명에 의해 CHES 2002에 제안된 이 공격법은 CRT기법 RSA 암호 시스템에서 Garner 방식이나 Gauss 방식에 상관없이 모두 적용 가능하다. 공격자가 일정한 간격의 메시지를 입력하고 hamming weight 차이를 비교해서 모듈러스 p 혹은 q값의 배수가 되도록 메시지를 유도하는 공격 방법이다.

• RPA(Refined Power Analysis) Attack

2003년, Goubin이 제안한 방법으로 선택적 평문 공격 환경을 고려하여 전력분석공격을 수행한다. 즉, 타원곡선상의 한 점 P에 대한 multiplication algorithm에서 공격자가 연산중에 예측한 지점에서 어떤 특정 값이 되는 P값을 선택하여 입력함으로써 예측한 값이 나오는지 여부를 판단하여 비밀값을 알아내는 공격방법이다.

• ZPA(Zero-value Point) Attack

Akishita가 제안한 방법으로 RPA 공격과 기본적인 개념은 유사하지만 타원곡선 상수배시에 보조 레지스터(register)에 저장되는 값을 zero로 만드는 점들을 입력 값으로 선택하는 점에서 차이가 있다.

참고 문헌

1. 박성수, 현석봉, 박경환, 조경익, "유비쿼터스 스마트 태그 칩 기술 동향," ETRI 주간 기술 동향, 2003년 11월 25일

2. 박승창, "RFID/USN 기술 및 시장의 최근 국내 동향과 미래," ETRI 주간기술동향, 2005.4.20.

3. P. Kocher, "Timing Attacks on Implementations of Diffie-Hellman, RSA, DSS, and Other Systems," in Proceedings of Advances in Cryptology-CRYPTO'96, pp. 104-113, Springer-Verlag, 1996.

4. P. Kocher, J. Jaffe, and B. Jun, "Differential Power Analysis," in Proceedings of Advances in Cryptology-CRYPTO'99, pp. 388-397, Springer-Verlag, 1999.

5. P. Kocher, J. Jaffe, and B. Jun, "Introduction to Differential Power Analysis and Related Attacks," http://www.cryptography.com/dpa/technical, 1998.

5장 : 스트림 암호

여기에서는 RFID 또는 USN 등에 적합한 경량, 저전력형 암호로서 주목을 받고 있는 스트림 암호에 대하여 이해한다.

5.1 스트림 암호 소개

현대 암호는 1949년 발표된 Shannon의 논문[7]에 기원하며, DES(data encryption standard)[8], FEAL(fast encryption algorithm)[9], SEED [10] 등과 같은 블록 암호, 동기식 또는 자체 동기식의 스트림 암호, 그리고 D-H(Diffie-Hellman) 암호 [11], RSA(Revest, Shamir and Adleman) 암호 [12]등과 같은 공개키 암호로 분류된다. 암호의 응용 분야로는 신분 인증(authentication), 디지털 서명(digital signature), 전자 지갑(digital cash), 전자 우편(electronic mail), 전자 선거 (digital vote), 전자 상거래 (electronic commerce) 등이 있다.

한편, 암호 구현에 있어서 키 분배 또는 인증 기능이 요구되는 경우 공개 키 암호가 적용되지만, 데이터 암·복호화 등 고속 처리가 요구되는 응용에는 스트림 암호나 블록 암호가 많이 사용된다. 블록 암호는 소프트웨어 구현이 용이한 반면 채널 에러시 수신 단에서 블록 크기만큼 에러가 확산되어 채널 효율(channel efficiency)이 떨어지며, 비도 수준에 대한 정량화가 불가능한 단점이 있다. 반면 스트림 암호는 에러 확산이 없고, 비도 수준에 대한 수학적 정량화가 가능하며, 하드웨어 구현이 용이하고, 통신 지연이 없으며, 고속 통신이 가능한 것 등의 잇점으로 인해서 이동·무선통신 전송로 구간의 링크 암호 또는 군사·외교용으로 많이 사용되고 있다 [2-4].

스트림 암호 알고리즘이란 이진화된 평문과 이진 키 수열의 배타적 논리합(XOR) 연산을 실행하여 암호문을 생성하는 알고리즘을 말하며, 이 때 출력 키 수열에 대한 특성과 발생 방법이 안전도에 직접적인 영향을 미친다. 스트림 암호 시스템 설계시 고려 사항으로는 키수열 발생기에 대한 암호학적 안전성 (비도), 통신 채널 환경에 적합한 키 수열 동기방식 성능 (통신 신뢰성), 그리고 암호화 속도 등에 대한 분석이 필수적이다. 스트림 암호의 안전성은 여러 종류의 암호 공격에 대하여 얼마나 강한 키 수열을 발생시키느냐에 달려 있으며, 일반적으로 Beker [2], Siegenthaler [28]와 Golic [21] 등이 제시한 아래의 기준을 따른다.

(1) 주기 (Period) : 출력 키 수열은 주기에 대한 최소값이 보장되어야 한다.
(2) 랜덤 특성 (Randomness) : 출력 키 수열은 좋은 랜덤 특성을 갖어야 한다.
(3) 선형 복잡도 (Linear complexity) : 출력 키 수열은 큰 선형 복잡도를 가져야 한다.
(4) 상관 면역도 (Correlation immunity) : 출력 키 수열은 높은 상관 면역도를 갖는다.
(5) 키 수열 사이클 수(Keystream cycle) : 출력 키 수열은 1개 이상의 키 수열 사이클에서 발생되어야 한다.

스트림 암호는 블록암호와 몇 가지 측면에서 차이점이 있다. 첫째, 스트림 암호는 메모리 상태를 갖고 있으며, 시간의 함수로서 비트 스트림을 생성한다. 둘째, 스트림 암호의 주요 요소는 상태-변환 함수(state-transition function)를 갖고 있으며, 이전 상태는 다음 상태를 계산한다. 셋째, 필터 함수는 현 상태로부터 출력 비트를 계산해 낸다. 스트림 암호의 출력은 입력 평문 비트 스트림과 XOR 연산을 수행한 후에 암호문 비트 출력을 생성한다. 따라서 암호문 출력은 원-타임 패드(OPT, one-time pad)와 비슷한 동작을 수행한다.

최근에는 초고속, 초경량, 저전력의 특징을 갖는 유비쿼터스 환경에 적합한 암호 기법으로 주목을 받고 있다.

70~90년대에 발표된 대표적인 키 수열 발생기로는 비메모리 형태의 Geffe 발생기 [13]와 메모리 형태의 Rueppel 합산 수열 발생기 (summation generator) [15-16]를 들 수 있다. 이들 두 방식 모두 최대 주기를 갖을 뿐 아니라 랜덤 특성이 양호하고

구현이 용이한 장점이 있지만, Geffe 발생기는 선형 복잡도가 작고 상관 면역도가 없기 (0) 때문에 상관성 공격(correlation attack)에 취약한 것으로 알려져 있다 〔14〕. 그리고 Rueppel 발생기 (summation generator)는 2개의 LFSR로 구성될 경우 선형 복잡도와 상관 면역도를 거의 최대로 만족하지만, 연속되는 "0" 또는 "1"이 나타나는 특수한 출력에 대하여 Meier 등 〔17〕과 Dawson 〔18〕의 상관성 공격에 취약하였으며, 3개 이상의 LFSR로 구성시켜야만 상관성 공격으로부터 안전성을 보장 받을 수 있게 된다.

최근에는 여러 종류의 클럭 조절(clock-controlled)형 키 수열 발생기가 제안된 바 있으며, 예로서 유럽지역 디지털 셀룰러 폰 (GSM)의 표준 암호인 A5 암호 〔3-4〕, Bilateral stop-and-go 발생기 〔3-4〕 등이 있다. 이들과는 달리 미국 IBM의 SEAL 〔3-4〕이나 RSA사의 RC4 〔3-4〕 방식은 고속화에 초점을 둔 소프트웨어로 구현이 용이한 암호 발생기이며, 비선형 FCSR(feedback with carry shift register)을 적용한 concoction generator 〔3-4〕는 기존의 LFSR을 대체하는 발생기이다. 추후 스트림 암호 분야의 발전 전망은 각국마다 표준 스트림 암호를 설계하여 이동·무선 암호 등에 적용할 것으로 보이며, 특히 컴퓨터 네트워크의 초고속화로 인하여 비트 단위 (bit-by-bit) 형태의 스트림 암호와 블록 연산 형태의 블록 암호를 결합시킨 병렬형 스트림 암호 시스템 (parallel stream cipher system) 〔20〕등 안전성이 높으면서 고속화 실현이 가능한 알고리즘에 관심이 모일 것으로 전망된다.

또한, 스트림 암호에서 최신 알고리즘 개발 동향을 분석해보면 워드기반 스트림 암호 (WBSC, Word-Based Stream Cipher)의 설계가 두드러지고 있다. 예를 들면, RC4, SNOW 2.0, SCREAM 등은 스트림 암호와 블록 암호의 1-round 함수를 결합한 형태의 암호 알고리즘이다〔3-5〕. 또한 최근에는 Kevin 등에 의하여 ICISC′2004에 제안된 Dragon〔6〕이 있다. 이러한 워드기반 스트림암호가 안전성과 고속화에 접근하는 등, 스트림 암호에 대한 응용이 민간 분야에서 늘어날수록 키 수열 동기 방식에 대한 연구도 함께 이루어져야 할 것이다.

5.2 이진 수열 발생기

1) 이진 수열

두 원소로 구성되는 유한체 $GF(2)$의 덧셈 $+$, 곱셈 $\cdot$ 은 다음과 같다.

$+$	0	1
0	0	1
1	1	0

$\cdot$	0	1
0	0	0
1	0	1

$GF(2)$의 원소로 이루어진 2진 n-벡터($a_0, a_1, \cdots, a_{n-1}$)들의 전체 집합 $GF(2)^n$ 상에서의 덧셈, 곱셈 및 스칼라 곱은 다음과 같이 정의된다.

$$GF(2)^n = \{(a_0, a_1, \cdots, a_{n-1}) \mid a_0, a_1, \cdots, a_{n-1} \in GF(2)\}$$

$$(a_0, a_1, \cdots, a_{n-1}) + (b_0, b_1, \cdots, b_{n-1})$$
$$= (a_0 + b_0, a_1 + b_1, \cdots, a_{n-1} + b_{n-1})$$

$$(a_0, a_1, \cdots, a_{n-1}) \cdot (b_0, b_1, \cdots, b_{n-1})$$
$$= (a_0 \cdot b_0, a_1 \cdot b_1, \cdots, a_{n-1} \cdot b_{n-1})$$

$$c(a_0, a_1, \cdots, a_{n-1}) = (ca_0, ca_1, \cdots, ca_{n-1})$$

$GF(2) = \{0, 1\}$의 원소로 이루어진 유한 개수의 이진 수열 $a_0, a_1, \cdots, a_{n-1}$를 유한 이진 수열(finite binary sequence)이라 하고, 무한 개수의 이진 수열 $(a_t) = a_0, a_1, \cdots, a_t, \cdots$ ($a_t \in GF(2)$)를 무한 이진 수열(infinite binary sequence)이라 하며, 이를 통틀어서 이진 수열이라 한다. 이진 수열 (a_t)에 대하여 $a_{t+r} = a_t$ ($t = 0, 1, 2, \cdots$)를 만족하는 양의 정수 r 이 존재할 때 (a_t)를 주기

수열(periodic sequence)이라 하며, 양의 정수 r 중에서 가장 작은 것을 (a_t)의 주기라고 한다.

그림 5-1은 $GF(2)$상에서 n 변수 함수 $f:\ GF(2)^n \to GF(2)$를 귀환 함수로 갖는 n-단 귀환 이동 레지스터(feedback shift register, FSR)이다. 임의 순간 t 에서 FSR의 각 단수(stage) S_i 의 내용을 $s_i(t)$라 할 때

$$s_i(t+1) = s_{i+1}(t), \quad i = 0, 1, 2, \cdots, n-2 \tag{1}$$

$$s_{n-1}(t+1) = f(s_0(t), s_1(t), \cdots, s_{n-1}(t)) \tag{2}$$

이 되며, 각 $t = 0, 1, 2, \cdots$에 대하여 $s_t = s_0(t)$라 놓으면 $s_t \in GF(2)$이고, 무한 이진 수열 (s_t)를 얻을 수 있다. 등식 (1) 및 (2)에서 다음이 성립한다.

$$s_i(t) = s_0(t+i) = s_{t+i}, \quad i = 0, 1, 2, \cdots, n-2 \tag{3}$$

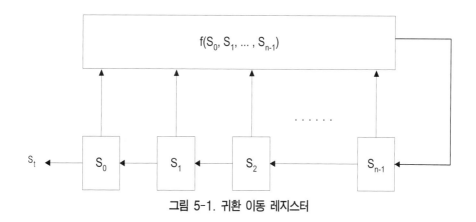

그림 5-1. 귀환 이동 레지스터

특히, $s_0(t) = s_t$, $s_1(t) = s_{t+1}, \cdots,$ $s_{n-1}(t) = s_{t+n-1}$ 이 되며, 또 (2)에 의하여 식 (4)가 성립된다. 여기서, 각 $t = 0, 1, 2, \cdots$에 대하여

$$\vec{s_t} = (s_t, s_{t+1}, \cdots, s_{t+n-1}) = (s_0(t), s_1(t), \cdots, s_{n-1}(t)) \in GF(2)^n$$

를 t 번째 상태 벡터라 하고, 0번째 상태 벡터 $\vec{s_0} = (s_0, s_1, \cdots, s_{n-1})$ $\in GF(2)^n$를 초기 상태 벡터라 한다.

$$s_{t+n} = f(s_t, s_{t+1}, \cdots, s_{t+n-1}), \ t = 0, 1, 2, \cdots \qquad (4)$$

등식 (4)에서 알 수 있듯이, 각 $t+1$번째 상태 벡터는 t 번째 상태 벡터와 귀환 함수 $f : GF(2)^n \rightarrow GF(2)$에 의하여 정해지고, 따라서 무한 이진 수열 (s_t)는 초기 상태 벡터 $(s_0, s_1, \cdots, s_{n-1})$와 f 에 의하여 완전히 결정된다. 이제 n-단 FSR의 함수에 대하여 살펴본다.

[정리 1] n-단 FSR의 귀환 함수는 모두 2^{2^n} 개 존재한다. 또한 함수들은 모두 n 변수에 관한 다항 함수이다 [6].

함수 $f : GF(2)^n \rightarrow GF(2)$에 대하여 $f(x_0, x_1, \cdots, x_{n-1})$가 $x_0, x_1, \cdots, x_{n-1}$에 관한 일차식 (5)로 표시될 때 f 를 선형 함수(linear function)라 하고, 특히 $c=0$ 인 경우 f 를 동차(homogeneous) 선형 함수라 한다. 여기서, $c, c_0, c_1, \cdots, c_{n-1} \in GF(2)$이다.

$$f(x_0, x_1, \cdots, x_{n-1}) = c + c_0 x_0 + c_1 x_1 + \cdots + c_{n-1} x_{n-1} = \sum_{i=0}^{n-1} c_i x_i \qquad (5)$$

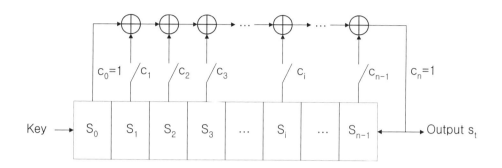

그림 5-2 n단 선형 귀환 이동 레지스터

선형 함수를 귀환 함수로 가지는 이동 레지스터를 선형 귀환 이동 레지스터(linear feedback shift register, LFSR)라 하며, 그림 5-2와 같다. LFSR에 의하여 생성된 이진 수열 (s_t)는 식 (4)로부터 다음 관계식을 만족시킨다.

$$s_{t+n} = c + c_0 s_t + c_1 s_{t+1} + \ldots + c_{n-1} s_{t+n-1}, \quad t = 0, 1, 2, \ldots \quad (6)$$

일반적으로 위와 같은 관계식을 만족시키는 이진 수열 (s_t)를 $GF(2)$에서의 제 n계 선형 점화 수열(linear recurring sequence)이라 하고, 식 (6)을 $GF(2)$에서의 제 n계 선형 점화식(n-th order linear recurrence relation)이라고 한다. 특히, $c = 0$인 경우를 동차(homogeneous) 선형 점화식이라 한다. 동차 선형 함수를 귀환 함수로 가지는 n-단 LFSR에 의하여 생성되는 이진 수열 (s_t)는 동차 선형 점화식 (7)을 만족시킨다.

$$s_{t+n} = c_0 s_t + c_1 s_{t+1} + \cdots + c_{n-1} s_{t+n-1} = \sum_{i=0}^{n-1} c_i s_{t+i}, \quad t = 0, 1, 2, \ldots \quad (7)$$

동차 선형 함수 f는 계수 $c_0, c_1, \cdots, c_{n-1} \in GF(2)$에 의하여 유일하게 결정되고, (s_t)는 초기 상태 벡터 $(s_0, s_1, \cdots, s_{n-1})$와 $c_0, c_1, \cdots, c_{n-1}$에 의하여 완전히 결정되므로 $c_0, c_1, \cdots, c_{n-1}$를 LFSR의 귀환 계수 (feedback coefficients)라고

한다. 귀환 계수 $c_0, c_1, \cdots, c_{n-1}$ 및 선형 점화식 (7)에 대하여 변수 x에 관한 $GF(2)$상의 n차 다항식 (8)을 주어진 LFSR 및 이진 수열 (s_t)의 특성 다항식 (characteristic polynomial)이라 부른다.

$$f(x) = c_0 + c_1 x^1 + \cdots + c_{n-1} x^{n-1} + c_n x^n \in GF(2)[x] \quad (8)$$

특성다항식 $f(x)$에 의하여 생성되는 무한 이진 수열 $(s_t) \in GF(2)^w$ 의 전체 집합을 $f(x)$의 해 공간(solution space)이라 하고, $\Omega(f(x))$ 또는 $\Omega(f)$로 나타낸다.

$$\Omega(f(x)) = \left\{ (s_t) \in GF(2)^w \mid s_{t+n} = \sum_{i=0}^{n-1} c_i s_{t+i}, \ t = 0, 1, 2, \cdots \right\} \quad (9)$$

[정리 2] $GF(2)$상에서 n차 다항식 $f(x) = c_0 + c_1 x + \cdots + c_{n-1} x^{n-1} + x^n$, $f(0) = c_0 = 1$ 의 지수 $ord(f(x)) = g$ 일 때 다음이 성립한다.

　（ⅰ) 모든 수열 $(s_t) \in \Omega(f(x))$는 순환 수열이고, 주기는 g 의 약수이다.

　（ⅱ) $f(x)$가 $GF(2)$상에서 기약이면, 모든 수열 $(s_t) \in \Omega(f(x))$, $(s_t) \neq (0)$ 의 주기는 g 이다.

다항식 $f(x) \in GF(2)[x]$, $\deg f(x) = n$가 $f(0) \neq 0$이고, $GF(2)$상에서 기약인 동시에 $ord(f(x)) = 2^n - 1$일 때 $f(x)$를 $GF(2)$상에서의 원시 다항식(primitive polynomial)이라고 한다. 다항식 $f(x) \in GF(2)[x]$가 n차 원시 다항식일 때 모든 수열 $(s_t) \in \Omega(f(x))$, $(s_t) \neq (0)$의 주기는 $2^n - 1$이다. 이러한 의미에서 n차 원시 다항식 $f(x) \in GF(2)[x]$에 의하여 생성되는 영 수열이 아닌 수열을 PN 수열 (pseudonoise sequence), 최대 주기 수열(maximal period sequence) 또는 m-수열(m-sequence)이라고 한다.

[정리 3] 무한 이진 수열 (s_t)가 동차 선형 점화 수열이면 다음 조건을 만족시키는

다항식 $m(x) \in GF(2)[x]$, $\deg m(x) \geq 1$ 가 단 하나 존재한다. 임의의 다항식 $f(x) \in GF(2)[x]$, $\deg f(x) \geq 1$에 대하여 $(s_t) \in \Omega(f(x)) \Leftrightarrow m(x) \mid f(x)$, $GF(2)[x]$에서 특히, 다항식 $m(x)$가 수열 (s_t)의 최소 다항식이면 $(s_t) \in \Omega(m(x))$이다. 즉, (s_t)는 $m(x)$에 의하여 생성된다.

정리 3의 조건을 만족시키는 $m(x) \in GF(2)[x]$를 수열 (s_t)의 최소 다항식 (minimum polynomial)이라 하고, $m(x)$의 차수 $l = \deg m(x)$를 이진 수열 (s_t)의 선형 복잡도(linear complexity, LC; linear equivalence) 또는 반복 길이 (recursion length)라고 한다.

〔정리 4〕 체 $GF(2)$상의 n차 다항식 $f(x) = c_0 + c_1 x^1 + \cdots + c_{n-1} x^{n-1} + x^n$, $c_0 = 1$ 가 기약일 때 모든 $(s_t) \in \Omega(f(x))$, $(s_t) \neq (0)$에 대하여 (s_t)의 최소 다항식은 $f(x)$이고, (s_t)의 선형 복잡도는 n이며, 주기는 $ord(f(x))$이다.

〔정리 5〕 영 수열이 아닌 무한 이진 수열 (s_t)가 $GF(2)$상의 n차 기약 다항식 $f(x) = 1 + c_1 x + \cdots + c_{n-1} x^{n-1} + x^n$에 의하여 생성된 수열이라고 할 때, 다항식 $f(x)$와 수열 (s_t)는 연속된 $2n$개 $s_k, s_{k+1}, \cdots, s_{k+2n-1}$ ($k \geq 0$은 임의 정수)에 의하여 완전히 결정된다.

2) 스트림 암호의 비도 요소

동기식 스트림 암호는 그림 5-3과 같이 동일한 키로 초기화된 키 수열 발생기 출력을 평문 또는 암호문과 XOR하여 암복호화하는 대칭 키 암호의 일종이다. 동기식 스트림 암호의 안전성(비도)은 여러종류의 암호 공격에 대해서 얼마나 강한 키 수열 발생기를 설계하느냐에 달려 있으며, 비도의 척도로써 Beker 등 〔2〕은 주기, 랜덤 특성 (randomness) 및 선형 복잡도를 제시한 바 있다. 본 논문에서는 Siegenthaler〔28〕가 제의한 상관 면역도(correlation immunity, CI)와 Golic〔21〕이 제의한 출력 키 수열의 수(number of output sequences)를 중요 요소로 추가하여 다음과 같이 기준을 설정한다.

C1: 출력 키 수열은 주기에 대한 최소값이 보장된다.
C2: 출력 키 수열은 좋은 랜덤 특성을 갖는다.
C3: 출력 키 수열은 큰 선형 복잡도를 갖는다.
C4: 출력 키 수열은 높은 상관 면역도를 갖는다.
C5: 출력 키 수열의 수가 많다.

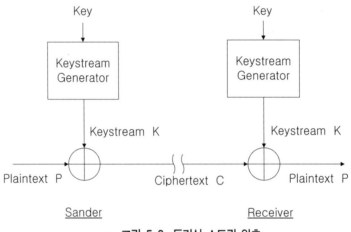

그림 5-3. 동기식 스트림 암호

3) 랜덤 특성 검증

일반적으로 키 수열 발생기의 전체 주기에 대한 랜덤 특성 검증은 불가능하므로 적당한 길이로 표본 채취한 키 수열의 국부적인 랜덤 특성 [2]을 검증한다. 검증 방법으로는 다음과 같은 몇가지 항목에 대한 적합도를 검증하며, 여기서는 널리 알려진 $\chi 2$-test를 사용한다. 판정치를 결정하는 유의 수준(significance level)은 일반적인 값인 α = 0.05를 택한다.

(1) Frequency test [2]

키 수열을 형성하는 "0"과 "1"의 출현 빈도를 검증하는 것으로써 이상적인 경우 같은 비율($n0$ = $n1$)로 발생된다. 키 수열에 포함된 "0"의 수를 $n0$, "1"의 수를 $n1$, 전체 비트 수를 n이라 할 때 시험 통계량은 다음 식으로 구해지며, 이 때 자유도는 1이다. α = 0.05, 자유도 1에서 x^2 값의 판정치는 3.84이므로 이 값보다 클 경우 기각되고, 그 이하이면 통과된다.

$$x^2 = \frac{(n_0 - n_1)^2}{n}$$ (10)

(2) Serial test〔2〕

연속되는 비트간의 천이 확률이 적당한가를 검증하는 것으로 이상적인 경우 $n_{00} = n_{01} = n_{10} = n_{11} = (n-1)/4$ 이다. 시험 통계량은 다음식으로 구해지며, 자유도 2에서 x^2 값의 판단치는 5.99이다.

$$x^2 = \frac{4}{n-1} \sum_{i=0}^{1} \sum_{j=0}^{1} (n_{ij})^2 - \frac{2}{n} \sum_{i=0}^{1} (n_i)^2 + 1$$ (11)

여기서, n_{00} = "0" → "0" 천이 빈도수, n_{01} = "0" → "1" 천이 빈도수
n_{10} = "1" → "0" 천이 빈도수, n_{11} = "1" → "1" 천이 빈도수
$n_i = n_{i0} + n_{i1}$, i=0,1, $n = n_0 + n_1$이다.

(3) Generalized serial test〔29〕

Serial test를 일반화시킨 것으로 키 수열 중에서 규칙적인 패턴이나 상호 의존성을 검출하는데 있어서는 Poker test보다 우수하다. n 비트의 키 수열을 $a_0, a_1, \cdots, a_{n-1}$이라 할 때 t비트열 $\vec{r} = r_0 r_1 \cdots r_{t-1}$이 j(0≤j≤n-1)번째 위치에서 발생되는 빈도를 $f_0, f_1, \cdots, f_{2^{t}-1}$, 그리고 t-1 비트열이 j번째 위치에서 발생되는 빈도를 $g_1, g_2, \cdots, g_{2^{t-1}-1}$라 하면, 이상적인 경우 각각의 t 비트열은 n/2t 만큼 발생될 것이다. 시험 통계량은 다음식으로 구해지며, 이 때 자유도는 2t-1이다. t=3, 4, 5일 때 자유도는 각각 4, 8, 16이며, x^2 판단치는 각각 9.48, 15.50, 26.29이다. 단, 여기서 t는 2≤t≤(n+1)/2 및 n/2t≥5인 범위의 정수로 선택된다.

$$x^2 = \frac{2^t}{n} \sum_{i=0}^{2^t-1} (f_i - \frac{n}{2^t})^2 - \frac{2^{t-1}}{n} \sum_{i=0}^{2^{t-1}-1} (g_i - \frac{n}{2^{t-1}})^2 \quad (12)$$

(3) Poker test 〔2〕

키 수열을 m비트 블록으로 분할하여 블록 단위로 전술한 frequency test를 적용한 것이다. 분할시 0에서 2m-1 패턴이 있으며, 이의 발생 빈도를 $f_0, f_1, \cdots, f_{2^m-1}$라 할 때 이상적인 경우 각각의 f_i는 $(1/2^m) \lceil n/m \rceil$ 만큼 발생된다. 여기서, $\lceil n/m \rceil$ 는 n/m을 넘지 않는 최대 정수를 뜻한다. 시험 통계량은 다음 식과 같으며 자유도는 2m-1이다. 여기서, $F = \sum_{i=0}^{2^m-1} f_i$ 이다.

$$x^2 = \frac{2^m}{F} \sum_{i=0}^{2^m-1} (f_i)^2 - F \quad (13)$$

(5) Autocorrelation test 〔2〕

발생되는 n비트 키 수열 $a_0, a_1, \cdots, a_{n-1}$의 자기 상관성은 다음과 같다. 여기서 ai 는 "0"출력시 -1, "1"출력시 +1값을 가지며, d는 지연 비트를 나타내고, 1/(n-d)은 정규화값이다. 결국 키 수열은 자기 상관성이 없어야 하므로 $A(0) = 1$을 제외한 나머지 $A(d)$값은 0에 가까워야(≤ 0.05) 한다.

$$A(d) = \frac{1}{n-d} \sum_{i=0}^{n-d-1} a_i \, a_{i+d} \quad (14)$$

4) 선형 복잡도

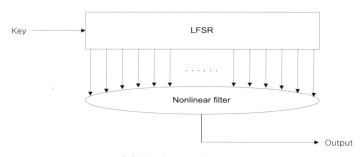

(a) Nonlinear filter type.

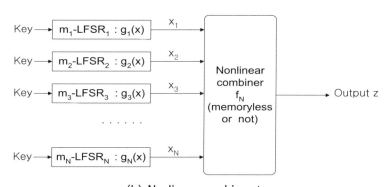

(b) Nonlinear combiner type.

그림 5-4. 키 수열 발생기의 두 유형

임의의 키 수열은 동일한 키 수열을 발생시킬 수 있는 가장 짧은 LFSR로 표시될 수 있으며, 이러한 LFSR의 단수를 키 수열의 선형 복잡도라 정의한다. 임의의 키 수열에 대한 선형 복잡도는 Massey [30]의 LFSR 합성 방법에 의하여 구할 수 있는데, 일반적으로 선형 복잡도를 증가시키기 위하여 그림 5-4와 같은 비선형 결합 함수를 사용한다. Rueppel 등 [31]과 Golic [32]은 비메모리(memoryless)형 비선형 결합 함수 f_N과 이 함수의 선형 복잡도를 계산하기 위한 star-등식 f_N^*를 다음과 같이 정의하였다. 여기서, $a_0, a_i, a_{ij}, \cdots, a_{12\cdots N} \in \{0, 1\}$이고, $a_0^* = 0$($a_0 = 0$ 일때) 또는 1 ($a_0 \neq 0$ 일 때), $a_i^* = 0$($a_i = 0$ 일 때) 또는 1($a_i \neq 0$ 일 때), $\cdots$, $a_{12\cdots N}^* = 0$ ($a_{12\cdots N} = 0$일 때) 또는 1($a_{12\cdots N} \neq 0$일 때)이며, f_N의 계산 영역은 GF(2) 영역, f_N^*의 계산 영역은 실수 영역이다.

$$f_N(x_1, x_2, \cdots, x_N) = a_0 + \sum a_i x_i + \sum a_{ij} x_i x_j + \cdots + a_{12\cdots N} x_1 x_2 \cdots x_N \qquad (15)$$

$$f_N^*(x_1, x_2, \cdots, x_N) = a_0^* + \sum a_i^* x_i + \sum a_{ij}^* x_i x_j + \cdots + a_{12\cdots N}^* x_1 x_2 \cdots x_N \qquad (16)$$

〔정리 6〕(Rueppel-Staffelbach) 비메모리형 키 수열 발생기(그림 5-4 (b))의 출력 z 에 대한 선형 복잡도는 다음과 같이 star-등식으로 주어진다.

$$LC(z) = f_N^*(L_1, L_2, \cdots, L_N) \qquad (17)$$

여기서, $L_i = \deg[g_i(x)]$, $i = 0, 1, \cdots, N$ 이고, $g_i(x)$는 원시 다항식이다.

5) 상관 면역도

스트림 암호에 대한 암호 분석 방법 중 상관성 공격 〔33,34〕은 입력과 출력간의 상관성을 조사하여 입-출력 조합을 함수적으로 분리시킨 후 각개 공격(divide and conquer attack)함으로써 키를 알아내는 방법이며, 이 공격에 취약할 경우 LFSR 탭과 단수를 알고 있다는 가정하에서 LFSR 초기 키를 찾기 위한 계산 복잡도는 $\prod_{i=0}^{N}(2^{L_i}-1)$에서 $\sum_{i=1}^{N}(2^{L_i}-1)$로 크게 떨어진다.

〔정의 7〕(Siegenthaler 〔28〕) 일반형 키 수열 발생기에서 입력 변수가 독립 균일 분포(independently and identically distributed, i.i.d.)를 갖고 있다는 가정하에 출력 변수와 임의 m개의 입력 변수 부분 집합간에 상호 정보(mutual information)가 모두 0일 때 키 수열 발생기는 m차 상관 면역도(m-th order of correlation immunity)를 갖는다고 하며 다음과 같이 나타낸다. 여기서, $X_i^j = (x_{i0}, x_{i1}, \cdots, x_{ij})$, $Z^j = (z_0, z_1, \cdots, z_j)$이며, xij는 i번째 입력 수열 (xi)의 j순간 값, zj는 출력 수열 (z)의 j순간 값을 나타낸다.

$$I(Z^j; X_{i1}^j, X_{i2}^j, \cdots, X_{im}^j) = 0, \quad j \geq 0 \qquad (18)$$

[정리 8] (Siegenthaler) 메모리없는 일반형 함수 $f_N(x_1, x_2, \cdots, x_N)$의 비선형 차수(k)와 상관 면역도(m) 사이에는 다음과 같은 tradeoff 특성이 있다.

$$k + m \leq N-1, \quad 1 \leq m \leq N-2 \qquad (19)$$

한편, Zhen 등 [35]은 Walsh 변환을 이용하여 주파수 측면에서 상관 면역도를 해석하였다. 두 벡터를 $X = (x_0, x_1, \cdots, x_{N-1})$, $W = (w_0, w_1, \cdots, w_{N-1})$라 할 때 내적은 $X \cdot W = x_0 w_0 + x_1 w_1 + \cdots + x_{N-1} w_{N-1}$이 되며, 그림 3의 일반형에 대한 Walsh 변환 $F(w)$ 및 역변환 $f(x)$는 다음과 같다.

$$F(w) = \sum_{x=0}^{2^N-1} f(x)(-1)^{X \cdot W} \qquad (20)$$

$$f(x) = 2^{-N} \sum_{w=0}^{2^N-1} F(w)(-1)^{X \cdot W} \qquad (21)$$

[정리 9] (Zhen-Massey) N개 2진 변수들에 대하여 부울 함수 f(x)가 m차 상관 면역도($1 \leq m \leq N$)를 가질 필요 충분 조건은 다음과 같다. 여기서, $H(w)$는 w 의 Hamming weight로 w 를 이진 표현시 "1"의 갯수이다.

$$F(w) = 0, \quad 1 \leq H(w) \leq m \qquad (22)$$

6) 출력 키 수열의 수

Golic [21]은 스트림 암호의 비도를 높이는 방안으로 출력 키 수열의 수를 새로운 평가 요소로 제시하였다. 일반적으로 알려진 대부분의 이진 수열 발생기에서는 출력 키 수열이 1개 뿐이며, 이 경우 수열 발생기는 출발점만 다를 뿐 항상 동일한 수열 사이클을 따라 키 수열이 발생된다. 하지만, 출력 키 수열이 2개 이상인 경우 키 값이 바뀌면 키 수열 사이클이 달라지기 때문에 암호 분석이 그만큼 어려워진다.

한편, Dawson [22]은 동일한 키로 암호화시키는 방식에서는 과거 암호문과 현재 암호문을 XOR시킴으로써 키 수열이 서로 상쇄되어 과거 평문과 현재 평문의 XOR된 값만 남기 때문에 평문의 잉여 정보(redundant)를 이용하면 암호 해독이 가능함을 보였다. 즉, 과거 평문 $P' = p_0', \ p_1', \ p_2', \ \cdots,$ 과거 키 수열 $K' = k_0', \ k_1', \ k_2', \ \cdots,$ 과거 암호문 $C' = c_0', \ c_1', \ c_2', \ \cdots,$ 현재 평문 $P = p_0, \ p_1, \ p_2, \ \cdots,$ 현재 키 수열 $K = k_0, \ k_1, \ k_2, \ \cdots,$ 현재 암호문 $C = c_0, \ c_1, \ c_2, \ \cdots$ 이라 두면, 가정에서 $K = K'$ 이므로 다음과 같이 암호문 2개를 XOR하면 평문의 XOR 형태로 남기 때문에 Dawson의 방법대로 평문의 잉여정보를 이용하여 암호문이 해독될 수 있다.

$$
\begin{cases}
C' = p_0' \oplus k_0, \ p_1' \oplus k_1, \ p_2' \oplus k_2, \ p_3' \oplus k_3, \ p_4' \oplus k_4, \ \cdots, \\
C = p_0 \oplus k_0, \ p_1 \oplus k_1, \ p_2 \oplus k_2, \ p_3 \oplus k_3, \ p_4 \oplus k_4, \ \cdots, \\
C \oplus C' = p_0' \oplus p_0, \ p_1' \oplus p_1, \ p_2' \oplus p_2, \ p_3' \oplus p_3, \ p_4' \oplus p_4, \ \cdots
\end{cases}
\tag{23}
$$

이러한 암호 해독을 피하는 방법은 매 동기시마다 새로운 세션 키로 초기화하는 것이며, 이에 따라 스트림 동기 방식의 설계가 통신 신뢰성 뿐 아니라 암호 통신의 안전성에도 얼마나 중요한 역할을 하는지 알 수 있다.

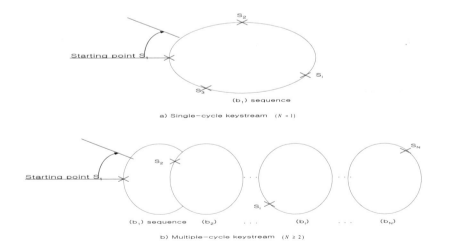

a) Single-cycle keystream ($N = 1$)

b) Multiple-cycle keystream ($N \geq 2$)

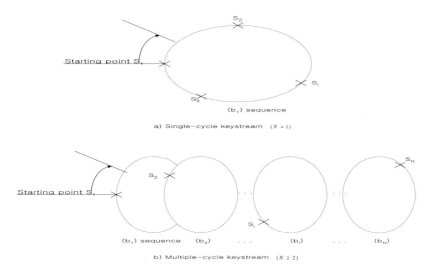

a) Single-cycle keystream ($N=1$)

b) Multiple-cycle keystream ($N \geq 2$)

그림 5-5. 키 수열 사이클의 구조

〔정의 10〕 어떤 키 수열 발생기에 대하여 초기 값을 변경함으로써 주기가 같고 출력 수열 사이클이 바뀔 수 있는 총 갯수를 출력 키 수열의 수(number of output sequence) 또는 키 수열 수라 한다.

그림 5-5는 스트림 암호를 이용한 암호 통신에서 출력 수열이 1개 뿐인 경우와 여러 개($N \geq 2$)인 경우에 안전성의 차이를 알아보기 위한 것이다. 그림 (a)에서 출력 수열이 1개 뿐인 경우 초기 키가 지정되면 출발점(starting point) S_1에서 일정한 키 수열이 암호화에 사용된다. 후속 통신에서는 출발점만 S_2로 바뀔 뿐 동일한 키 수열 사이클이 암호화에 이용되기 때문에 키 수열을 두 번 사용하는 부분에서는 상기 Dawson 해독을 피할 수 없다. 그러나 $N \geq 2$이고 S_i와 $S_j(i \neq j)$가 서로 다른 사이클에 있을 경우 (최상의 경우, 세션 키 설정 수 만큼의 출력 키 수열이 존재할 때) Dawson 해독에 안전하다고 할 수 있다. 그림 5-5에서 주기 P인 두 출력 키 수열 사이클 (b_i), $(b_j)(i \neq j)$를 다음과 같이 나타내기로 한다.

$$\begin{cases} (b_i) = b_{i0}, b_{i1}, b_{i2}, b_{i3}, \cdots, b_{ik}, \cdots, b_{i,P-1}, b_{i0}, b_{i1}, \cdots, & i=1,2,\cdots,N, \\ (b_j) = b_{j0}, b_{j1}, b_{j2}, b_{j3}, \cdots, b_{jk}, \cdots, b_{j,P-1}, b_{j0}, b_{j1}, \cdots, & j=1,2,\cdots,N \end{cases}$$

(24)

이 때 임의의 정수 k($0 \le k \le P$)와 j에 대하여 (bj) 수열을 k만큼 순회(cyclic rotate)시킨 수열 $Rot((b_j), k)$와 (b_i)가 다르다면 즉,

$$Rot((b_j), k) \ne (b_i), \quad i = 1, 2, \cdots, N, \quad j = 1, 2, \cdots, N, \quad i \ne j \qquad (25)$$

라면 출력 키 수열의 수는 N이라고 할 수 있다.

키 수열 발생기가 알려지지 않아서 일부 키 수열로부터 나머지를 유추하기 어렵고, 세션 키는 랜덤하게 선택되며, 키 수열의 수가 세션 키 설정 수 만큼 존재한다면 매 통신시마다 출력 키 수열은 랜덤하게 선택된 사이클에서 랜덤한 출발점으로부터 발생된다고 볼 수 있다. 이 기능은 one-time pad와 유사하기 때문에 완전한 안전도(perfect secrecy)에 가까운 안전성을 갖는다고 할 수 있으며, 이러한 다수열 발생기는 선형 입력부를 가변하는 방법과 비선형 함수부를 가변하는 방법으로 얻을 수 있다.

7) 요약

지금까지 살펴본 스트림 암호에 대한 유형, 암호요소기술, 안전성 평가기준 및 스트림 암호 알고리즘 설계 사례 등을 요약하면 다음과 같다.

(1) 스트림 암호 방식 유형에 따른 분류

① 선형 귀환 이동 레지스터 방식 (LFSR, linear feedback shift register)
② 비선형 조합 함수 방식 (nonlinear combining function)
③ 비선형 필터 발생기 (nonlinear filtered generator)
④ 클럭 조절 수열 발생기 (clock-controlled sequence generator)
⑤ 병렬형 스트림 암호 (parallel stream cipher)

(2) 스트림 암호 요소 기술

① LFSR, 원시다항식 (primitive polynomial) : 선형 귀환 이동 레지스터는 랜덤 이진 수열을 발생시키는 가장 기본적인 암호 요소이나 레지스터 길이의 2배

에 해당되는 출력을 알면 해독 가능함.

② 클럭 조절형 LFSR (clock-controlled LFSR) : LFSR의 클럭 조절 조절을 통하여 안전성을 높이는 암호 요소

③ 비선형 조합 함수 (nonlinear combining function) : 출력 수열의 비선형도를 높이기 위하여 여러 개의 선형 LFSR을 조합하는 메모리형 또는 비메모리형 조합 함수

④ 비선형 필터 함수 (nonlinear filtered function) : 선형 LFSR의 각 state memory를 비선형적으로 조합하여 출력을 발생시키는 비선형 함수

⑤ NFSR (nonlinear feedback shift register) : LFSR에 대응되는 비선형 귀환 이동 레지스터로서 de Bruijn generator 등이 있음.

⑥ FCSR (feedback with carry shift register) : 비선형 귀환 레지스터 형태

⑦ 키 수열 동기 방식 : 연속동기방식, 초기동기방식, 절대동기방식 등 송·수신 키수열에 대하여 각각 bit-by-bit 일치시키는 동기 기술

⑧ Zero-suppression algorithm : 출력수열의 연속 "0"을 일정 비트 이하로 억제

(3) 안전성 평가 기준

① 주기 (Period): 출력 키 수열은 주기에 대한 최소값이 보장되어야 한다.

② 랜덤 특성 (Randomness): 출력 키 수열은 좋은 랜덤 특성을 가져야 한다.

③ 선형 복잡도 (Linear complexity): 출력 키 수열은 큰 선형 복잡도를 가져야 한다.

④ 상관 면역도 (Correlation immunity): 출력 키 수열은 높은 상관 면역도를 갖는다.

⑤ 키 수열 사이클 수(Keystream cycle): 출력 키 수열은 2개 이상의 키 수열 사이클에서 발생되어야 한다.

5.3 이진 키 수열 발생기 예제

1) Hadamad 결합기

Hadamad 결합기 [2]는 그림 5-6과 같이 두 개의 수열 (x_1), (x_2)로부터 수열 (y)를 다음과 같이 출력하는 발생기이다.

$$y = f(x_1, x_2) = (x_1 \cdot x_2)$$

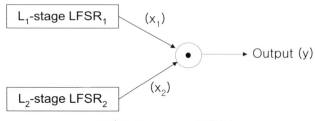

그림 5-6. Hadamad 결합기

[정리 11] Hadamad 결합기의 출력 수열 (y)에 대한 주기, 랜덤 특성, 선형 복잡도는 다음과 같다 [2]. 단. L_1과 L_2는 서로 소이다.

(i) $P_{Hadamad} = (2^{L_1}-1)(2^{L_2}-1)$

(ii) 랜덤 특성은 "0"-"1" 불균형을 이룬다.

(iii) $LC_{Hadamad} = L_1 \cdot L_2$

2) Geffe 발생기

Geffe 발생기 [13]는 그림 5-7과 같이 3개의 수열 (x_1), (x_2), (x_3)로부터 다음과 같이 출력 수열 (y)를 얻는다.

$$y = f(x_1, x_2, x_3) = (x_1 \cdot x_2) \oplus (/x_2 \cdot x_3) = (x_1 \cdot x_2) \oplus (x_2 \cdot x_3) \oplus (x_3)$$

[정리 12] Geffe 발생기의 출력 수열 (y)에 대한 주기, 랜덤 특성, 선형 복잡도는 다음과 같다 [13]. 단, L_1, L_2 및 L_3는 서로 소이다.

(i) $P_{Geffe} = (2^{L_1}-1)(2^{L_2}-1)(2^{L_3}-1)$

(ii) 랜덤 특성은 양호하다.

(iii) $LC_{Geffe} = (L_1 \cdot L_2) + (L_2 \cdot L_3) + L_1$

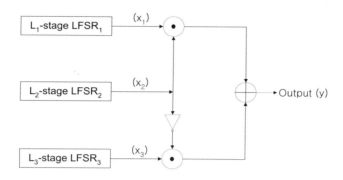

$\odot$: AND $\oplus$: XOR

그림 5-7. Geffe 발생기

3) Bruer 발생기

Bruer 발생기〔36〕는 그림 5-8과 같이 홀수(n) 개의 수열 (x₁), (x₂), ⋯, (xₙ)을 더하여 문턱 값(n/2)보다 작으면 y=0, 그 외는 y=1을 출력시킨다.

$$y = f(x_1, x_2, \ldots, x_n) = \begin{cases} 0 & if \ \sum_{i=1}^{n} x_i < \dfrac{n}{2} \\ 1 & else \end{cases}$$

〔*정리 13*〕 Bruer 발생기의 출력 수열 (y)에 대한 주기, 랜덤 특성, 선형 복잡도는 다음과 같다〔36〕. 단, L₁, L₂, ⋯, Lₙ은 각각 서로 소이다.

(i) $P_{Bruer} = (2^{L_1} - 1)(2^{L_2} - 1) \cdots (2^{L_n} - 1)$

(ii) 랜덤 특성은 양호하다.

(iii) $LC_{Bruer} = (L_1 \cdot L_2) + (L_2 \cdot L_3) + (L_3 \cdot L_1)$ if $n = 3$

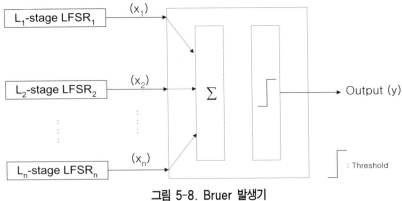

그림 5-8. Bruer 발생기

4) 스트림 동기 방식

스트림 암호는 동기 방식에 따라 자체 동기식(self-synchronous) 스트림 암호와 동기식 스트림 암호로 구분된다 [3-4]. 자체 동기식 스트림 암호는 그림 5-9와 같이 암호문을 입력에 궤한시킴으로써 스트림 동기 이탈시 수신단에서 자체적으로 동기를 복구할 수 있는 반면, 채널 오류시 이동 레지스터 만큼의 비트 오류가 확산되므로 채널 오류 대책이 마련된 통신망에서만 적용이 된다. Vigenere 암호, 이동 레지스터 방법, 블록암호의 CFB(cipher feedback) 모드 등[3-4]이 있다. 동기식 스트림 암호는 스트림 동기 이탈시 자체 복구가 불가능하므로 통신을 중단하고 재동기를 확립하여야 한다. 이 방식은 비트 삽입이나 소실과 같은 송·수신간 클럭 슬립(clock slip) 발생시 동기가 이탈되는 문제점을 보완하여야 하지만 비트 오류의 확산이 없으므로 일반적으로 많이 사용된다. 키 수열 발생기, Vernam 암호, Rotor 기계, 블록 암호의 OFB(output feedback) 모드, 블록 암호의 계수기(counter) 모드 등[3-4]이 있다.

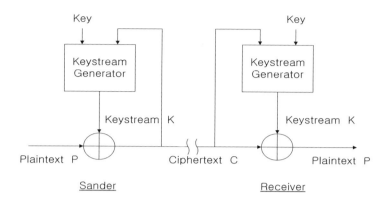

그림 5-9. 자체동기식 스트림 암호

한편, 동기식 스트림 암호에서 송·수신 키 수열을 일치시키는 스트림 동기(keystream synchronization)는 별도의 동기 신호(synchronization pattern, SYNPAT) 교환을 통하여 키 수열의 시작점(starting point)을 일치시킨다. 스트림 동기 방식은 동기 시기에 따라 초기 동기 방식(initial synchronization)과 연속 동기 방식(continuous synchroni- zation)으로 분류된다 [2-4]. 그림 5-10 (a)의 연속 동기 방식은 통신 도중에 일정한 주기로 재동기시키므로 나중 가입자에게는 유리하지만 통신효율이 나빠서 채널 상태가 극히 저조한 통신망에서만 이용된다. 반면 초기 동기 방식(그림 5-10 (b))은 암호 통신 시작이나 이탈시에만 동기시키므로 1-대-다수 통신에서 나중 가입자에게는 불리하지만 통신 효율이 좋기 때문에 전이중 통신(full duplex)에서 주로 많이 사용된다.

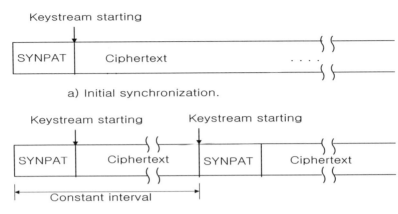

a) Initial synchronization.

b) Continuous synchronization.

그림 5-10. 스트림 동기 방법

5.4 합산 수열 발생기

1) Rueppel 합산 수열 발생기

Rueppel [15,16]의 합산 수열 발생기(summation generator, SUM-BSG)는 그림 5-11과 같이 2개의 LFSR 출력 수열과 과거 carry를 이용하여 다음과 같이 출력과 carry를 얻는다. 여기서 (a_j)는 LFSR1 수열, (b_j)는 LFSR2 수열, (c_j)는 carry 수열, $c_{-1} = 0$ (carry 초기 값)이다.

$$z_j = a_j \oplus b_j \oplus c_{j-1}$$
$$c_j = a_j b_j \oplus (a_j \oplus b_j)c_{j-1}, \quad j=0,1,2, \cdots$$

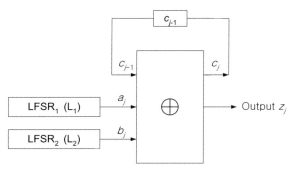

그림 5-11. 합산 수열 발생기

[*정리 14*] (Rueppel) 합산 수열 발생기에 대한 비도 요소는 다음과 같다.

(i) $P_{\text{SUM-BSG}} = (2^{L1}-1)(2^{L2}-1)$

(ii) 랜덤 특성은 양호하다.

(iii) $LC_{\text{SUM-BSG}} \fallingdotseq P_{\text{SUM-BSG}}$

(iv) $CI_{\text{SUM-BSG}} = 1$

정리 14에서 알 수 있듯이 합산 수열 발생기는 기존의 Geffe 발생기등과 비교할 때 매우 큰 선형 복잡도와 최대 차수 상관 면역도를 동시에 갖고 있지만, carry-출력간의 상관성으로 인하여 Meier 등[17]과 Dawson [18]에 의해서 해독되었으며, Meier등 의 해독 방법은 다음과 같다.

a_j와 b_j의 정수 합을 $I_j=a_j+b_j$라 두면 I_j의 확률 분포는 표 5-1과 같으며, c_{j-1}과 I_j 의 함수인 carry c_j는 표 5-2와 같다.

표 5-1. I_j의 확률 분포

$I_j=a_j+b_j$	0	1	2
P	1/4	1/2	1/4

표 5-2. c_j-1과 I_j의 함수인 carry c_j

c_{j-1}	c_j		
	$I_j=0$	$I_j=1$	$I_j=2$
0	0*	0	1*
1	0	1*	1

* : $z_j = 0$ case

j=0,1,2, ...에 대하여 $q_j(0)$는 $c_j = 0$인 확률, $q_j(1)$는 $c_j = 1$인 확률이라면 표 5-1 및 표 5-2에 의하여 carry 비트가 변할 확률은 1/4이고, 불변일 확률은 3/4 이다. 따라서 식 (26)을 얻는다.

$$\begin{pmatrix} q_j(0) \\ q_j(1) \end{pmatrix} = \begin{pmatrix} 3/4 & 1/4 \\ 1/4 & 3/4 \end{pmatrix} \begin{pmatrix} q_{j-1}(0) \\ q_{j-1}(1) \end{pmatrix} \tag{26}$$

식 (26)은 transition matrix $A = S^{-1}DS$ 형태로 나타낼 수 있다(단, D는 대각선 행렬임). 즉, $A = \begin{pmatrix} 3/4 & 1/4 \\ 1/4 & 3/4 \end{pmatrix} = \begin{pmatrix} 1/\sqrt{2} & 1/\sqrt{2} \\ 1/\sqrt{2} & -1/\sqrt{2} \end{pmatrix} \begin{pmatrix} 1 & 0 \\ 0 & 1/2 \end{pmatrix} \begin{pmatrix} 1/\sqrt{2} & 1/\sqrt{2} \\ 1/\sqrt{2} & -1/\sqrt{2} \end{pmatrix}$ 이고, c_j의 확률 분포 $\vec{q_0} = (q_0(0), q_0(1))$라면, $\vec{q_j} = (q_j(0), q_j(1))$는 $\vec{q_j} = A^j \vec{q_0} = S^{-1} D^j S \vec{q_0}$ 이므로 다음과 같은 관계를 얻을 수 있다.

$$\begin{cases} q_j(0) = \dfrac{1}{2} + \dfrac{1}{2^{j+1}} (q_0(0) - q_0(1)) \\ q_j(1) = \dfrac{1}{2} + \dfrac{1}{2^{j+1}} (q_0(0) - q_0(1)) \end{cases} \tag{27}$$

j가 충분히 클 때 q_j는 초기 값 q0에 관계없이 균일 분포가 되므로 carry는 예측 불가능하다. 그러나 j 순간의 출력 수열 $z_j = 0$가 알려져 있다고 가정하면 I_j와 c_{j-1}의 가능한 경우가 줄어들어(표 2의 "*" 표시) $c_{j-1} = 0$ 일 때 carry가 변경될 확률은 0.5이며, $c_{j-1} = 1$이면 확률이 0이므로 다음 식이 성립된다.

$$\begin{pmatrix} q_j(0) \\ q_j(1) \end{pmatrix} = \begin{pmatrix} 1/2 & 0 \\ 1/2 & 1 \end{pmatrix} \begin{pmatrix} q_{j-1}(0) \\ q_{j-1}(1) \end{pmatrix} \tag{28}$$

식 (28)로 부터 $z_{j+1} = z_{j+2} = \cdots = z_{j+s} = 0$인 경우(출력이 s 비트 연속 "0"인 경우) 다음식과 같이 나타낼 수 있다.

$$\begin{pmatrix} q_{j+s}(0) \\ q_{j+s}(1) \end{pmatrix} = \begin{pmatrix} 1/2^s & 0 \\ 1-1/2^s & 1 \end{pmatrix} \begin{pmatrix} q_j(0) \\ q_j(1) \end{pmatrix} \tag{29}$$

$$\begin{cases} q_{j+s}(0) = \dfrac{q_j(0)}{2^s} \leq \dfrac{1}{2^s} \\ q_{j+s}(1) = (1-\dfrac{1}{2^s})q_j(0)+q_j(1) \geq 1-\dfrac{1}{2^s} \end{cases} \tag{30}$$

그리고 $1 \leq t \leq s$에 대하여 $c_{j+t}=1$일 경우 c_{j+s}, $\cdots$, c_{j+t+1}은 불변이므로 $P(c_{j+s}=c_{j+s-1}=\cdots=c_{j+t+1}=1/c_{j+t}=1)=1$이 된다. 식 (30)에 의하여 $P(c_{j+t}=1) \geq 1-2^{-t}$이므로 다음 식이 성립된다.

$$P(c_{j+s}=c_{j+s-1}=\cdots=c_{j+t}=1) \geq 1-\frac{1}{2^t} \tag{31}$$

비슷한 방법으로 $z_{j+1}=z_{j+2}=\cdots=z_{j+s}=1$인 경우(출력이 s 비트 연속 "1"인 경우) carry 비트는 0으로 수렴한다. 즉, 모든 $t(1 \leq t \leq s)$에 대하여

$$P(c_{j+s}=c_{j+s-1}=\cdots=c_{j+t}=0) \geq 1-\frac{1}{2^t} \tag{32}$$

이 된다.

식 (31)과 (32)에 의하여 carry 비트는 "1" 또는 "0"으로 각각 편중되기 때문에 출력 z_{j+t}는 입력 $a_{j+t}+b_{j+t}$와 상관 관계를 가지며, 다음 정리에서 알 수 있듯이 입력의 다른 합과도 상관 관계를 가진다.

[정리 15] (Meier와 Staffelbach) (i) 합산 수열 발생기 출력이 $z_{j+1}=z_{j+2}=\cdots=z_{j+s}=0$ 및 $z_{j+s+1}=1$을 만족하면, $1 \leq t \leq s$ 인 임의의 t에 대하여 아래 s-t+2개의 방정식이 최소한 $1-2^{-t}$ 확률로 동시 만족한다.

$$\begin{cases} z_{j+t+1}=a_{j+t+1}+b_{j+t+1}+1=0, \\ z_{j+t+2}=a_{j+t+2}+b_{j+t+2}+1=0, \\ \qquad\cdots\cdots, \\ z_{j+s+1}=a_{j+s+1}+b_{j+s+1}+1=1, \\ z_{j+s+2}=a_{j+s+2}+b_{j+s+2}+a_{j+s+1} \end{cases} \tag{33}$$

(ii) 합산 수열 발생기 출력이 $z_{j+1} = z_{j+2} = \cdots = z_{j+s} = 1$ 및 $z_{j+s+1} = 0$을 만족하면, $1 \le t \le s$ 인 임의의 t에 대하여 아래 s-t+2개의 방정식이 최소한 $1-2^{-t}$ 확률로 동시 만족한다.

$$\begin{cases} z_{j+t+1}=a_{j+t+1}+b_{j+t+1}=1, \\ z_{j+t+2}=a_{j+t+2}+b_{j+t+2}=1, \\ \qquad\cdots\cdots, \\ z_{j+s+1}=a_{j+s+1}+b_{j+s+1}=0, \\ z_{j+s+2}=a_{j+s+2}+b_{j+s+2}+a_{j+s+1} \end{cases} \tag{34}$$

상기 정리로부터 2개의 LFSR을 갖는 합산 수열 발생기에 대한 해독 방법은 다음과 같다. 알려진 키 수열의 길이를 N, 키의 크기를 k라 할 때 s개의 연속 "0" 또는 "1"을 자세히 조사할 수 있으며, 이러한 시행이 n번 알려져 있다. 이 때 변수 t를 선택하여 각 시행에서 d=s-t+2의 방정식 블록을 얻을 수 있으며, 전체 방정식은 nd개가 된다. 만일 nd 〉 k 라 가정하면 $nd=ak$, $a \gt 1$이므로 키를 풀기 위해서는 $m = \lceil k/d \rceil \approx a^{-1}n$ 개의 정확한 방정식 블록만이 필요하다. 이러한 m개의 정확한 방정식 블록을 찾는 해독 알고리듬 [17]은 다음과 같다.

(1) n 개의 유용한 블록 가운데 m개를 임의로 선택하여 k 개의 미지수에 대한 선형 방정식을 푼다.
(2) (1)에서 얻은 모든 가능한 해가 정확한 키 수열을 만들 수 있는가 확인하여 정확한 해가 있으면 끝내고, 아니면 (1)로 간다.

상기 알고리듬의 복잡도는 전체 시행 횟수에 의해서 결정되며, 이에 대한 기대 값을 얻기 위하여 $\rho \le 2^{-t}$ 에서 각 블록이 부정확하게 되는 확률 ρ를 갖는지 관측한다. 이 때 기대되는 시행 횟수는 임의로 선택된 m개의 블록이 정확하게 되는 확률 q 의 역수가 된다. ρn 블록이 부정확할 확률을 계산하면 다음과 같다.

$$
\begin{aligned}
q \;&=\; (1-\frac{\rho n}{n})(1-\frac{\rho n}{n-1})\cdots(1-\frac{\rho n}{n-m-1}) \\
&>\; (1-\frac{\rho n}{n-m})^{m} \;=\; (1-\frac{\alpha\rho}{\alpha-1})^{m}
\end{aligned}
\tag{35}
$$

예로써, 약 200단의 2개 LFSR($k = 400$)을 갖는 합산 수열 발생기의 키 수열 이 $N = 50,000$만큼 주어진다면, 길이 s 이상이 되는 평균 run의 수는 $n \approx \dfrac{N}{2^{s}}$ 이며, $s = 7$일 때 최소 7 이상인 run의 수는 $n = \dfrac{50,000}{2^{7}} \approx 390$ 이다. $t = 4$에서 블록 길이는 $d = s - t + 2 = 5$가 되며, 블록이 부정확할 확률은 $\rho = 2^{-4} = \dfrac{1}{16}$ 이다. 키 계산을 위해 필요한 블록 수는 $m = \dfrac{k}{d} = \dfrac{400}{5} = 80$이다. $\alpha = \dfrac{n}{m} = \dfrac{390}{80} = 4.88$ 이고, $q > (1 - \dfrac{4.88}{4.88-1} \cdot \dfrac{1}{16})^{80} = 0.0014$, $q^{-1} < 699$ 이므로 이런 상황에 서 700미만의 시행이면 키를 충분히 찾을 수 있다.

2) LM 합산 수열 발생기

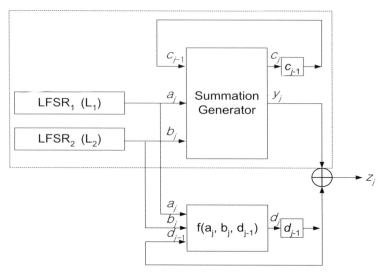

그림 5-12. LM 합산 수열 발생기 (2-bit 메모리)

합산 수열 발생기는 carry-출력간 상관 확률이 1/4로 매우 큰 상관성을 갖기 때문에 출력에 연속된 "0" 또는 "1"이 나타날 때 Meier [17]의 상관성 공격에 해독될 수 있으다. LM 합산 수열 발생기 [19] (Lee & Moon's summation generator, LM-BSG)는 2비트 메모리를 갖는 개선된 합산 수열 발생기 (improved summation generator with 2-bit memory, ISUM-BSG)로써 상관성 확률이 1/2이 되는 메모리 비트(비선형)를 추가하여 최종단에 XOR시킴으로써 Meier의 공격과 무상관 합산 키 발생기의 약점이 보완되었다.

LM-BSG는 그림 5-12와 같이 2개의 LFSR로 부터 얻은 수열 (a_j) 및 (b_j)와 과거 carry (c_{j-1}) 및 새로 추가한 메모리 (d_{j-1})를 XOR하여 비선형 함수 출력을 다음과 같이 얻는다. 여기서 y_j는 j 순간의 합산 수열 발생기 출력, (a_j)는 LFSR1 의 출력 수열, (b_j)는 LFSR2 의 출력 수열, (d_j)는 메모리 수열, $d_{-1}=0$ (메모리 초기 값), j=0, 1, 2 … 이다.

$$z_j = y_j \oplus d_{j-1}$$
$$d_j = f(a_j, b_j, d_{j-1}) = b_j \oplus (a_j \oplus b_j) d_{j-1}$$

한편, 합산 수열 발생기와 개선 발생기의 캐리-출력간 상관성 분석 결과는 표 5-3, 표 5-4와 같다. 합산 수열 발생기에서는 입-출력 상관성은 양호한 반면 캐리-출력간 상관 확률이 1/4로 편중되고 있음을 알 수 있으며, 개선된 발생기의 경우 입력 (a_j, b_j, c_{j-1} 또는 d_{j-1})과 출력 z_j 간 뿐만 아니라 각 메모리(c_j 또는 d_j)와 출력 z_j간에도 상관 확률이 1/2로 나타남에 따라 상관 관계 특성이 양호함을 알 수 있다.

[정리 16] 길이가 L_1, L_2인 두 LFSR로 구성된 LM-BSG에서 $gcd(L_1, L_2)=1$이고 초기 값이 nonnull일 경우 주기는 $P_{LM-BSG} = (2^{L_1}-1)(2^{L_2}-1)$이된다. 단, 두 LFSR이 모두 초기 값이 되는 순간 d=0를 만든다.

(증명) $j \geq 0$, 수열 a_j의 주기 P_a, 수열 b_j의 주기 P_b, 추정되는 주기 $P=lcm(P_a, P_b)$라 두면, d_j와 d_{j+P}는 다음과 같게 된다.

$$d_j = b_j \oplus (a_j \oplus b_j)d_{j-1} = b_j \oplus (a_j \oplus b_j)[b_{j-1} \oplus b_{j-2}(a_{j-1} \oplus b_{j-1}) \oplus$$
$$b_{j-3}(a_{j-2}a_{j-1} \oplus a_{j-2}b_{j-1} \oplus \ldots \oplus b_{j-2}b_{j-1}) \oplus \ldots \oplus b0(a_1 \ldots a_{j-1} \oplus$$
$$b_1 \ldots b_{j-1})],$$

$$d_{j+P} = b_{j+P} \oplus (a_{j+P} \oplus b_{j+P})[b_{j-1+P} \oplus b_{j-2+P}(a_{j-1+P} \oplus b_{j-1+P}) \oplus$$
$$b_{j-3+P}(a_{j-2+P}a_{j-1+P} \oplus a_{j-2+P}b_{j-1+P} \oplus \ldots \oplus b_{j-2+P}b_{j-1+P})$$
$$\oplus \ldots \oplus b_P(a_{1+P} \ldots a_{j-1+P} \oplus \ldots \oplus b_{1+P} \ldots b_{j-1+P}) \oplus d_P]$$

두 LFSR이 모두 초기 설정 상태일 때 $d_P=0$이며, 주기 수열의 특성상 $b_{j+P}=b_j$, $a_{j+P}=a_j$이므로 결국 $d_{j+P}=d_j$가 되며, d_{j-1}의 주기는 $P_d=P=lcm(P_a, P_b)$ 이다. y_j의 주기는 Rueppel[15,16]에 의하여 증명된 바와 같이 $P_y = lcm(P_a, P_b)$이며, 두 수열 y_j와 d_{j-1}의 XOR된 수열인 본 발생기의 전체주기는 $gcd(L_1, L_2)=1$일 경우 정리 14에 따라 $P_{LM-BSG} = lcm(P_y, P_d) = lcm(P_a, P_b) = (2^{L_1}-1)(2^{L_2}-1)$가 된다.

[정리 17] LM-BSG 발생기에서 선형 복잡도 LC_{LM-BSG}는 거의 주기에 근접하며 상한선은 주기와 같다.

표 5-3. SUM-BSG의 상관성 확률

표 3-1〉 이진 실가산 발생기 의 입. 출력 상관특 성

a_j	b_j	c_{j-1}	c_j	z_j	Correlation probability
0	0	0	0	0	* Input-output:
0	0	1	0	1	$P[a_j=z_j] = 1/2$
0	1	0	0	1	$P[b_j=z_j] = 1/2$
0	1	1	1	0	$P[c_{j-1}=z_j] = 1/2$
1	0	0	0	1	
1	0	1	1	0	* Carry-output:
1	1	0	1	0	$P[c_j=z_j] = 1/4$
1	1	1	1	1	

표 5-4. LM-BSG의 상관성 확률

a_j	b_j	c_{j-1}	d_{j-1}	c_j	y_j	d_j	z_j	Correlation probability
0	0	0	0	0	0	0	0	
0	0	0	1	0	0	0	1	* Input-output:
0	0	1	0	0	1	0	1	$P[a_j=z_j] = 1/2$
0	0	1	1	0	1	0	0	$P[b_j=z_j] = 1/2$
0	1	0	0	0	1	1	1	$P[c_{j-1}=z_j] = 1/2$
0	1	0	1	0	1	0	0	$P[d_{j-1}=z_j] = 1/2$
0	1	1	0	1	0	1	0	
0	1	1	1	1	0	0	1	
1	0	0	0	0	1	0	1	* Carry-output:
1	0	0	1	0	1	1	0	$P[c_j=z_j] = 1/2$
1	0	1	0	1	0	0	0	$P[d_j=z_j] = 1/2$
1	0	1	1	1	0	1	1	
1	1	0	0	1	0	1	0	
1	1	0	1	1	0	1	1	
1	1	1	0	1	1	1	1	
1	1	1	1	1	1	1	0	

표 5-5. LM-BSG의 주기 및 선형 복잡도 시뮬레이션 예

Stage of LFSRs		SUM-BSG		LM-BSG	
L_1	L_2	$P_{SUM-BSG}$	$LC_{SUM-BSG}$	P_{LM-BSG}	LC_{LM-BSG}
3	4	105	100	105	103
3	5	217	208	217	217
4	5	465	455	465	463

합산 수열 발생기와 LM 발생기의 짧은 단수 LFSR에 대한 주기 및 선형 복잡도 시

뮬레이션 결과는 표 5와 같다. 특히, 선형 복잡도는 Berlekamp-Massey 알고리듬 [30]으로 컴퓨터 시뮬레이션 확인 결과 거의 주기에 근사하는 값이 되며, 어떤 경우에는 주기와 동일한 값 (상한 값)이 얻어짐을 알 수 있다.

[정리 18] LM-BSG의 상관 면역도는 최고 값인 1차가 된다.

(증명) 정리 9에 따라 Walsh 변환하면 표 5-6과 같다. w=0000B와 w=1111B를 제외한 나머지 모든 w $(1 \le H(w) \le 3)$에 대하여 F(w)=0이 되기 때문에 전체 면역도는 3차이며, 메모리 2비트를 제외하면 1차가 된다.

이상의 합산 수열 발생기를 비교하면 표 5-7과 같다. 합산 수열 발생기는 carry-출력간 상관 확률이 1/4로 매우 큰 상관성을 갖기 때문

표 5-6. LM-BSG 함수의 Walsh 변환 결과

w	0	1	2	3	4	5	6	7	8	9	10	11	12	13	14	15
$F(w)$	8	0	0	0	0	0	0	0	0	0	0	0	0	0	0	-8

표 5-7. 유사 합산 수열 발생기 비교

Items	SUM-BSG	LM-BSG
Period	$P_{SUM\text{-}BSG}=(2^{L1}-1)(2^{L2}-1)$	$P_{LM\text{-}BSG}=(2^{L1}-1)(2^{L2}-1)$
Randomness	Random	Random
Linear complexity	$LC_{SUM\text{-}BSG} \fallingdotseq P_{SUM\text{-}BSG}$	$LC_{LM\text{-}BSG} \fallingdotseq P_{ISUM\text{-}BSG}$
Correlation immunity	$CI_{SUM\text{-}BSG}=1$	$CI_{LM\text{-}BSG}=1$
Correlation attack	Correlation breakable (consecutive "0" or "1" output)	Secure

에 출력에 연속된 "0" 또는 "1"이 나타날 때 상관성 공격에 해독되지만, LM 발생기는 메모리-출력 상관 확률이 1/2인 비선형 메모리를 최종단에 XOR시킴으로써 안전성이 보강되었다. 결국 LM-BSG는 주기, 선형 복잡도, 상관 면역도 및 구현 복잡도 측면에

서는 합산 수열 발생기의 수준을 유지하면서 1비트의 메모리 추가에 따라 입-출력간 및 캐리-출력간에 무상관 특성을 나타내기 때문에 상관성 공격에 안전하다.

5.5 LILI-II 스트림 암호

본 절에서는 LILI-II 암호[55]에 대한 하드웨어 병렬 구현에 대한 내용을 서술한다. LILI-II 암호는 유럽 차세대 암호 프로젝트(NESSIE)에서 동기식 스트림 암호분야에 제안된 6개 후보 중에 하나인 LILI-128[56]을 보완한 동기식 스트림 암호 알고리즘이다. LILI-II 스트림 암호에 대한 비도요소는 다음과 같다: 주기(Period), 선형복잡도(Linear Complexity), 그리고 출력함수 f_d는 균형성(balanced), 상관면역도(Correlation Immunity) 1차, 비선형도(Nonlinearity) 10차의 특징을 갖는다. LILI-II 암호는 255-비트 크기의 클럭 조절형 스트림 암호 방식이며, 이러한 형태는 동기식 논리회로 구현시 구조적으로 속도가 저하되는 단점이 있다. 이 문제를 해결하기 위하여 귀환/이동에 있어서 랜덤한 4개의 연결 경로를 갖는 4-비트 병렬 LFSRd가 개발된 바 있다.

LILI-II 암호의 구조는 그림 5-13과 같으며, 사용된 선형 귀환 이동 레지스터 (LFSR, linear feedback shift register)는 128단 LFSRc와 127단 LFSRd로 구성되어 있는데, 이 중에서 LFSRd는 LFSRc의 출력에 의하여 클럭이 통제를 받게 된다. 통제되는 클럭 수는 통상적인 경우 랜덤하게 설정된 함수에 의하여 생성된 정수 값 (1~4 범위) 만큼 LFSRd의 클럭을 이동시키며, 그 후 LFSRd의 내부 값으로부터 필터 함수를 통하여 필터 수열 (filtered sequence)을 발생하게 된다.

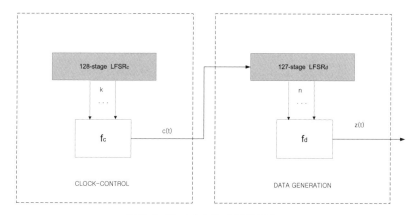

그림 5-13. LILI-II 스트림 암호

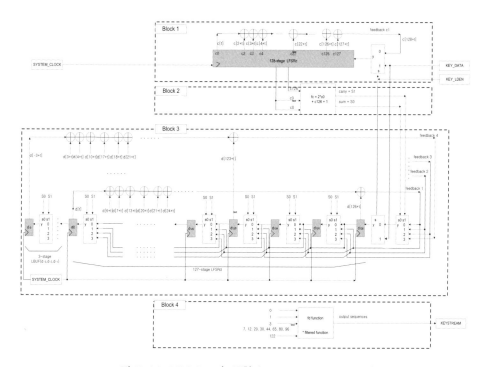

그림 5-14. LILI-II 고속 구현 (4-bit parallel LFSRd)

LILI-II 암호에서 128단 LFSRc, 127단 LFSRd의 원시다항식 (primitive polynomial)은 각각 다음과 같이 정의된다.

$$g_c(x) = x^{128} + x^{126} + x^{125} + x^{124} + x^{123} + x^{122} + x^{119} + x^{117} + x^{115} + x^{111} + x^{108} + x^{106} + x^{105}$$

$$x^{104} + x^{103} + x^{102} + x^{96} + x^{94} + x^{90} + x^{87} + x^{82} + x^{81} + x^{80} + x^{79} + x^{77} + x^{74}$$

$$x^{73} + x^{72} + x^{71} + x^{70} + x^{67} + x^{66} + x^{65} + x^{61} + x^{60} + x^{58} + x^{57} + x^{56} + x^{55}$$

$$x^{53} + x^{52} + x^{51} + x^{50} + x^{49} + x^{47} + x^{44} + x^{43} + x^{40} + x^{39} + x^{36} + x^{35} + x^{30}$$

$$x^{29} + x^{25} + x^{23} + x^{18} + x^{17} + x^{16} + x^{15} + x^{14} + x^{11} + x^{9} + x^{8} + x^{7} + x^{6} + x^{1} + 1$$

$$g_d(x) = x^{127} + x^{121} + x^{120} + x^{114} + x^{107} + x^{106} + x^{103} + x^{101} + x^{97} + x^{96} + x^{94} + x^{92} + x^{89}$$

$$x^{87} + x^{84} + x^{83} + x^{81} + x^{76} + x^{75} + x^{74} + x^{72} + x^{69} + x^{68} + x^{65} + x^{64} + x^{62}$$

$$x^{59} + x^{57} + x^{56} + x^{54} + x^{52} + x^{50} + x^{48} + x^{46} + x^{45} + x^{43} + x^{40} + x^{39} + x^{37}$$

$$x^{36} + x^{35} + x^{30} + x^{29} + x^{28} + x^{27} + x^{25} + x^{23} + x^{22} + x^{21} + x^{20} + x^{19} + x^{18}$$

$$x^{14} + x^{10} + x^{8} + x^{7} + x^{6} + x^{4} + x^{3} + x^{2} + x^{1} + 1$$

여기에서, "+" 표기는 비트별 배타(XOR) 논리를 의미한다.

LFSR의 하드웨어 구현 시에는 시스템의 안정성을 고려할 때 시스템 클럭에 맞추어 레지스터 값을 좌측 이동시키는 클럭 동기식 논리 설계 (clock- synchronous logic design) 방법이 일반적으로 많이 적용된다. 그러나 이 방법으로 LILI-II 암호를 구현함에 있어서 일반형인 LFSRc는 상기의 방법으로 쉽게 구현될 수 있지만, 클럭 조절형인 LFSRd는 1~4배의 고속 클럭이 별도로 요구된다. 또한 별도의 고속 클럭 추가문제를 해결하고자 주파수 채배기 (frequency multiplier)를 도입할 수도 있겠지만, 고속/초고속 통신에서는 클럭 간격(clock interval)에서의 시간 여유 (time margin)가 작기 때문에 적용이 어렵다.

LILI-II가 갖는 구조적인 문제 해결 방법은 그림 5-14와 같은 4-비트 병렬 입력 LFSRd의 고속화 방안이다. 그림에서 상반부에 위치한 128단 LFSRc (Block 1)는 일반적인 128단 이동 레지스터 및 귀환 비트 조합으로 구현이 가능하다. 그리고 출력 f_c 회로 (Block 2)는 LFSRd의 좌측 이동 클럭 수를 결정하는 것으로서 전가산기 (full adder)를 사용하면 쉽게 구현된다. 그러나 127단 LFSRd (Block 3)각 비트들은 $d_0, d_1, \ldots, d_{126}$으로 나타낸 레지스터에 저장된 다음 f_c값에 따라 1~4-비트씩 이전 값 (우측 레지스터)으로부터 4-1 멀티플렉서 (4-1 MUX) 회로를 통하여 입력된다. 이 부분에 대한 설계 아이디어를 "4-비트 병렬 LFSRd (4-bit parallel LFSRd)" 라고 부르며, 고속화 구현 회로의 핵심부분이다. 예를 들면, 그림에서 d_{122} 레지스터의 경우 그 이전 4개의 레지스터들 $d_{123}, d_{124}, d_{125}, d_{126}$ 중에서 랜덤하게 어느 한 입력이 선택 ($f_c = 1$일 때는 d_{123}으로부터, $f_c = 4$일 때는 d_{126} 으로부터 각각 입력)되는데 이때 선택 신호들 ($s1, s0$)은 f_c로 구현된 전가산기 출력으로부터 얻어진다. 그리고 LFSRd의 좌측에는 3-비트 LBUF가 4개의 귀환 비트 조합을 계산하기 위하여 d_0의 출력을 차례로 보관하고 있다. 4개의 귀환 비트 조합 중에서 feedback 1은 원래의 귀환 비트와 동일한 탭의 XOR 조합을, feedback 2는 feedback 1에 비하여 1-비트씩 좌측 이동된 탭의 XOR 조합을, feedback 3는 2-비트씩 좌측 이동된 탭의 XOR 조합을, feedback 4는 3-비트씩 좌측 이동된 탭의 XOR 조합을 이룬다. 마지막으로 LILI-II의 출력 수열은 그림 하단에 설정된 비선형 여과 함수 (nonlinear filter function) (Block 4)로부터 얻어지는 비트 수열이 된다.

LILI-II 스트림 암호는 클럭 조절형 스트림 암호 방식으로서 이러한 형태는 동기식 논리회로에 따른 하드웨어 구현에 있어서 속도를 떨어뜨리는 구조적인 문제점을 안고 있지만, 초고속 암호 통신을 위한 ASIC 설계 변환에서 500 Mbps ~ 8 Gbps의 출력이 가능하다고 본다.

5.6 DRAGON 워드기반 스트림 암호

Dragon 〔54〕 암호는 그림 5-15와 같이 1024-비트 비선형 귀환 레지스터 (NLFSR), F 함수, 64-비트 M 메모리로 구성되어 있다. NLFSR은 워드 단위인 32-비트로 이동하는 비선형 레지스터이며, F 함수는 그림 오른 쪽 부분에서 나타나듯이 6 워드(256 비트) 입력을 받아서 256-비트의 출력을 발생시키는 암호 함수 부분이다. 64-비트 M은 메모리로부터 64-비트 값을 읽어 들이는 과정이다. 따라서 Dragon은 1-round 블록 암호의 구조와 유사하며, 64-비트 feedback 입력과 64-비트 키 수열 출력을 발생하는 워드 기반 스트림 암호이다. 현재 국제 암호 공모전인 ECRYPT에서 eSTREAM 분야의 소프트웨어 분야에서 1라운드 공개경쟁, 2라운드 공개경쟁을 거쳐 3라운드 후보에 제안된 바 있다.

1) 구현 방법

위드 기반 스트림 암호로 최근에 제안된 Dragon 암호에 대한 고속 구현 환경은 다음과 같다. 사용언어는 하드웨어 언어인 VHDL, 디자인 소프트웨어는 Verilog 사의 NC-Verilog, 사용 공정은 하이닉스 0.25 μm standard cell 공정을 적용하였다. 이러한 설계환경에서 위드기반 스트림암호(Word-Based Stream Cipher)인 WBSC-Dragon 암호를 그림 5-16, 5-17, 5-18과 같이 구현할 수 있다.

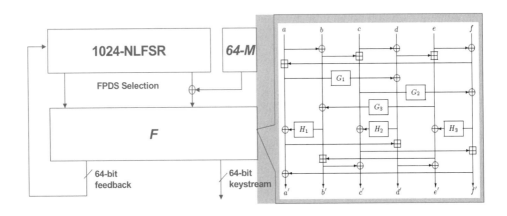

그림 5-15. Dragon 암호

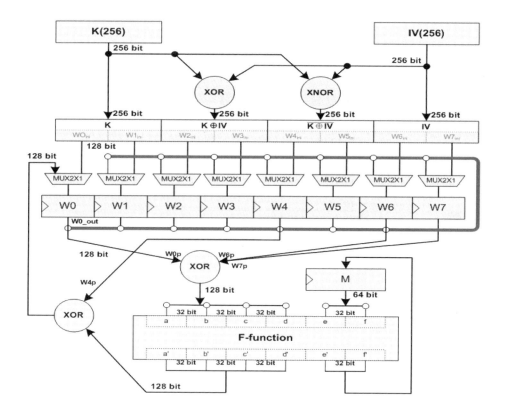

그림 5-16. 키 초기화(Key initialization) 과정 구현 방법

$$G_1(x) = S_1(x_0) \oplus S_1(x_1) \oplus S_1(x_2) \oplus S_2(x_3)$$

$$G_2(x) = S_1(x_0) \oplus S_1(x_1) \oplus S_2(x_2) \oplus S_1(x_3)$$

$$G_3(x) = S_1(x_0) \oplus S_2(x_1) \oplus S_1(x_2) \oplus S_1(x_3)$$

$$H_1(x) = S_2(x_0) \oplus S_2(x_1) \oplus S_2(x_2) \oplus S_1(x_3)$$

$$H_2(x) = S_2(x_0) \oplus S_2(x_1) \oplus S_1(x_2) \oplus S_2(x_3)$$

$$H_3(x) = S_2(x_0) \oplus S_1(x_1) \oplus S_2(x_2) \oplus S_2(x_3)$$

```
Input = { a, b, c, d, e, f }
Pre-mixing Layer:
  1. b = b ⊕ a;        d = d ⊕ c;        f = f ⊕ e;
  2. c = c ⊞ b;        e = e ⊞ d;        a = a ⊞ f;
S-box Layer:
  3. d = d ⊕ G₁(a);    f = f ⊕ G₂(c);    b = b ⊕ G₃(e);
  4. a = a ⊕ H₁(b);    c = c ⊕ H₂(d);    e = e ⊕ H₃(f);
Post-mixing Layer:
  5. d' = d ⊞ a;       f' = f ⊞ c;       b' = b ⊞ e;
  6. c' = c ⊕ b;       e' = e ⊕ d;       a' = a ⊕ f;
Output = { a', b', c', d', e', f' }
```

그림 5-17. F 함수의 구성

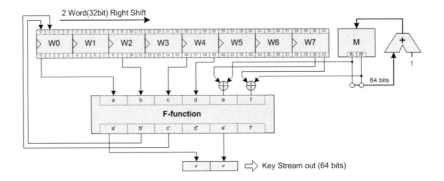

그림 5-18. 키 생성 (Key Stream Generation) 과정 구현 방법

표 5-8. Dragon 구현 결과

		Worst case	Typical case	Best case
Area (gate size)	memory	287,600	287,600	287,544
	comb.	8,126	8,068	8,219
	total	295,726	295,688	295,763
Critica Path delay(ns)		14.36	10.26	6.72
Throughput		4.4 Gbps	6.2 Gbps	9.5 Gbps
Parallel-Throughput(N=8)		35.2 Gbps	49.6 Gbps	76 Gbps

※ 주1) comb. : Combinational logic

　주2) Best/Typical/Worst case : 합성 라이브러리 환경 조건

　주3) Throughput〔bps〕≒ (출력 키 크기) × Speed

구현 환경, 구현 세부사항 및 결과는 다음과 같이 정리된다.

(1) 구현 환경

- 사용 언어 : Verilog HDL
- Simulation : NC-Verilog (Verilog XL) (Cadence 사)
- Synthesis : Design compiler (Synopsys 사)
- 사용 공정 : Hynix 0.25 μm Standard Cell 공정

(2) 구현 세부 사항

- 전체 알고리즘 중 F 함수가 대부분의 면적과 critical path delay를 차지하므로 F 함수를 구현 합성한 결과를 제시함
- F 함수 sbox는 고속 액세스가 가능한 SRAM 메모리(compiled SRAM)를 적용함
- sbox 하나당 256X32 비트(1KB)의 SRAM을 사용함
- 총 24개의 s-box를 위해 24KB의 SRAM을 사용함

상기의 환경에서의 구현 결과는 표 5-8과 같다. 표에서 알 수 있듯이, S-box를 위한 메모리 로직이 267,000 게이트가 필요하며, 일반 논리 로직은 8,000 게이트 수준으로 아주 낮은 Area임을 알 수 있다. 또한 Dragon 발생기 출력 throughput은 최소 4.4 Gbps ～ 9.5 Gbps가 가능함이 확인되었다. 물론 이러한 속도는 참고문헌 〔55〕에서 제시한 병렬형 스트림 암호 기법이 적용되지 않은 경우이며, 이를 적용할 경우, 예를 들어 N=8 일 때 전송 속도는 35.2 Gbps ～ 76 Gbps가 가능해질 수 있다.

참고문헌

〔1〕 H. C. A. van Tilborg, *Fundamentals of Cryptology*, KLUWER ACADEMIC PUBLISHERS, Boston, etc., 2000.

〔2〕 H. J. Beker and F. C. Piper, *Cipher systems: The Protection of Communications*, Northwood Books, London, 1982.

〔3〕 B. Schneier, *Applied Cryptography : Protocols, Algorithms, and Source Code in C (2nd Ed.)*, John Wiley & Sons, Inc., New York, USA, 1996.

〔4〕 Memezes, V. Oorschot and Vanstone, *Handbook of Applied Cryptography*, CRC Press LLC, 1997.

〔5〕 W. Stallings, *Cryptography and Network Security (2nd Ed.)*, Prentice Hall, 1999.

〔6〕 박승안, *GF(2) 위의 고차다항식 및 Binary Sequence에 관한 수학적연구*, 연구보고서, 한국전자통신연구소, 1986.

〔7〕 C. E. Shannon, "Communication Theory of Secrecy Systems," *Bell Syst. Tech. J.*, vol. 28, pp. 656-715, Oct. 1949.

〔8〕 National Bureau of Standards : Data Encryption Standard, *Federal Information Processing Standard-46* , pp. 1-18, 1977.

〔9〕 SEED cipher, *http://www.kisa.or.kr*.

〔10〕 A. Shimizu and S. Miyaguchi, "Fast Data Encipherment Algorithm FEAL," *Advances in Cryptology, Proceedings of EUROCRYPT'87*, pp. 267-278, 1987.

〔11〕 W. Diffie and M. E. Hellman, "New Directions in Cryptography," *IEEE Trans. on Infor. Theory*, Vol. IT-22, No. 6, pp. 644-654,

Nov. 1976.

[12] R. Revest, A. Shamir, and L. Adleman, "A Method for Obtaining Digital Signatures and Public-Key Cryptosystems," *CACM*, Vol. 21, No. 2, pp. 120-126, Feb. 1978.

[13] P. R. Geffe, "How to Protect Data with Ciphers that are really hard to Break," *Electronics*, pp. 99-101, Jan. 1973.

[14] T. Siegenthaler, "Decrypting a Class of Stream Ciphers Using Ciphertext Only," *IEEE Trans. on Computer*, Vol. C-34, N0. 1, pp. 81-85, Jan. 1985.

[15] R. A. Rueppel, "Correlation Immunity and the Summation Generator," *Advances in Cryptology, Proceedings of CRYPTO'85*, pp. 260-272, 1985.

[16] R. A. Rueppel, *Analysis and Design of Stream Ciphers*, Springer-Verlag, 1986.

[17] W. Meier and O. Staffelbach, "Correlation Properties of Combiners with Memory in Stream Ciphers," *Journal of Cryptology*, Vol. 5, pp. 67-86, 1992.

[18] E. Dawson, "Cryptanalysis of Summation Generator," *Advances in Cryptology-AUSCRYPT'92, LNCS*, Springer-Verlag, pp. 209-215, 1993.

[19] Hoonjae Lee, Sangjae Moon, "On An Improved Summation Generator with 2-Bit Memory," Signal Processing(Switzerland), Vol. 80, No.1. pp.211-217, Jan. 2000.

[20] 이훈재, 문상재 "고속 안전 통신을 위한 병렬형 스트림 암호," 한국통신학회논문지 2001년 3월호.

[21] J. D. Golic, "The Number of Output Sequences of a Binary Sequence Generator," *LNCS 547, Advances in Cryptology -EUROCRYPT'91*, pp. 160-167, 1991.

[22] E. Dawson and L. Nielsen, "Automated Cryptanalysis of XOR Plaintext Strings," *Cryptologia*, Vol. XX, No. 2, pp. 165-181, Apr. 1996.

[23] 이훈재, 문상재, "다수열 출력 이진 수열 발생기," 한국정보보호학회 논문지, 제7권, 제3호, pp.11-22, 1997년 9월.

[24] CCITT Recommendation: 'Physical/Electrical Characteristics of Hierarchical Digital Interface', *CCITT red book*, Vol. III, Rec. G. 703, 1985.

[25] Hoonjae Lee, Bongjoo Park, Byunghwa Chang and Sangjae Moon, "A Zero Suppression Algorithm for Synchronous Stream Cipher," Applied Signal Processing(London) Vol. 6, No.4, pp. 240-243, 1998.

[26] 이훈재, "링크 암호에 적합한 개선된 동기식 스트림 암호 시스템," 경북대학교 박사학위논문, 1997년 12월.

[27] 문상재, 이필중, "키 분배 프로토콜의 제안," 제2회 정보보호와 암호에 관한 워크샵 논문집-WISC'90, pp. 117-124, 1990.

[28] T. Siegenthaler, "Correlation-Immunity of Nonlonear Combining Functions for Cryptographic Applications," *IEEE Trans. on Infor. Theory*, Vol. IT-30, No. 5, pp. 776-780, Sep. 1984.

[29] M. Kimberley, "Comparison of Two Statistical Tests for Keystream Sequences," *Electronics Letters*, Vol. 23, No. 8, pp. 365-366, Apr. 1987.

[30] J. L. Massey, "Shift-Register Synthesis and BCH Decoding," *IEEE*

Trans. on Infor. Theory, Vol. IT-15, No. 1, pp. 122-127, Jan. 1969.

[31] R. A. Rueppel and O. J. Stafflebach, "Products of Linear Recurring Sequences with Maximum Complexity," *IEEE Trans. on Infor. Theory*, Vol. IT-33, No. 1, pp. 124-131, Jan. 1987.

[32] J. D. Golic, "On the Linear Complexity of Functions of Periodic GF(q)" Sequences," *IEEE Trans. on Infor. Theory*, Vol. 35, No. 1, pp. 69-75, Jan. 1989.

[33] T. Siegenthaler, "Design of Combiners to Prevent Divide and Conquer Attacks," *Advances in Cryptology, Proceedings of CRYPTO'85*, pp. 273-279, 1985.

[34] W. Meier and O. Staffelbach, "Fast Correlation Attacks on Stream Ciphers," *Journal of Cryptology*, Vol. 1, pp. 159-176, 1989.

[35] X. G. Zhen and J. L. Massey, "A Spectral Characterization of Correlation - Immune Combining Functions," *IEEE Trans. on Infor. Theory*, Vol.34, No. 3, May 1988.

[36] J. Bruer, "On Nonlinear Combinations of Linear Shift Register Sequences," *International Report LiTH-ISY-I-0572*, 1983.

[37] M. D. Maclaren, G. Marsagilia, "Uniform Random Number Generators," *JACM*, Vol. 17, No. 1, pp. 83-89, Jan. 1965.

[38] C. T. Retter, "A Key-Search Attack on Maclaren-Marsaglia Systems," *Cryptologia*, Vol. 9, No.2, pp. 114-130, Apr. 1985.

[39] J. D. Golic, "On a Binary Sequence Generator," *EUROCRYPT'89 rump session*, 1989.

[40] J. D. Golic, M. M. Mihajevic, "Minimal Linear Equivalent Analysis of a Variable-Memory Binary Sequence Generator," *IEEE Trans. on*

Infor. Theory, Vol. IT-36, pp. 190-192, Jan. 1990.

[41] D. Gollmann, "Clock-Controlled Shift Registers : A Review," *IEEE Journal on Selected Area in Comm.*, Vol. 7, No. 4, pp. 525-533, May 1989.

[42] R. Vogel, "On the Linear Complexity of Cascaded Sequences," *Advances in Cryptology: Preceedings of EUROCRYPT'84, LNCS*, Springer-Verlag, 1985, Vol. 209, pp. 99-109.

[43] W. G. Chambers and S. M. Jennings, "Linear Equivalence of Certain BRM Shift Register Sequences," *Electron. Lett.*, Vol. 20, pp. 1018-1019, 1984.

[44] D. Gollmann, "Pseudo-Random Properties of Cascaed Connections of Clock-Controlled Shift Registers," *Advances in Cryptology: Preceedings of EUROCRYPT'84, LNCS*, Springer-Verlag, 1985, Vol. 209, pp. 93-98.

[45] D. E. Dodds, L. R. Button and S. Pan, "Robust Frame Synchronization for Noisy PCM Systems," *IEEE Trans. on Comm.*, Vol. COM-33, No. 5, pp. 465-469, May 1985.

[46] R. Maruta, "A Simple Firmware Realization of PCM Framing Systems," *IEEE Trans. on Comm.*, Vol. COM-28, No. 8, pp. 1228-1223, Aug. 1980.

[47] B. Park, H. Choi, T. Chang and K. Kang, "Period of Sequences of Primitive Polynomials," *Electronics Letters*, Vol. 29, No. 4, pp. 390-391, Feb. 1993.

[48] J. Daemen, R. Govaerts and J. Vandewalle, "Resynchronization Weaknesses in Synchronous Stream Ciphers", *Advances in*

Cryptology – Eurocrypto'93, LNCS 765, Springer-Verlag, pp. 159-167, 1994.

[49] R. C. Dixon, *Spread Spectrum Systems*, Wiley, New York, 1976.

[50] H. J. Beker and F. C. Piper, *Secure Speech Communications*, Academic Press, London, 1985.

[51] S.B. Xu, D.K. He, and X.M. Wang, "An Implemenatation of the GSM General Data Encryption Algorithm A5," CHINACRYPT'94, China, 11-15 Nov. 1994, pp. 287-291.

[52] R.L. Rivest, "The RC4 Encryption Algorithm," RSA Data Security, Mar. 1992.

[53] https://www.cosic.esat.kuleuven.ac.be/nessie/

[54] Kevin Chen, M. Henrickson, W.Millan, J. Fuller, A. Simpson, Ed Dawson, Hoonjae Lee, Sangjae Moon, "Dragon: A Fast Word Based Stream Cipher," LNCS (ICISC'2004).

[55] HoonJae Lee and SangJae Moon, "Parallel Stream Cipher for Secure High-Speed Communications." Signal Processing, Vol 82, No. 2, pp.137-143, Feb. 2002.

[56] A. Clark, E. Dawson, J. Fuller, J. Golic, Hoon-Jae Lee, W. Millan, Sang-Jae Moon, L. Simpson, "The LILI-II Keystream Generator," LNCS 2384, ACISP'2002, pp.25-39, Jul. 2002.

[57] L. Simpson, E. Dawson, J. Dj. Golic and W. Millan, "LILI Keystream Generator," Proceedings of the Seventh Annual Workshop on Selected Areas in Cryptology SAC'2000 to appear in Springer-Verlag LNCS, 2000.

6장 : 블록 암호

여기에서는 대칭키 암호 알고리즘(Symmetric-key cipher)중에서 블록 암호에 대하여 다룬다.

6.1 암호 개요

암호(cryptology)는 국가 안보 차원에서 보호를 받으면서 인류 역사와 더불어 정치·외교·군사 목적으로 발전해왔다. 금 세기들어 통신과 컴퓨터가 발달하면서 암호 기술도 빠른 속도로 발달하고 있으며, 전자 화폐를 포함한 전자 상거래 시대의 개막이 임박하면서 암호가 우리 실생활에 큰 영향을 미치게 되었다. 즉, 고도화된 정보화 사회에서 각종 인증 문제(데이터 무결성, 사용자 인증, 사용 장비 인증 등)나 안전성 문제(프라이버시)를 해결해 줄 수 있는 믿을 만한 기술이 바로 암호 기술이라고 할 수 있다. 정부 차원에서는 5대 기간 전산망(행정망, 금융망, 교육 연구망, 국방망, 공안망), 초고속 정보 통신망, 무궁화호 위성 통신망의 구축에 따라 통신의 안전성(security)이 다각도로 요구되며, 기업이나 민간에서도 인터넷이나 컴퓨터 통신을 통한 중요 정보의 보호가 심각한 문제로 대두되고 있다. 이러한 정보 보호를 위해서 실질적으로 필요한 것이 암호 기법(cryptography)이라 할 수 있다..

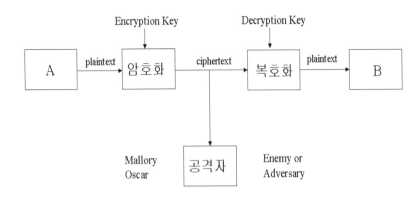

그림 6-1. 암호 기법의 필요성

그림 6-1에서와 같이, 암호화(encipher, encryption)란 누구나 알고 있는 정보인 평문(plaintext, message)을 허용된 사람(특정인) 이외에는 알아볼 수 없는 형태의 신호인 암호문(ciphertext, cryptogram)으로 바꾸어주는 변환 과정을 말한다. 반대로 복호화(decipher, decryption)란 허용된 사람만이 암호문으로부터 평문을 찾아낼 수 있는 역변환 과정이다. 암호 공격(attack) 또는 암호 해독(cryptanalysis)은 비인가 된 사람이 암호문을 도청하고 평문을 유추하여 프라이버시를 침해하려는 수동적 공격 (passive eavesdropping)과 도청을 통해 절단·삽입·대체 등으로 내용을 바꾸거나 발신자를 실제의 발신자가 아닌 것처럼 속이려는 능동적인 공격(active eavesdropping) 이 있다. 암호화는 보통 특정인 외에 암호 해독자가 해독할 수 없도록 방법을 비밀로 하거나 암호화 방법은 공개하고 키(key)를 비밀로 보관한다.

현대 암호는 1949년 발표된 Shannon의 논문 "Communication Theory of Secrecy Systems"에 기원하며, 방식에 따라 대칭 키 암호(비밀키 암호)인 블록 암 호, 스트림 암호와 공개키 암호(비대칭키 암호)로 분류된다. 대칭키 암호는 미국 표준 암호인 DES(data encryption standard), 키 위탁 방식의 Skipjack, 새로운 표준 인 AES(advanced encryption standard), 일본의 FEAL(fast encryption algorithm), 한국의 SEED, ARIA, 국제 표준을 위한 스위스의 IDEA(international data encryption algorithm), 그리고 RC-5 등으로 대표되는 블록 암호(block cipher)와 군사용으로 많이 적용되고 있는 동기 방식 또는 자체 동기 방식의 스트림 암 호(stream cipher)를 들 수 있다. 그리고 공개키 암호는 "New Directions in

Cryptography"라는 논문에 근거한 D-H(Diffie-Hellman) 암호와 RSA(Revest, Shamir and Adleman) 암호, LUC 암호, 타원곡선 암호 등을 들 수 있다.

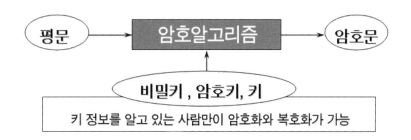

그림 6-2. 암호 알고리즘

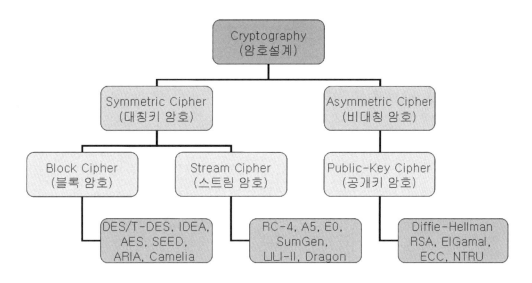

그림 6-3. 암호의 분류

암호의 응용 분야로는 신분 인증(authentication), 디지털 서명(digital signature), 전자 지갑(digital cash), 전자 우편(electronic mail), 전자 선거(digital vote), 전자 상거래 등이 있다. 암호 구현에 있어서 키 분배 등 인증 기능이 요구되는 경우 공개키 암호가 적용되지만, 데이터 암복호화 등 고속 처리가 요구되는 응용에는 스트림 암호나 블록 암호가 많이 쓰인다. 블록 암호는 소프트웨어 구현이 용이하지만 채널 에러

시 수신단에서 블록 크기만큼 에러가 확산되어 채널 효율(channel efficiency)이 떨어지며, 비도 수준에 대한 정량화가 불가능하다. 반면 스트림 암호는 에러 확산이 없고, 비도 수준에 대한 정량화가 가능하며, 하드웨어 구현이 용이하고, 통신 지연이 없으며, 고속 통신이 가능한 것 등의 잇점으로 인해서 전송로 구간의 링크 암호에 많이 적용된다.

6.2 암호 기술수준

암호학은 원래 군사, 외교, 국가 보안 등의 특수 분야에 사용되었기 때문에 비공개로 연구되어져 왔으나, 1976년 미국에서 DES (Data Encryption Standard)라는 대칭키 암호 시스템의 표준 알고리즘을 제정하여 널리 사용하게 되고 Diffie와 Hellman에 의해 공개키 암호 시스템의 개념이 제안되면서 학계에서도 연구가 확산되는 계기가 되었다. 공개키 암호 시스템은 네트웍 환경에서 키 관리의 문제를 손쉽게 해결하고 사용자 및 메시지 인증, 전자서명, 부인방지 등의 다양한 기능을 제공할 수 있기 때문에 현재의 정보보안 시스템에서 핵심기술로 이용되고 있다.

암호학의 연구분야는 정수론, 군론, 복잡도 이론, 타원곡선 등 수학에 이론적 기초를 두고 있으며, 대칭키 암호 및 공개키 암호 시스템, 전자서명, 해쉬함수, 타원곡선 암호, 프로토콜, 암호해독 등의 기반 분야와 전자상거래, 인증 기술, 이동통신 보안, 네트웍 보안, 인터넷 보안 등의 응용 분야로 나눠볼 수 있다. 현재 국제적으로는 Crypto, Eurocrypt, Asiacrypt 등의 많은 학술대회를 통해 경쟁적인 연구개발이 이루어지고 있다. 암호학은 분야의 특성상 새로운 암호시스템이 제안되기도 하고 또한 기존의 시스템이 해독되어 못쓰게 되기도 하는 등 매우 다이나믹한 특성을 갖고 있는데 국제학술대회에서는 이러한 열기를 느낄 수 있다. 최근 미국에서는 기존의 DES 알고리즘을 대체하기 위한 다음세대의 표준 암호 알고리즘으로 AES(Advanced Encryption Standard)가 채택되었다(관련 사이트, http://www.nist.gov/aes). 국내에서도 연구저변이 충분히 넓지는 않지만 많은 연구개발이 이루어지고 있고 연구저변이 빠르게 확대되는 추세에 있다. 최근에는 SEED와 ARIA라는 대칭키 암호의 표준안이 개발되어 국가 표준화 과정을 거치고 있고, HAS-160의 해쉬함수 표준안, KCDSA의 서명알고리즘 표준화 작업 등이 추진된 바가 있다. 특히, 국내에서는 "전자서명법"과 "전자거래기본법"이 제정되어 1999년 7월 1일부터 시행 중에 있다.

대칭키 암호알고리즘은 블록 암호알고리즘과 스트림 암호알고리즘으로 나누어 볼 수 있으며, 블록 암호알고리즘 중 미국의 FIPS PUB 46-2(DES, Data Encryption Standard)가 1977년 이후 가장 널리 통용되고 있다. 그러나 1998년을 기점으로 DES는 표준 기한이 만료되므로, NIST에서는 향후 정부와 상업계에서 사용할 수 있는 강한 암호화알고리즘 표준으로 AES (Advanced Encryption Standard)를 개발하였다. AES로 제안된 알고리즘은 3중-DES보다 더 효율적이고, 더 안전해야 한다(키 크기 : 128, 192, 256비트, 블록크기 : 128(64, 256 등)비트)는 설계기준이 제시되었다. 또한 로얄티가 없어야 하며, 공개적으로 정의되고 평가되었다.

표 6-1. 블록암호알고리즘

알고리즘	버전	제작자	블록크기	키길이	라운드 수	비고
DES	'77	IBM/NSA	64	56	16	
3-DES	'77	Diffie, Hellman	64	168	48	
FEAL-N	'87~'90	Miyaguchi	64	128	N	
RC2	'89	Rivest	64	8~1024	18	
IDEA	'91	Lai, Massey, Murphy	64	128	8,5	
LOKI	'91	Brown, Pieprzyk, Seberry	64	64	16	
Blowfish	'93	Schneier	64	32~448	16	
SAFER	K('93)	Massey	64	64,128	6,10	
	SK('95)	Massey, Knudsen	64	40,64,128	8,10	
RC5	32/12/k ('94)	Rivest	64	8s, s<256	12	
	64/16/16 ('94)	Rivest	128	8s, s<256	16	
SEED	'99	KISA	128	128	16	Korea
AES	'2000.8	NIST	128	128/192/256	11/13/15	USA
ARIA	'2003.9	NSRI	128	128/192/256	12/14/16	Korea

　　국내에서 개발된 SEED 알고리즘의 전체 구조는 Feistel 구조로 이루어져 있으며, 128비트의 평문 블록단위당 128비트 키로부터 생성된 16개의 64비트 라운드 키를 입력으로 사용하여 총 16라운드를 거쳐 128비트 암호문 블록을 출력한다. SEED 암호는 국가정보원 주관으로 정보보호연구진흥원(KISA)와 한국전자통신연구원(ETRI)의 연구인력이 주축이 되어 개발되었으며, 설계와 1,2차에 걸친 공개적인 공청회를 검증을 거쳐 표준으로 확정된 바 있다. 현재 국내에서는 128비트 블록암호알고리즘(SEED, TTA.KO-12.0004, '99년), 표준해쉬알고리즘(HAS-160, TTA.IS-10118, '98년) 및 표준 전자서명알고리즘(KCDSA, TTT.KO-12-0001, '98년)등을 이미 개발 완료하여 표준으로 확정함으로서 다양한 암호서비스 제공의 일차적 기초 요소기술을 확보한

상태이며, 이러한 암호기술이 안전하고 효율적으로 제공하기 위하여 암호키 관리기반구조(CKI, cryptographic key infrastructure) 및 공개키 기반구조(PKI, public key infrastructure) 구축이 적용중에 있다.

6.3 블록 암호 알고리즘

n비트 블록암호알고리즘이란 기밀성을 제공하는 암호시스템의 중요 요소로 고정된(n비트) 평문을 같은 길이의 암호문으로 바꾸는 함수를 말한다. 이러한 변형 과정에 암호키(비밀키)가 작용하여 암호화와 복호화를 수행한다.

'77년 미국에서 DES(Data Encryption Standard, FIPS 46 -2)를 개발·표준으로 제정한 이후, 국방 및 외교분야에 국한되어 사용되어오던 암호기술의 민간 사용이 급증하였고, 이를 채용한 다양한 암호제품들이 시판되었다. 그러나 DES는 짧은 키길이(저비도 암호)로 말미암아 발표 초기부터 논란이 있어왔고, 최근 RSA사 주최 DESCHALL III에서 22시간 15분만에 전수조사 공격으로 해독되었다(' 99년 1월 18일).

이후 미국은 DES를 대체하기 위한 차기 표준 암호 알고리즘(AES;Advanced Encryption Standard) 개발하였으며, AES에는 세계 15개 그룹의 암호전문가들이 개발한 후보알고리즘이 제안된 바 있다.

한편, IPsec을 위한 알고리즘, SSL 적용 알고리즘, 그리고 SET 적용 알고리즘을 표 6-2와 같이 요약할 수 있다.

표 6-2. IPsec, SSL 및 SET 적용 알고리즘에 대한 보안특성

IPsec		SSL		SET*
기밀성 알고리즘	인증 알고리즘	Handshake 프로토콜	Record 프로토콜	암호/인증 알고리즘
DES (Triple-DES, RC5, IDEA, Blowfish, CAST-128)	HMAC-MD5, HMAC-SHA-1	1) Key 설정: Diffie-Hellman, RSA, Fortezza 2) Certificate: RSA, DSS, Fortezza	1) Encryption: RC2, RC4, DES, Triple-DES, IDEA, Fortezza 2) MAC: MD5, SHA-1	1) Encryption: DES, CDMF, RSA 2) Hash: SHA-1, HMAC-SHA-1 3) Digital Sig: RSA

* PKCS#7 "Cryptographic Message Syntax Standard"

표 6-3. 최신 암호 알고리즘

기존 알고리즘		회신 암호 알고리즘	
기밀성 알고리즘	인증 알고리즘	기밀성 알고리즘	인증 알고리즘
DES	−	1) Block cipher: ARIA, SEED, AES, Camelia, IDEA 2) Stream cipher: MUGI, CCLM, DRAGON, LILI-II	1) 인증 알고리즘: KCDSA&SHA-160, RSA & MD5, DSA & SHA-1, 2) 개인인증장치: 스마트카드, USB Keytoken (PKI 공인인증서)

표 6-4. 최신 암호 알고리즘을 위한 보안 파라미터

Parameters	DES	T-DES	IDEA	ARIA	SEED	AES
Block size	64	64	64	128	128	128
Key size	56	112	128	128/192/256	128	128/192/256
# rounds	16	16 x 3	8	12/14/16	16	10/12/14
Roundkey size	48x16	48x16,3	16x52	128x13/ 128x15/ 128x17	32x2x16	128x11/ 128x13/ 128x15
S-BOX	6x4, 8	6x4, 8	16-bit MA	8x8, 2	8x8, 4 8x32, 4	8x8
Key Space	2^{56}	2^{112}	2^{128}	$2^{128\sim256}$	2^{128}	$2^{128\sim256}$
Proper CPU	8-bit	8-bit	16-bit	32-bit	32-bit	32-bit
Year	1975-77	1979	1990-92	2003	1997	2000-01
Country	USA	USA	Switzerland	KOREA	KOREA	USA
Standard	FIPS-46	-	-	-	TTAS.KO -12.0004	FIPS-197

최신 블록 암호 알고리즘으로 ARIA 알고리즘, 국내 표준 암호 SEED 알고리즘, IDEA 암호 알고리즘, 미국 FIPS-197 표준 암호 AES 알고리즘, 그리고 Camelia 알고리즘 등이 응용 가능하며, 이들 알고리즘에 대한 키 크기, 블록 크기 등 보안 특성을 표 6-4에 나타내었다.

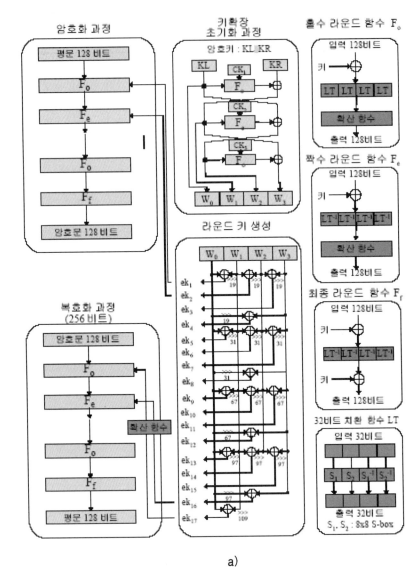

a)

그림 6-4. ARIA 암.복호화 과정[39](계속됨)

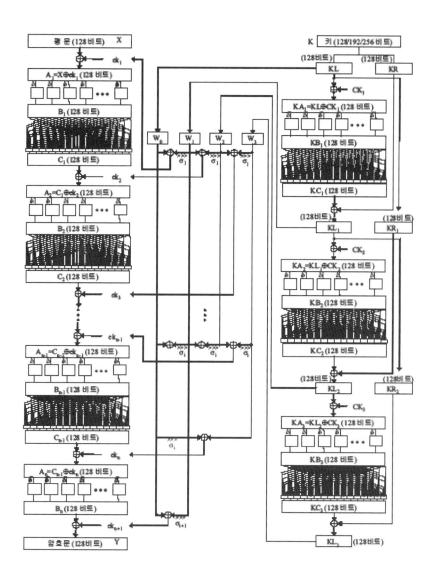

b)

그림 6-4. ARIA 암.복호화 과정[39](계속)

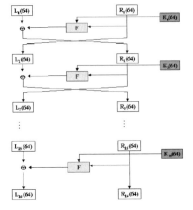

- DES-like structure

- The size of input/output bit is fixed 128-bit

- The size of key bit is fixed 128-bit

- Four 8*8 S-boxes

- Fixed xor & modular addition operations

- The number of rounds is fixed 16

a) 블록 다이어그램

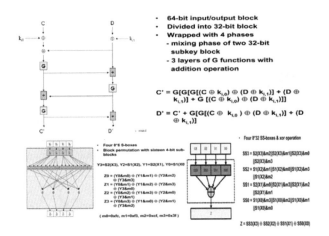

- 64-bit input/output block
- Divided into 32-bit block
- Wrapped with 4 phases
  - mixing phase of two 32-bit subkey block
  - 3 layers of G functions with addition operation

C' = G[G[G[((C ⊕ $k_{i,0}$) ⊕ (D ⊕ $k_{i,1}$)] + (D ⊕ $k_{i,1}$)] + G [((C ⊕ $k_{i,0}$) ⊕ (D ⊕ $k_{i,1}$))]]

D' = C' + G[G[G[((C ⊕ $k_{i,0}$) ⊕ (D ⊕ $k_{i,1}$)] + (D ⊕ $k_{i,1}$)]

b) F 함수 내부구조

그림 6-5. SEED 알고리즘

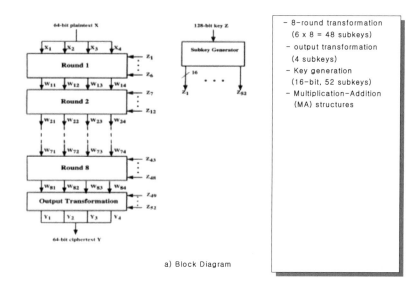

- 8-round transformation
  (6 x 8 = 48 subkeys)
- output transformation
  (4 subkeys)
- Key generation
  (16-bit, 52 subkeys)
- Multiplication-Addition
  (MA) structures

a) Block Diagram

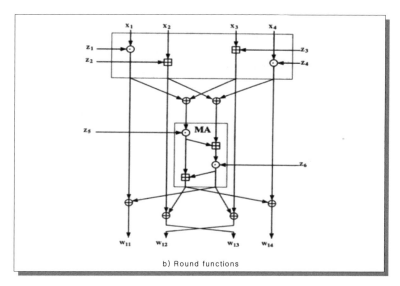

b) Round functions

그림 6-6. IDEA 알고리즘

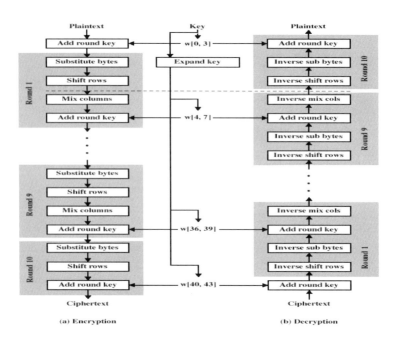

(a) Encryption   (b) Decryption

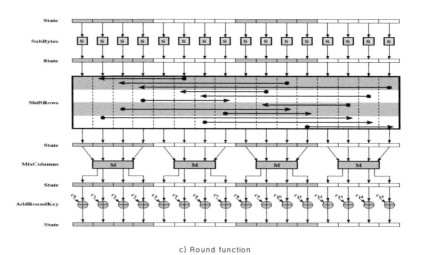

c) Round function

그림 6-7. AES 암호 알고리즘〔출처:NIST homepage〕

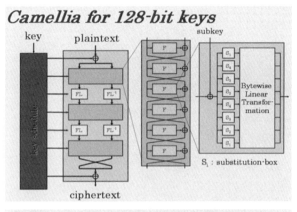

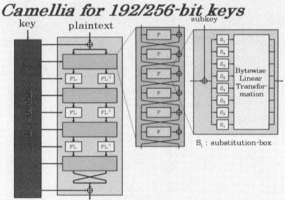

a) 블록 구성도(128/192/256 비트)

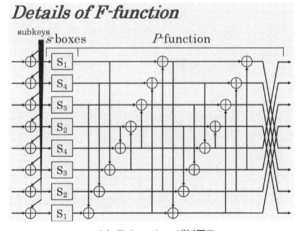

b) F-function 내부구조

그림 6-8. Camelia 암호 알고리즘

7장 : 공개키 암호 알고리즘

여기에서는 공개키 암호 알고리즘(Publid-key cipher)에 대하여 다룬다.

7.1 개요

비대칭 키 암호는 일명 공개 키 암호라고 하는데 여기서는 대칭 키 암호화에서와는 달리 통신자마다 공개 키 P와 자신만이 아는 비밀 키 S를 가지고 데이터를 암호화하나, 암호화 처리속도가 느려 많은 데이터를 실시간 처리하는데 적합하지 않다. 그러나 키 관리가 경제적이며   다음 설명에서 알 수 있듯이 간단한 방법에 의해 가입자 A와 가입자 B간의 인증기능을 갖는다. 따라서 일반적인 암호시스템은 비대칭 키 암호로 세션(session) 키를 분배 설정하고, 이 세션 키로 처리속도가 빠른 대칭 암호로 정보 데이타를 암호화한다.

비대칭 키 암호로 인증기능을 수행하는 과정은 다음과 같다. 예로써 가입자 A는 (eA,dA)를 갖는다. 여기서 eA는 모든 가입자에게 공개되는 키 P에 해당되며, A에게 보낼 정보 데이타 암호화에 사용된다. 그리고 dA는 A만이 아는 비밀 키 S에 해당되고 복호시에 사용될 수 있다. eA와 dA는 채택되는 비대칭 키 암호화에 따라 만족되어야 할 특정한 관계식에 의해서 생성된다. 여기서 공개 키들을 믿고 사용할 수 있도록 보전성을 유지하는 장치가 요구된다. 가입자 A는 임의의 정보 M 에 대하여

$$D_{dA}(E_{eA}(M)) \ = \ E_{eA}(D_{dA}(M)) \ = \ M \qquad (9.1)$$

를 만족하는 암호키 eA와 복호키 dA를 가지고 있다고 가정한다. B도 같은 성질의

암호키 eB와 복호키 dB를 가지고 있다고 가정한다. 공개 키 암호법은 eA와 eB를 공용하기 위하여 공개시키고, 복호 키 dA와 dB는 해당되는 본인들만 사용할 수 있도록 비밀로 한다. A가 B를 확인하고자 할 때는, A는 랜덤비트열 X를 발생시켜 공개된 B의 암호키 eB로 EeB(X)시켜 B에게 보낸다. B는 이를 복호시켜 X를 얻는다. 즉, DdB(EeB(X)) = X. 여기서 B가 아닌 제 삼자의 경우는 dB를 알지 못하므로 X를 복호하지 못한다. 다시 B는 공개된 A의 암호키 eA로 EeA(X)를 취하여 A에게 전송하면 A는 자기만 알고 있는 dA를 사용, DdA(EeA(X)) = X 를 얻음으로 처음 랜덤비트열 X를 확인한다. 따라서 A는 B를 인증하게 되고, 같은 방법으로 임의의 두 가입자간에 서로 인증할 수 있다. 이러한 공개 키 암호법의 핵심부분은 식 (7.1)을 만족하는 암호화법의 개발인데 RSA와 Diffie-Hellman 방법이 이를 만족시킨다.

7.2 키 분배 방식 및 안전성 분석

대칭 키 암호화 시스템은 동일한 키를 사용하여 암복호화한다. 통신망의 가입자 수가 N명일 경우에 이 통신망에는 N(N+1)/2개의 키가 필요하다. N값이 클 경우에는 키의 정규적인 생성, 재사용 여부조사, 키 분배의 비밀성 유지 등 키 관리가 복잡해지며, 두 통신자 간의 인증 등이 매우 어려워진다.

하지만, 비대칭 키 암호에서는 가입자마다 공개 키 Y와 비밀 키 X를 가진다. 예로써 가입자 A는 (X_A, Y_A)를 가진다. 여기서 Y_A와 X_A는 채택되는 비대칭 키 암호법에 의해 만족되어야 할 특정한 관계식에 의해 생성된다. 이 암호 시스템은 N명의 가입자가 있을 경우 한명 당 2개의 키만 필요하므로 2N개의 키만 사용된다. X_A는 가입자 A만이 간직하여 데이타의 복호 키로 사용하며, Y_A는 모든 가입자에게 공개하여 데이타의 암호 키로 사용된다. 또 공개 키를 신뢰할 수 있는 보전성이 요구된다.

비대칭 키 암호에 사용하는 함수는 trap door가 있는 일방향 함수이다. 일방향 함수란 한 방향으로는 계산을 간단히 할 수 있으나 그 역 계산은 지극히 어려운 성질을 지니는 함수이다. 유한체에서의 멱승이 일종의 일방향 함수이다. 예로써, 유한체 GF(p), p는 소수(prime) 혹은 소수의 멱승, 에서 임의의 수 x에대해 멱승값 y의 계산은 상대적으로 간단하지만 역으로 계산된 결과 y로부터 x값을 구하기는 지극히 어렵다. 암호화에 사용할 세션 키 생성, 인증 및 디지탈 서명등을 효과적으로 수행하기 위한 비대칭 키 암호를 몇가지 비교하면 다음과 같다.

1) Diffie-Hellman 방법

D-H 방법은 유한체에서의 멱승으로 두 통신자간에 공통 키를 생성할 수 있는 방법이며, 처음으로 비대칭 키 암호화 시스템을 실현시킬 수 있는 방법을 제시한 것이다.

유한체 GF(p), p는 소수, 에서 α를 원시원이라 두면 임의의 수 X의 멱승인

$$Y = \alpha^X \bmod p , \qquad 1 < X < p-1 \tag{9.2}$$

에서 Y를 계산하기는 매우 쉬우나, Y로 부터 X를 계산 하기가 어려운 성질을 이용한 것이다. 이산 대수인

$$X = \log_\alpha Y \ \ over \ GF(p) , \qquad 1 < Y < p-1 \tag{9.3}$$

을 풀기 위해서는 $O(\exp(c \sqrt{(\ln p \cdot \ln \ln p)}))$의 연산이 필요하다. 여기서 c는 상수이다. 만약 P가 1000 비트 크기의 소수라면 식 (7.3)를 풀기 위해서는 2100번 이상의 연산이 필요하다. 반면에 X로 부터 Y를 계산하는 데는 많아도 2·log2 p의 승산만 필요하며, 이 경우 약 200번의 승산이 필요하다. 예로써, P = 18 이면

$$\alpha^{18} = ((((\alpha)^2)^2)^2)^2 * \alpha^2 \tag{9.4}$$

이다.

다음은 두 통신자간의 공통 키를 생성하는 과정을 설명한 것이다.

- 1 단계 : 가입자 A가 비밀 불규칙 정수 X_A, 1 < X_A < p-1, 를 발생시키고, 공개할

$$Y_A = a^{X_A} \bmod p \tag{9.5}$$

를 계산한다. 또한 통신할 가입자 B도 비밀 불규칙 정수 X_B, $1 < X_B < p-1$, 를 발생시키고, 공개할

$$Y_B = a^{X_B} \mod p \tag{9.6}$$

를 계산한다.

- 2 단계 : 두 통신자 A와 B는 일반적인 전송로를 통해 서로 Y_A와 Y_B를 주고 받는다. 또는 공개하되 신뢰되도록 한다.

- 3 단계 : 두 통신자 A와 B는 각각 받은 Y_B 와 Y_A에 비밀 정수 X_A와 X_B를 멱승하여 공통 키

$$K_{AB} = a^{X_A \cdot X_B} \mod p \tag{9.7}$$

를 생성한다.

두 통신자는 식 (7.7)의 키를 사용하여 정보 데이타를 암호화 한다. 이 키는 어느 한 사람에 의하여 특정한 형태로 변형될 수 없음을 알 수 있다. Y_B는 B의 비밀 키 X_B에 의해서만 생성되므로 키 K_{AB}에 의하여 통신이 이루어진다면 가입자 B의 인증 문제가 해결된다.

2) RSA 암호

RSA 암호는 유한체 상에서 멱승하는 것이 아니고, 두 소수 p와 q의 합성수 n = p.q 상에서 modular 연산을 한다. 0 보다 크고 n 보다 작은 정수이면서 n 과 서로 소(relatively prime)인 것의 갯수를 n의 Euler 함수 $\phi(n)$로 정의하는데, 두 소수의 곱인 경우는 쉽게

$$\Phi(n) = (p-1)(q-1) \tag{9.8}$$

임을 알 수 있다. gcd(a,n) = 1인 임의의 a에 대해

$$a^{k \cdot \Phi(n)+1} = a \quad \text{mod} \quad n \tag{9.9}$$

이 만족된다. 여기서 k는 임의의 정수이다. 만약 식 (7.9)에서 n이 생성되었다면 1 ≤ a ≤ n-1 인 임의의 a에 대해 gcd(a,n) = 1 이 되어 a 선택의 제약 조건은 없어진다.

X ≤ Φ(n) - 1 이고 gcd(X,Φ(n)) = 1인 X를 선택하면

$$X \cdot Y = 1 \quad \text{mod} \quad \Phi(n) \tag{9.10}$$

인 Y가 존재하는데, 선택된 Y로부터 식 (7.10)을 만족하는 X는 얻기가 어렵다는 성질을 이용한 것이다. 따라서 Y와 X는 정보 데이타 M을 암호화와 복호화할 수 있다.

$$C = E_Y(M) = M^Y \quad \text{mod} \quad n \tag{9.11}$$

$$D_X(C) = (M^Y)^X = M^{k \cdot \Phi(n)+1} = M \quad \text{mod} \quad n \tag{9.12}$$

(RSA 암호에서 키이생성 과정)

① 두개의 큰 소수 p와 q를 생성하여 n=pq를 계산한다.
② Euler 함수값 Φ(n)=(p-1)(q-1)과 서로 소가 되는 e를 계산한다.
   즉, gcd(e,Φ(n))=1인 e(공개 키이)를 생성
③ Φ(n)과 e로 부터 유클리드 알고리즘을 사용하여
     ed ≡ 1 (mod Φ(n))
   을 만족하는 d(비밀 키)를 계산한다.

(RSA 암호 통신 방법)

공개 키이 : n,e
비밀 키이 : p,q,d
Message Space={ M∈Z | 0≤M⟨n-1 }
암호화　 : C = E(M) ≡ Me (mod n)
복호화　 : M = D(C) = D(E(M)) ≡ Cd (mod n) ≡ Med (mod n)

(RSA 알고리즘의 사용예)

· 키 생성:　　　　p=47, q=59, n=pq=2773이라고 할때,

φ(2773)=(47-1)(59-1)=2668

비밀키이 d=157이라고 하면, 유클리드 알고리즘을 이용하여

공개키이 e=17을 구할 수 있다. ⟨ed ≡ 1 (mod φ(n)) ⟩

· 평문:　　　　　영문을 a=01, b=02, c=03, …, z=26 라고 대응시킨 경우

message = "its all greek to me"라는 숫자열은

= 0920 1900 0112 1200 0718 0505 1100 2015 0013

0500이다.

· 암호화(송신단): (0920)e=(0920)17=(0948) (mod 2773)이며,

전체 메세지를 암호화 하면,

ciphertext=0948 2342 1084 1444 2663 2390 0778 0774 0219

1655이다.

· 복호화(수신단): (0948)d=(0948)157=(0920) (mod 2773)이며,

message = 0920 1900 0112 1200 0718 0505 1100 2015

0013 0500이다.

= "its all greek to me"이 된다.

RSA 암호의 비도는 합성수 n의 소인수 분해 난도에 비례한다. n을 소인수 분해하면 φ(n)을 알 수 있고 따라서 공개된 Y로부터 비밀 키 X를 쉽게 계산할 수 있다. 지금까지는 X를 계산하지 않고 M^Y mod n에서 M을 분석하는 효율적인 방법은 알려진 바 없다. 현재 수준의 컴퓨터 계산 속도를 고려할 때 n의 자리 수가 300 디지트 (1,024 비트) 이상이 되어야 보안성이 유지될 수 있다.

소인수 분해가 보다 안전하도록 하기위해 다음의 성질이 만족하도록 p와 q를 선택하는 것이 바람직하다.

- (p-1)와 (q-1)은 각기 큰 소수를 갖도록 한다.
- p와 q는 단지 몇 자리의 차이만 있도록 서로 크기가 비슷해야 한다.
- (p-1)과 (q-1)의 최대 공약수는 작아야 한다.

3) Pohlig-Hellman 암호와 SEEK 암호

Pohlig-Hellman 암호에서, p를 소수라 두면 임의의 수 b, $1 \leq b \leq p-1$, 에 대해서

$$b^{p-1} = 1 \mod p \tag{9.13}$$

이다. 따라서 임의의 정수에 대하여

$$b^X = b^{X(\mod q-1)} \mod p \tag{9.14}$$

을 알 수 있다. $1 \leq Y \leq q-1$이고 $\gcd(Y, q-1) = 1$인 임의의 Y에 대하여

$$Y \cdot X = 1 \mod (p-1) \tag{9.15}$$

인 X가 존재한다. Y와 X를 각각 암호화 키 및 복호화 키로 사용하면 임의의 정보 데이타 M, $1 \leq M \leq p - 1$, 에 대하여

$$C = E_Y(M) = M^Y \mod q \tag{9.16}$$

$$D_X(C) = (M^Y)^X = M^{k(q-1)+1} = M \mod p \tag{9.17}$$

이 되어 암호화 시스템에 사용할 수 있다. 여기서 k는 임의의 정수이다.

식 (7.15)에서 p - 1이 공개되어 있으므로 X와 Y를 공히 비밀로 해야한다. 따라서 $D_X(E_Y(M)) = E_Y(D_X(M))$은 만족되어 정보 데이타를 암호화 및 복호화 할 수 있으나, X 혹은 Y가 공개될 수 없어 직접적으로 인증기능을 수행할 수는 없다.

이 암호의 비도는 앞 절에서와 같이 이산 대수의 어려운 정도라 볼 수 있다. 특히 p - 1이 매우 큰 소수를 가지도록 선택되어야 한다. q를 매우 큰 소수라 하면 p = 2q + 1인 소수 p를 선택하는 것이 바람직하다. 이 방법은 또한 GF(2m), m은 양의 정수에 적용할 수 있다. 이 경우는 소수 p를 사용한 경우의 비도와 비슷하게 유지하기 위해서 2m의 크기보다 더 큰 m을 선택해야 한다.

SEEK 암호는 D-H 암호와 Pohlig-Hellman 암호를 혼용한 것으로 인증 기능을 갖는 공개 키 암호 시스템이다. D-H 방식의 식 (7.5) 및 (7.7)과 동일한 방법으로 두 통신자 A와 B는 K_{AB}를 구한다. 즉,

$$Z = K_{AB} \tag{9.18}$$

라 두고, 여기서 Pohlig-Hellman 방법에 의하여

$$Z^{-1}Z = 1 \quad \mod (p-1) \tag{9.19}$$

인 Z^{-1}를 구한다. 그러면 Z와 Z^{-1}은 Polig-Hellman 방법에서 Y와 X에 각각 해당되어 두 통신자 A와 B는 공통 암호키 (Z, Z^{-1})를 사용하여 정보 데이타를 암호화와 복호화할 수 있다. 처리속도 관계로 이 공통 키를 사용하여 세션 키를 서로 주고 받은 후에 이 세션 키로 정보 데이타를 암호화와 복호화를 하는 것이 일반적이다. 식 (7.18)의 Z를 사용하므로 Diffie-Hellman 방법에서와 같이 상대방을 서로 인증할 수 있다. 비대칭 키 암호화 방법 중 상대방을 인증하면서 두 통신자간의 사용할 공통 키를 효율적으로 생성할 수 있어야 하며 사용 목적에 맞게 키 생성 프로토콜을 구현해야 한다. 그러므로 D-H 방법이나 RSA 방법으로 프로토콜을 개발해야 하는데, RSA 방법은 가입자마다 서로 다른 법(modulus)을 가지므로 D-H 방법에 비해 하드웨어 구현에 비효율적이다. 소프트웨어로 수행시키면 두 방법 모두 퍼스널 컴퓨터급에서 속도가 늦어

실제 사용은 어렵다.

4) 키 분배 시스템의 안전성 분석

분배되는 세션 키를 알아내어 그 세션 동안에 전송되는 모든 정보를 불법적으로 취득하는 것이나 상대자를 속임으로써 적법한 통신자로 가장하는 것 등의 공격(attack)을 예방하기 위하여 키 분배 프로토콜을 분석하는 것을 안전성 분석(security analysis)이라 한다. 이 안전성 분석에서 고려되어야 할 공격에는 ciphertext only attack, known key attack, impersonation attack 및 이들 공격법들을 조합한 ciphertext only impersonation attack과 known key impersonation attack 들이 있다.

Ciphertext only attack은 누구나 쉽게 얻을 수 있는 공통의 공개정보와 전송정보만을 이용하여 해당 통신자들의 세션 키를 알아내고자 하는 행위이다. 이런 공격법은 가장 초보적이고 약한 위협이므로, 이 방법에 의해 분석되는 키 분배 시스템은 안전성이 전적으로 결여되어 있다고 볼 수 있다.

Impersonation attack은 공격자가 자신이 발생한 정보를 상대자에게 전송함으로써 키 분배 과정에 적극적으로 가담하여 합법적인 통신자로 가장하려는 행위이다. 이 공격은 공격자가 유효한 정보를 발생시킬 수 없도록 전송정보 계산에 두 통신자의 비밀 키를 포함시키거나, 세션 키 계산함수에 비밀 키를 사용하여야만 세션 키가 구해지도록 함으로써 대부분 막을 수 있다.

Known key attack은 불법적인 제 3 자가 암호문 분석이나 사용자의 부주의 등을 이용하여 과거의 세션 키를 획득하여, 그 해당 공개정보로부터 현재의 세션 키를 계산해 내려는 행위이다. 혹은 과거의 세션 키를 그대로 사용하는 재사용(replay) 공격도 포함된다. 이를 막기 위해서는 매번 세션 키가 달리 생성되도록 하고, 과거의 세션 키를 이용하여 현재의 공개정보로부터 세션 키 생성에 필요한 유효한 정보를 알아낼 수 없도록 하여야한다. 따라서 생성된 세션 키는 그 세션 키 분배를 위하여 발생시킨 랜덤 수에만 의존되도록 함으로서 효과적으로 막을 수 있다. 또한 이 공격법은 가장 최근에 제시된 것이며 비대화형 키 분배 방식에서 가장 고려되어야할 사항이다.

Ciphertext only impersonation attack은 공격자는 공개정보나 전송정보만을 소유하고 있지만 적극적으로 키 분배 과정에 개입하여 합법적인 사용자와 같은 세션 키를 계산해 내고자하는 행위이다.

Known key impersonation attack은 두 통신자 사이에 사용된 과거의 세션 키를 알고서 impersonation attack을 시도하려는 행위이다. 이 공격은 가장 위협적인 공격이나, 대신 공격자가 이에 필요한 정보를 획득하기는 그만큼 어렵다. 그러나 비대화형 키 분배 방식에서는 known key attack과 함께 가장 해결하기가 어려운 공격이다.

위에서 설명한 안전성 분석외에도 키 분배 시스템이 기본적으로 이용하고 있는 관계식에 관한 대수적 분석도 병행되어야 한다. 그러나 이용되는 관계식들이 대수적인 해석에도 과연 안전한가를 직접적으로 분석하기가 어려운 경우가 많다. 그래서 암호시스템의 안전성 분석에서는 Cook[13]와 Karp[14]에 의해 소개된 간접증명법을 많이 이용한다. 즉 어떤 관계식의 해석이 아주 어렵다는 이미 잘 알려진 사실을 이용하여, 분석하고자하는 관계식의 해석도 그 만큼 어렵다는 것을 나타내 보이는 증명법이다. 예로써 식 (7.4)에서 Y 를 계산하기는 매우 쉬우나, Y 로 부터 X 를 계산 하기는 어렵다는 것은 이미 증명된 사실이다. 이로부터 $Z = a^{X \cdot K} \bmod p$ 에서 X 나 K 중 한 변수가 알려져도 나머지 하나의 변수값은 계산하기 어렵다는 것이 증명된다.

8장 : RFID 보안 프로토콜

　RFID 리더와 데이터베이스 서버는 안전한 통신을 요구하며, 리더와 태그간의 통신은 안전하지 않다고 가정한다. 언급된 프로토콜의 특징은 짧은 ID 길이에 관계없이 전방위 보안에 강하고 해쉬 알고리즘의 충돌공격을 방지하며 데이터베이스의 성능이 뛰어나다.

　전방위 안전성은 기존 해쉬 알고리즘을 사용하는 인증 프로토콜에서는 2^{80}의 복잡도를 유지하기 위해서는 80bit 이상의 ID를 사용하는 시스템에서만 사용이 가능하다. 언급된 프로토콜은 ID는 128bit의 키를 가지는 초경량 스트림 암호에서 생성되는 키 수열에 의해서 암호화되고, T 값은 128bit 키를 해쉬 알고리즘을 사용하므로 전방위 보안에 강하다.

　해쉬 알고리즘의 충돌공격방법[6]은 다른 평문을 해쉬 알고리즘에 입력하여 동일한 암호문을 만들어 내는 방법으로 위치 트래킹 공격을 막기 위해 ID를 변경하는 인증 프로토콜에서는 데이터베이스에 중복된 ID를 가지게 하여 시스템에 오류를 유발 시킬 수 있다.

　데이터베이스의 성능에서는 A_t의 값을 flag의 값에 따라 CE, LE에서 검색하여 중복된 값이 있을 경우 중복된 값의 Ckey, Lkey으로 해쉬 알고리즘을 사용하여 T와 비교를 하므로 데이터베이스의 성능이 뛰어나다.

　여기에서는 초경량, 저전력성을 위하여 스트링 암호를 이용한 보안 프로토콜을 소개하고자 한다.

8.1 시스템 계수

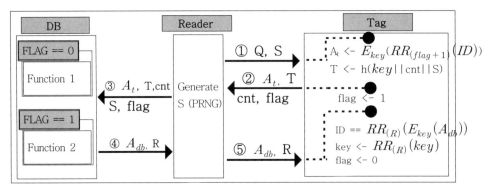

그림 8-1. 안전한 RFID 프로토콜

- ID : 태그의 고유 값
- E : 초경량 스트림 암호 알고리즘
- h() : 해쉬 알고리즘
- Ckey : 데이터베이스에 저장된 128bit 길이의
  초경량 스트림암호 key, 현재의 key값을 저장
- Lkey : 데이터베이스에 저장된 128bit 길이의 초경량 스트림암호 key,
  이전의 key값을 저장
- RR() : Right rotate 함수
- LR() : Left rotate 함수
- CE : 데이터베이스에 저장된 $E_{Ckey}(ID_{RR(1)})$ 값
- LE : 데이터베이스에 저장된 $E_{Ckey}(ID_{RR(2)})$ 값
- key : 태그가 보유한 key 값
- flag : 데이터베이스와 태그의 세션 상태를 나타내는 1bit 값 초기값 0,
  정상 0, 비정상 1
- cnt : 카운트 값으로 리더로부터 Q,S를 받으면 1씩 증가
- S : 리더에서 생성되는 랜덤수열발생기(PRNG pseudo random number
  generator)

- R : 1 ~ (ID_{length} -1) 값
- A : 초경량 스트림 암호로 암호화된 ID

8.2 사전 준비단계

태그를 발행할 때 태그의 ID, key를 데이터베이스의 ID, Ckey에 저장하고 Ckey와 ID를 이용하여 CE를 미리 계산하여 저장한다. 그리고 태그의 flag와 cnt를 0으로 저장한다.

8.3 인증과정

인증과정에 대한 설명은 그림 8-1의 데이터베이스, 리더와 태그의 인증과정에서 보내는 데이터를 기준으로 하여 설명한다.

flag가 0인 경우(그림 8-2의 Function 1) 인증과정을 보면,

(1) 리더가 PRNG S와 Q(Query)인 ①의 데이터를 태그에서 전송한다. 이때 S는 매번 다른 값이 나온다고 가정한다.

(2) ①의 데이터를 받은 태그는 S값과 태그의 정보를 이용하여 A_t <- E_{key} ($RR_{(flag+1)}(ID)$), T <- h(key||cnt||S)를 계산하여 리더에게 ②를 전송하고 flag <- 1로 저장한다.

(3) 태그로부터 ②를 받은 리더는 ②의 정보에 S를 추가하여 데이터베이스로 ③을 전송한다.

(4) ③의 데이터를 받은 데이터베이스는 CE필드에서 A_t를 검색한다. A_t값은 아주 랜덤한 값이기 때문에 중복된 값이 데이터베이스에 존재할 수 있다. A_t로 검색된 값이 0 이상이면 검색된 필드의 정보를 이용하여 h($Ckey$||cnt||S)를 만들고 T와 비교한다. 이때 h($Ckey$||cnt||S) == T 값이 해쉬 알고리즘 충돌 문제로 중복되더라도 이후에 ID를 검사하므로 문제가 없다. 검색된 필드의 Ckey를 이용하여 A_t를 복호화하여 데이터베이스의 ID와 복화화된

ID가 같은지 비교한다. ID가 같으면 데이터베이스는 LE $\langle$- E_{Ckey} $(ID_{RR(2)})$, Lkey $\langle$- Ckey로 저장하고 R을 생성하여 ID를 다시 암호화하고, Ckey $\langle$- $RR_R(Ckey)$, CE $\langle$- $E_{Ckey}(RR_{(1)}(ID))$로 저장하고 ④를 전송한다.

(5) 리더는 데이터베이스로부터 받은 ④를 태그에게 전송한다.

(6) ⑤의 데이터를 받은 태그는 ID == $RR_{(R)}(E_{key}(A_{db}))$를 비교하여 같으면 key $\langle$- $RR_{(R)}(key)$, flag $\langle$- 0 으로 업데이트하고 인증은 완료된다. flag 가 1인 경우(그림 8-3의 Function 2) 인증과정을 사용하며 flag 0일 때와 동일한 통신 구조를 가진다.

```
if flag == 0
 Search CE == A_t
 if CE.count > 0
 {
  for(i=0 ; i <= CE.count ; i++)
   if h(Ckey_i||cnt||S) == T
    ID = RL_(flag+1)(E_Ckey(A_t))
    if ID_db == ID
     LE <-E_Ckey(RR_2(ID))
     Lkey <- Ckey
     R = random(1~ID_length -1)
     A_db <- E_Ckey(ID_RL(R))
     Ckey <- RR_R(Ckey)
     CE <- E_Ckey(RR_(1)(ID))
     Send A_db, R
    else
     halt
   else
    halt
 }
 else
  halt
```

그림 8-2. Function 1

```
else flag ==1
 Search LE == $A_t$
 if LE.count > 0
 {
  for(i=0 ; i <= LE.count; i++)
   if h($Lkey_i$||cnt||S) == T
    ID = $RL_{(flag+1)}(E_{Lkey}(A_t))$
    if $ID_{db}$ == ID
     R = random(1~$ID_{length}$ -1)
     $A_{db}$ <- $E_{Lkey}(RL_R(ID))$
     Ckey <- $RR_R(Lkey)$
     CE <- $E_{Lkey}(RR_{(1)}(ID))$
     Send $A_{db}$, R
    else
     halt
   else
    halt
 }
 else
  halt
else
 halt
```

그림 8-3. Function 2

상기 프로토콜에 대한 안전성은 다음과 같이 분석된다.

- 도청(Eavesdropping) : 공격자는 태그와 리더사이의 통신내용을 쉽게 도청하여 Q, S, A_t, T, cnt, flag, A_{db}, R을 알 수 있지만 초경량 스트림 암호 알고리즘으로 암호화되는 A_t, 해쉬 알고리즘를 사용하여 만든 T로부터 ID, key 등의 어떠한 정보도 알아낼 수 없다.

- 트래픽 분석(Traffic Analysis) : 공격자는 도청을 통하여 얻은 정보를 이용하여 다른 공격 수단으로 사용하려 하지만 태그는 리더의 질의에 언제나 다른 T를 전송하므로 트래픽 분석에 안전하다.

- 위치트래킹(Location Tracking) : 공격자는 태그의 정보를 이용하여 위치트래킹 공격이 가능한데, 제안된 프로토콜에서는 태그가 리더로 정보를 보낼 때 마다 다른 정보를 보냄으로 위치트래킹 공격에 안전하다. A_t는 ID를 암호화한 값인

데 이 값은 인증 완료 후 매번 다른 key에 의해 암호화되어 태그가 전송하는 값은 언제나 랜덤한 값을 가진다. T는 key, cnt, S를 해쉬 알고리즘을 사용하여 만들어진 값인데 이 값은 S와 cnt가 매번 바뀌기 때문에 항상 랜덤한 값을 출력한다.

- 스푸핑(Spoofing) : 공격자는 리더와 데이터베이스를 속이기 위해 태그로 위장 또는 태그를 속이기 위하여 리더로 위장하여야 메시지를 보내야 한다. 태그로 위장한 경우, 그림 8-1의 ②,⑤의 데이터를 가로채어 수정하여 보내야 하는데 S는 매번 다른 값으로 전송되므로 공격자는 key를 모르는 상태에서 T를 만들어 낼 수 없음으로 태그로 위장할 수 없다. 리더로 위장한 경우, 그림 8-1의 ①,②,⑤ 데이터를 수집하여 태그에게 수집한 정보와 같은 S를 전송하여 A_t, T, cnt, flag를 얻어 내지만 이 정보로부터 A_{db}와 R을 만들 수 없다.

- 메시지 유실(Message loss) : 공격자가 태그와 데이터베이스간의 key 값의 동기화를 방해하여 태그와 데이터베이스간의 key가 달라지게 하기 위한 공격으로 공격 후에 해당 태그는 사용할 수 없게 된다. 데이터베이스와 태그의 동기화를 위해 flag를 사용하였고, flag 값에 따라 다른 key를 적용하여 메시지가 유실되더라도 동기화가 가능하다.

참고문헌

〔1〕 Federal Information Processing Standards (FIPS), "Data Encryption Standard (DES), " NIST, Technical Report 46-2, January 1988.

〔2〕 Federal Information Processing Standards (FIPS), "Advanced Encryption Standard (AES)," NIST, Technical Report 197, November 2001.

〔3〕 Federal Information Processing Standards (FIPS), "Secure Hash Standard SHA-1, " NIST, Technical Report 180-1, April 1995.

〔4〕 M. Feldhofer et al., "Strong Authentication for RFID Systems Using the AES Algorithms," CHES 2004, LNCS 3156, pp.357-370

〔5〕 유성호, 김기현, 황용호, 이필중, "상태기반 RFID 인증 프로토콜", 한국정보보호학회 논문지 제 14권 6호, 2004년 12월.

〔6〕 김미주, 최상명, 염호열, "효율적인 동기화를 제공하는 안전한 RFID 인증 프로토콜", 한국정보보호학회영남지부, 학술발표회눈문집, 2006년 2월.

〔7〕 Jie Liang, Xuejia Lai, "Improved Collision Attack on Hash Function MD5, " Cryptology ePrint Archive 425, November2005.

〔8〕 X. Wang, Y. Lisa Yin, H. Yu, "Finding collisions in the Full SHA-1," Crypto 2005, LNCS 3621, pp. 17-36, 2005

〔9〕 Stephen Weis, Sanjay Sarma, Ronald Rivest, and Daniel Engels. "Security and privacy aspects of low-cost radio frequency identification systems," SPC'03, pp 454-469, March 2003.

〔10〕 주학수, 권현조, 강달천, 윤재호, 박배효, 전길수, 이재일 "RFID/USN 정보보호위협과 대응방안", 한국정보보호학회 논문지 제 14권 5호, 2004년 10월.

〔11〕 강전일, 박주성, 양대헌 "RFID 시스템에서의 프라이버시 보호기술", 한국정보보호학회 논문지 제 14호 6권, 2004년 12월.

9장. RFID에 대한 물리적 해킹 방어 기술

RFID, 스마트카드, USB 키토큰, PDA, 스마트폰, 암호모듈 (crypto-module)등과 같은 저전력형/휴대형 보안장치는 차분전력분석 공격 DPA (Differential Power Analysis)[7]와 차분 전자파분석 공격 DEMA (Differential ElectroMagnetic emition Analysis)로 대표되는 최신 물리적 암호 공격방법에 취약한 것으로 분석되고 있으며, 이를 위한 방어대책이 필요하다. 암호 알고리즘에 대한 공격은 지금까지는 수학적인 이론 공격방법과 컴퓨터를 이용한 시뮬레이션/시행착오 공격방법이 주로 가능했지만, 1996년에 소개된 물리적 공격방법은 하드웨어/소프트웨어에 대한 실제적인 공격이 되고 있어 RFID를 포함한 보안장치 설계에 있어서 특별한 대책이 필요하다.

본 장에서는 소형 정보보호장치에 대한 최신 물리적 해킹 기술과 방어기술을 자세히 살펴본다.

9.1 보호 레벨(protection level)에 따른 분류

1) IBM 제품 설계 클래스 분류

IBM [1]에서 제품 설계 클래스를 다음과 같이 세 종류로 분류하여, 공격자가 예측되는 능력과 공격 강도를 감안하여 이들 세 가지 클래스로 분류할 수 있다.

• 클래스 I (영리한 외부자, clever outsiders):
이들은 지능이 높지만, 시스템에 대한 지식이 충분하지 못하며, 적절히 복잡한 장치만을 갖고 있다. 이들은 시스템이 갖는 취약점을 찾으려고 노력하며, 새로운 공격법을 위하여 창의적으로 접근하지는 못한다.

• 클래스 II (지식이 충분한 내부자, knowledgeable insiders):

이들은 기본적으로 전문화된 기술 교육과 경험을 갖고 있으며, 시스템의 부분적인 이해가 다를 뿐, 대부분에 대한 잠재적 접근성을 갖는다. 이들은 가끔 매우 정교한 툴과 분석 장치를 가지고 접근할 수 있다.

• 클래스 III (재정 지원을 받는 조직, funded organisations):

이들은 높은 재정 지원 아래 몇 개의 전문가 그룹 팀들로 조직되고, 상호 보완적인 기술을 갖는다. 이들은 시스템의 깊이 있는 분석이 가능하며, 정교한 공격법을 설계할 수 있고, 가장 최신 분석 툴을 사용할 수 있다. 이들은 클래스 II 공격자를 공격팀에 포함시킬 수도 있다.

2) IBM 보호 레벨 분류

IBM [1]은 보안 시스템에 대한 보호 레벨을 정의하고 있는데, 보호 기능이 없는 0 레벨에서 시작하여 가상적으로 깨어질 수 없는(virtually unbreakable) 시스템인 high 레벨 보호까지 총 6 가지로 정의하여 분류하고 있다.

레벨 0 (Level ZERO) : 특별히 보안 특성이 시스템에 적용되지 않은 수준을 말한다. 모든 부분들은 자유롭게 접근하며(free access), 쉽게 조사될 수 있다. 예로서, 마이크로 컨트롤러 또는 외부 ROM을 탑재한 FPGA를 들 수 있다.

레벨 LOW (Level LOW) : 일부 보안 특성이 사용되었지만, 납땜 인두기와 저가의 아날로그 오실로스코프와 같은 최소의 기구에 의하여 비교적 쉽게 해독이 될 수 있는 수준을 말한다. 공격에는 시간이 다소 소요될 수 있지만 공격용 장치 비용은 £1,000 (₩1,700,000) 이하의 장비가 사용된다. 예로서, 비보호 내부 메모리를 갖지만 독자적인 프로그래밍 알고리듬을 갖지 않는 마이크로 컨트롤러(microcontroller with unprotected internal memory but proprietary programming algorithm)를 들 수 있다.

레벨 MODL (Level MODL) : 비교적 저가의 공격에 대응할 수 있는 보안 수준을 말한다. 일부 전문 지식뿐 만 아니라, 좀 비싼 툴이 요구된다. 공격용 전체 장치 비용은

£3,000 (₩5,400,000)을 초과하지 않는 정도의 수준이다. 예로서, 전력 분석 및 전력 글리치에 민감한 마이크로 컨트롤러(microcontrollers sensitive to power analysis and power glitches)를 들 수 있다.

레벨 MOD (Level MOD) : 공격에 성공하기 위해서 일부의 전문기술과 전문 지식뿐 아니라, 전문 툴 및 장치가 요구되는 보안 수준을 말한다. 공격용 전체 장치 비용은 £3,000 (₩5,400,000)을 초과한다. 오직 클래스 II 공격자만 적용할 수 있다. 공격에는 시간-소요가 많을 수 있다. 예로서, UV 공격에 대응할 수 있는 마이크로 컨트롤러 (microcontrollers with protection against UV attacks) 또는 초기 스마트카드 칩을 들 수 있다.

레벨 MODH (Level MODH) : 전문적인 주의가 보안대책 설계에 요구되는 수준의 보안 레벨을 말한다. 장치는 이용할 수 있지만 구입해서 조작하는 비용이 매우 비싼 경우이다. 전체 공격 장치 비용은 £15,000 (₩16,200,000) 이상이 소요될 수 있다. 이 공격에 장치를 활용하기 위해서는 전문적인 기술과 지식이 요구된다. 클래스 II 공격자 그룹에게도 공격 절차에 따른 충분한 기술 습득이 필요로 한다. 예로서, 고급 보안 방어 기능을 갖춘 최신 스마트카드 칩(modern smartcard chips with advanced security protection), 복잡한 ASIC 칩(complex ASICs), 보안 기능을 갖는 FPGA 및 CPLD 칩(secure FPGAs and CPLDs)이 이에 해당한다.

레벨 HIGH (Level HIGH) : 모든 알려진 공격이 방어되며, 새로운 공격법을 찾아내기 위하여 전문가 팀에 의한 연구가 필요로 하는 수준의 보안 레벨을 말한다. 아주 전문적인 공격 장치가 요구되며, 그 중 일부는 직접 설계되어서 갖추어야 할 장비도 있을 것이다. 공격을 위한 전체 장치 비용은 일백만 파운드(17억원) 이상이 소요될 수 있다. 공격의 성공은 불확실하다. 반도체 제조회사나 정부 지원을 받은 연구실과 같이 오직 대형 연구기구만이 이러한 조건을 만족할 수 있을 것이다. 예로서, 특정 권한 응용에 대한 보안성 있는 암호 모듈들(secure cryptographic modules in certification authority applications)이 이에 해당한다.

3) 미국 및 캐나다 정부의 FIPS 140에 따른 보호 레벨 분류

암호를 포함하는 응용이나 장치에 대하여, 미국 연방정부와 캐나다 연방정부는 암호 장치에 대한 요구 사항을 FIPS 140 (Federal Information Processing Standards) 평가기준 〔2〕 또는 국제공통기준 CC 〔3〕으로 지정하고 있다. 대부분의 CC 보호 프로파일은 암호학적 보안을 위한 FIPS 평가기준을 따르고 있다. FIPS 140-2 (or 140-1) 평가기준에는, 제품이 수용해야할 인증에 대한 4가지 보안 레벨을 갖고 있다.

보안 레벨 1 (Security Level 1) : 가장 낮은 수준의 보안 레벨을 제공하며, 암호 모듈에 대한 기본 보안 요구사항을 표기한다.

보안 레벨 2 (Security Level 2) : 레벨 1 암호 모듈의 물리적 보안을 기본으로 탬퍼-증거 코팅 (tamper evident coatings) 또는 봉인(seals), 또는 접근 방지 잠금 기능 (pick-resistant locks)을 개선한다.

보안 레벨 3 (Security Level 3) : 침입자가 모듈 내부에 보존된 중요 보안 파라미터에 접근하여 데이터를 획득하려는 시도를 방어하여야 하는 고급 수준의 물리적 보안을 요구한다.

보안 레벨 4 (Security Level 4) : 최상위급 보안 레벨을 제공하여야 한다. 물리적 보안은 어떠한 방법으로 장치에 침투하더라도 이를 감지할 수 있도록 암호 모듈 주변에 물리적 보호막을 제공하여야 한다.

특수 장치에 대한 보안 레벨은 영속적이지 못하다. 미래 시점에서 공격 툴의 값이 싸거나 중고품 취급이 될 때, 저가의 공격에 대해서도 쉽게 발견될 수도 있다.

4) 공격 카테고리

보안성 평가를 위하여 모든 공격자는 목표 장치에 대한 다양한 예제를 취득할 수 있을 것으로 가정한다. 그리고, 마이크로 컨트롤러나 스마트카드 및 다른 칩 단위 암호 프로세서에 저장된 보안 알고리듬 과 암호 키 데이터를 찾기 위하여 공격이 집중될 것으로 가상한다.

이 때 5 가지 주요공격 카테고리로 구분할 수 있다 [4].

마이크로프로빙(Microprobing) 기술은 칩 표면을 직접 접근할 수 있으며, IC 직접 회로와 연결하여 관측하고, 조사할 수 있는 기술이다.

역공학 기술(Reverse engineering)은 반도체 칩 내부구조를 이해하고, 그 기능을 학습하며 또한 에뮬레이션을 할 수도 있다. 이는 반도체 제조업자들과 같은 기술을 사용할 수 있으며, 공격자들에게 유사한 기능을 제공한다.

소프트웨어 공격(Software attacks) 기법은 프로세서의 정규 통신 인터페이스를 사용하며, 프로토콜, 암호 알고리듬 또는 구현장치로부터 발견된 보안 취약점을 이용할 수 있다.

도청 기법(Eavesdropping techniques)은 공격자가 높은 시간 정밀도를 갖고 감청할 수 있으며, 전력 및 인터페이스 연결에 대한 아날로그 특성을 알 수 있으며, 정상적인 작동을 하고 있는 프로세서가 방출하는 전자파 방사를 이용할 수 있다.

오류 발생 기법(Fault generation techniques)은 비정상적인 환경 조건을 만들어서 추가적인 접근을 제공하는 프로세서에게 비정상적 기능을 생성하여 이용할 수 있다.

모든 마이크로프로빙 및 역공학 기술은 침투 공격에 해당한다. 이는 전문 연구실에서 그리고 패키지를 파괴하는 과정에서 수 시간 또는 수 주일의 시간이 요구된다. 나머지 세 가지 공격은 비침투공격이다. 공격 대상 장치는 이들이 공격하는 동안에 물리적인 해가 없다. 마지막 공격 카테고리는 특히 준-침투공격에 해당한다. 이는 칩의 지반까지 접근이 허용되지만, 공격은 침투되지 않으며 단지 의도적인 광 펄스, 방사 신호, 국부적인 가열 또는 다른 공격 수단으로 오류가 만들어질 뿐이다.

비침투공격은 다음의 두 가지 이유에서 어떤 응용에서는 특히 위험할 수 있다. 첫째,

장치의 소유자는 비밀 키 또는 비밀 데이터의 분실 사실을 감지할 수 없으며, 따라서 그들이 남용되고 있다는 사실을 깨닫기 전까지는 타협된 키를 존속시킬 수 있다. 둘째, 비침투공격은 가끔 범위가 넓을 뿐 아니라, 필요 장치도 종종 저가로 재생산되고 갱신될 수도 있다.

대부분의 비침투공격의 설계는 프로세서와 소프트웨어에 대한 상세한 지식을 요구한다. 한편, 침투 마이크로프로빙 공격은 매우 적은 초기 지식을 요구하며, 다양한 범위의 제품에 대한 유사한 공격 기법으로 보통 작업이 가능하다. 그러므로 공격자들은 침투 역공학 공격으로 종종 시작하여, 싸고 빠른 비침투공격의 도움을 받아 결과를 얻게 된다. 준-침투공격은 장치의 기능을 학습할 수 있게 하며, 보안 회로를 시험할 수도 있게 도움을 준다. 이들 공격이 내부 침투 계층에 물리적 접촉을 설정할 수 없도록 요구되지 않는 한, 레이저 절단기나 FIB 머신과 같은 고급 장치는 요구되지 않는다. 공격자는 빛을 쪼일 수 있는 단순한 규격제품 현미경(off-the-shelf microscope) 또는 그 것에 접근할 수 있는 레이저 포인터를 이용하여 공격에 성공할 수 있게 된다.

장치를 초기 상태로 되돌릴 수 있을 때 공격이 역순으로 진행될 수 있으며, 또는 장치에 영구 가변을 가하게 되면 되돌릴 수 없을 수도 있다. 예를 들면, 전력분석이나 마이크로프로빙은 공격자가 장치 자체에 해를 입히지 않고 결과를 얻을 수 있다. 특별한 마이크로 프로빙은 탬퍼-증거(tamper evidence)을 남길 수도 있지만, 그러나 일반적인 경우 다른 장치 작동에 거의 영향을 미치지 않는다. 반대로, 오류 주입 및 UV 자외선 공격은 내부 레지스터나 메모리 내용을 변화시키고 되돌릴 수 없는 상태로 만들 수도 있다. 추가적으로, UV 공격은 칩 표면에 직접 접근을 요구하기 때문에 탬퍼 증거를 남기게 된다.

5) 공격 시나리오

공격은 목적에 따라 다른 용도로 악용될 수 있다. 때로는 이윤이 따르는 상품의 복제가 쉽게 돈을 가져다주기도 한다. 대규모 생산자들은 장치의 지적 재산권(IP, intellectual property)을 훔쳐서 자신들의 지적 재산권을 혼합하여 지적재산권 소재가 애매하도록 만들기도 한다. 어떤 악용자는 장치의 비밀 정보를 훔쳐서 경쟁 제조업체나 경쟁 서비스 업체에 빼 돌리는 시도를 할 수도 있다. 제품 설계자는 우선 공격에 대한 동기 부여가 될 만한 모든 경우의 수를 생각한 다음 보호 메커니즘에 집중하여야 한다. 아래 공격 시나리오는 시스템 설계 기간에 검토하여야 할 사항들이다 〔4〕.

복제(Cloning)는 가장 널리 악용되는 공격 시나리오 중에 하나이다. 이는 전자장치를 싼 값에 구입하고자 하는 개인으로부터, 설계 단계에서 큰 투자 없는 상태에서 상품에 대한 판매가 올라갈 때 관심을 보이는 대기업에 이르기까지 다양한 공격자 층이 있게 된다. 예를 들면, 비정직한 경쟁자는 개발 단가를 줄이기 위하여 기존 제품을 복제하려고 할 수도 있다. 물론 이들은 지적재산권을 피하기 위하여 다양한 노력을 해야겠지만, 정직한 개발 비용과는 비교되지 않을 정도의 비용으로 가능하다. 일반적으로 복제술은 장치의 역공학 기법이 요구된다.

과생산(overbuilding)은 지적재산권의 가장 쉬운 형태이다. 계약 생산자는 전자장치의 수요량보다 더 많은 수량을 생산해서 적용할 수 있다. 그런 후에 초과 장치들은 시장에서 팔리게 된다. 제품 설계 역시 제 삼자에게 팔릴 수 있다.

서비스 절도(theft of service)는 전자 장치가 어떤 정보나 서비스에 접근하도록 허용이 될 때 발생될 수 있다. 예를 들면, 케이블 TV나 위성 TV 회사는 사용자가 시청할 수 있는 채널수를 제어할 수 있다. 만일 어떤 침입자가 보안을 알아내거나 또는 그 장치를 시뮬레이션 할 수 있다면, 서비스 업체는 손실을 입을 것이다. 일반적으로 침입자들이 큰 커뮤니티에서 함께 일을 한다면, 일부가 성공해도 그룹의 모든 구성원에게 공급하게 될 것이며, 따라서 서비스 공급업체는 큰 타격을 입게 될 것이다.

서비스 부인(denial of service)는 경쟁자에 의하여 판매자의 제품이 피해를 입히도록 할 수 있다. 이는 장치 펌웨어가 네트워크를 통하여 업데이트될 때 발생될 수 있는 경우이다. 만일 경쟁자가 장치를 역공학 공격을 통하여 업데이트 프로토콜을 파악한다면, 악의적인 업데이트 코드를 띄워 놓고 모든 장치의 전원을 끄거나 또는 악의의 코드를 업로딩할 때 손실을 입힐 수도 있다. 예를 들어, FPGA 장치에 악의의 설정 파일(configuration file)을 업로딩 함으로서 FPGA 장치를 영구적으로 피해를 입힐 수도 있다. 또한, 현대 마이크로 컨트롤러와 스마트카드는 프로그램 코드를 위한 플래시 메모리를 갖는데, 만일 소거 명령어(erase command)가 모든 메모리 블록에 실행된다면,

장치는 원활한 작동을 멈추게 된다. 개발자는 펌웨어 업데이트 기능을 매우 주의하여 설계하여야하며, 적정 수준의 인증절차가 없는 경우 사용하지 않도록 설계하여야 한다.

9.2 물리적 공격방법 분류

1) 일본 규격협회(JSA)의 분류법

하드웨어 기반의 새로운 공격방법이면서, RFID 또는 스마트카드 보안에 대한 실질적인 위협요소로서 칩의 하드웨어적인 암호분석기술이 발견되었다. 이들을 그림 9-1과 같이 두 가지 카테고리로 나눌 수 있다.

• 침투형 공격 (Invasive Attacks) : 침투형 공격은 역 공학(reverse engineering)으로 칩 표면을 통하여 직접 접근하고, IC회로를 관측, 조작, 상호 연동하는 마이크로 프로빙 (microprobing) 기술을 적용하는 공격 형태를 말한다. 이러한 유형의 공격은 특수한 연구 장비와 프로세싱 도중에 패키지를 분해할 수 있는 장치가 요구된다.

• 비 침투형 공격 (Non-invasive Attacks) : "부 채널 공격"라고도 불리는 이러한 유형의 새로운 공격은 암호 알고리듬에 대한 하드웨어 구현상의 취약점을 이용하는 공격 방법이다. Paul Kocher는 이러한 공격방법을 규정하기 위하여 암호 장치의 전력 소모를 측정 및 분석할 수 있음을 보였다. 몇 가지 부 채널 공격은 다음과 같은 특징과 실현성을 갖는다.

- 시차공격 (Timing attacks): 암호 알고리듬 수행 시간이 일정하지 않은 경우에 소요 시간을 측정 및 분석함으로써 수행 중인 데이터의 정보 (키 정보 등) 를 얻을 수 있는 공격 방법이다. 이 기법은 계산 시간과 데이터 수행 사이에 직접 연관성이 있다는 취약점을 이용 한다.

- 오류 공격 (Fault attacks): 이러한 유형의 공격은 암호 장치에 취약 창문을 만드는 것과 같은 오 기능(malfunction)을 만듦으로써 비정상적인 환경조건에서 발

생될 수 있는 공격 방법이다. 전력이나 클럭 신호에서 글리치 공격 (Glitch attacks) 은 칩의 보안 영역에 대한 접근이 가능하도록 해준다. 게다가, 차분 오류 분석 (Differential Fault Analysis, DFA) 은 키를 찾기 위한 모듈러 연산의 대수 특성을 이용하여 암호 시스템에서 산술 오류를 이용할 수 있게 한다.

- 전자파분석 (Electro-Magnetic Analysis): 전력 분석 공격에서 SPA 또는 DPA 공격하는 대신에, 칩의 전자파 방사를 활용한 공격방법이다. 이 공격은 전력 분석 공격에서처럼, 단순 전자파분석 (SEMA, Simple ElectroMagnetic Analysis)과 차분 전자파분석 (DEMA, Differential ElectroMagnetic Analysis)으로 구분될 수 있다.

- 전력 분석 공격 (Power Analysis): 암호 장치가 정상 작동하는 동안, 전력 공급 단자 및 인터페이스 신호 단에서 전기적 출력 기능을 분석함으로써, 해커는 민감한 정보를 획득할 수 있게 하는 공격 방법이다. 이들 분석 성능에 따라서 단순 전력 분석 공격 (SPA)과 차분 전력 분석 공격 (DPA) 으로 분류될 수 있다.

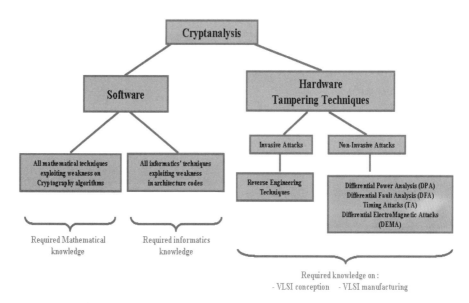

a) 암호 공격의 분류(출처: 일본규격협회)

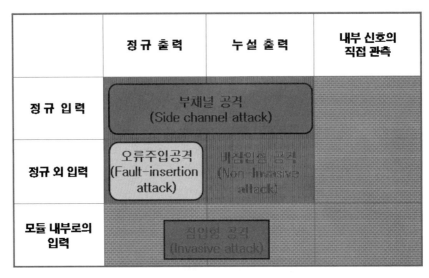

	정규 출력	누설 출력	내부 신호의 직접 관측
정규 입력	부채널 공격 (Side channel attack)		
정규 외 입력	오류주입공격 (Fault-insertion attack)	비침입형 공격 (Non-invasive attack)	
모듈 내부로의 입력	침입형 공격 (Invasive attack)		

b) 암호 공격과 입출력 상관관계

그림 9-1. 암호공격 분류법(일본규격협회 기준)

2) 학술적 분류법

물리적 공격은 암호 모듈 또는 암호 장치에 대하여 물리적 신호/장치를 통하여 암호 알고리듬을 공격하는 방법을 말하며, 그림 9-2와 같이 침투공격(invasive attack), 준-침투공격(semi-invasive attack), 그리고 비침투공격(non-invasive attack)으로 나눌 수 있다〔4〕.

침투공격은 암호 모듈 또는 암호 장치에 대하여 기계적/물리적/화학적인 분해를 통하여 내장된 암호 알고리듬 및 비밀 키를 찾아내는 공격방법이며, 역공학기법이 이에 해당된다.

비침투공격은 암호 모듈 또는 암호 장치를 분해하지 않고 단지 전기적/광학적 신호를 투입하여 얻어진 결과 신호를 분석함으로서 암호 알고리듬 및 비밀 키를 찾아내는 공격방법을 말하며, 시차공격, 전력분석공격, 전자파분석공격 등이 이에 해당한다.

준-침투공격은 Skofoboftov〔5〕 등이 2002년 CHES2002 학술대회에서 제안한 새로운 종류의 공격 방법으로, 오류 주입 공격 등이 이에 해당한다. 침투공격과 비침투공격에 비하여, 보안성 평가에 준-침투공격법을 사용하면, 적은 노력과 짧은 시간내에 하드웨어 설계에서 많은 문제점들을 도출할 수 있게 된다. 이 공격의 전형적인 예로 오류 주입 공격과 데이터 잔류 공격을 들 수 있다.

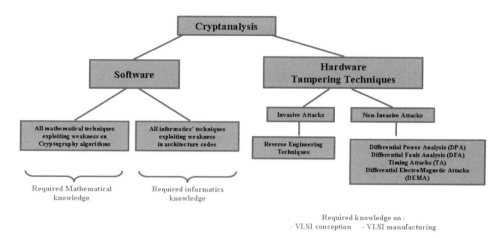

그림 9-2. 암호 공격의 분류(학술적 분류)

9.3 비침투 공격(Non-invasive attack)

1) 시차 공격 (Timing attack)

시차 공격 방법은 1996년 Paul Kocher의 CRYPT'96 〔6〕에 소개된 논문에 의해 처음으로 소개 된 암호시스템에 대한 물리적 공격 방법 중의 하나이다. 논문에서 저자는 Diffie-Hellman, RSA, DSS 등과 같은 여러 공개키 암호시스템에 대한 시차 공격 방법을 제시하고 있다. 여기서는 그중 RSA 공개키 암호시스템에 대한 시차 공격 방법에 대해 알아보고자 한다. RSA 공개키 암호시스템에 대한 시차 공격 방법에는 크게 두 가지가 있다. 이는 RSA 암호시스템을 구현하는 데에 따른 것으로 $m^d \bmod n$을 계산하는데 있어서 중국인 나머지 정리(CRT, Chinese Remainder Theorem)를 이용한 방법과 이 CRT를 이용하지 않는 방법이 있기 때문이다. 먼저 CRT 기반이 아닌 RSA 암호시스템에 대한 시차 공격 방법에 대해서 알아보고, CRT 기반의 RSA 암호시스템에 대해 알아본 다음 그들 공격 방법에 대한 적절한 대응책에 관하여 살펴보기로 한다.

(1) RSA 암호시스템에 대한 시차 공격 및 대응 방안

RSA 암호시스템에서 $m^d \bmod n$ 계산을 하는 방법은 여러 가지가 있지만 보통 지수 d의 이진 표현법을 이용한 RL(right to left) 이진 멱승 방법과 LR(left to right) 이진 멱승 방법이 주로 이용된다. 이러한 멱승 방법에 대한 시차 공격 방법은 이 멱승 알고리듬의 조건부 수행에 따른 수행시간의 차이에 의존한 방법이다.

Input   : m, $d = (d_{k-1}, ..., d_0)_2$, n

Output : $A = m^d \quad \bmod n$

---

1. $A \leftarrow 1$
2. for i from $k-1$ down to 0
3. $A \leftarrow A^2 \bmod n$
4.   if $(d_i = 1)$ then $A \leftarrow A \cdot m \bmod n$
5. Return A

그림 9-3. LR 이진 멱승 알고리듬

위와 같은 멱승 알고리듬에서 비밀키 d_i 의 값에 따라 수행되는 연산이 차이가 나게 된다. 즉, $d_i = 1$이면 제곱과 곱셈이 같이 이루어지고 $d_i = 0$이면 제곱연산만 이루어지게 된다. 한편 곱셈연산의 수행 시간이 제곱연산의 수행시간에 비하여 월등히 길기 때문에 이 알고리듬이 시차 공격에 약하게 되는 것이다.

가) 공격 방법

시차 공격의 개략적인 방법은 공격자가 제곱연산만의 수행시간분포(T_1)와 제곱·곱셈 연산의 수행시간분포(T_2)를 각각 측정한 다음, 전체 연산의 수행시간 분포(T)와 비교하면서 비밀키 d_i를 한 비트씩 알아내는 것이다. 좀 더 자세히 살펴보면 먼저 공격자가 비밀키 지수 d 중에서 처음의 b 비트, 즉 $b-1$번째 비트까지 안다고 가정하자. 처음 공격자는 1,000개 정도의 T_i , M_i 쌍을 수집한다. 여기서 T_i , M_i 는 각각 연산 수행시간과 해당평문을 나타낸다. 그 다음 b 번째 비트 $db = 0$이라고 추측하고 멱승 알고리듬을 수행한 시간을 계산하고, $db = 1$ 이라고 추측하고 멱승 알고리듬을 수행한 시간을 계산한 다음 각각의 G_0, G_1값을 계산한다. G_0와 G_1값은 T_i 와 $T_{i,b}$값에 대한 분산으로서 $G_0 = var(T_i - T_{i,b})$, $G_1 = var(T_i - T_{i,b})$로 표시된다. 여기서 $T_{i,b}$는 M_i에 대한 b번째 비트까지의 연산 수행 시간이다. 이때 만약 $G_0 < G_1$ 이면 공격자가 추측한 비밀키 $db = 0$이 되고, 그렇지 않을 경우 $db = 1$이 된다.

수식적으로 살펴보면 만약 공격자가 지수의 b번째 비트를 추측한다고 할 때 분산 값은

$$var(T_i - T_{i,b}) = var\left(d + \sum_{j=0}^{k-1} t_j - \left(\sum_{j=0}^{b-1} + t_b\right)\right)$$

이 된다. 여기서 t_j값은 멱승 알고리듬에서 j단계의 수행 시간을 나타낸다. 만약 이러한 추측이 올바른 추측이라면 분산 값은

$$var(T_i - T_{i,b}) = var\left(d + \sum_{j=b+1}^{k-1} t_j\right)$$

이 되고 잘못된 추측이라면 분산 값은

$$var(T_i - T_{i,b}) = var\left(d + \sum_{j=b}^{k-1} t_j - t_b\right)$$

이 되어 결국 올바른 추측이었을 때 분산이 더 작은 값이 됨을 알 수가 있다. 왜냐하면 수식에서도 볼 수 있듯이 잘못된 추측이었을 경우 b번째 비트에서 알고리듬 수행시간이 올바른 b값에 대한 알고리듬 수행시간에 대해 감해 질 수 없기 때문에 시간 값이 남아 있게 된다. 따라서 올바른 추측이었을 경우 분산 값이 더 작게 된다.

이러한 결과를 그림으로 살펴보면 아래와 같이 됨을 볼 수 있다. 그림 9-4는 각 평문에 대한 전체 수행 시간 $T_{SGN}(M_i)$과 추측한 값에 대한 처음의 반복수행을 했을 경우의 시간 $T_1(M_i \mid d_0)$과의 관계를 나타내고 있다. 그림 9-4에서 빗금 친 부분은 $T_{SGN}(M_i) - T_1(M_i \mid d_0)$을 나타낸다.

그림 9-5는 그림 9-4를 토대로 각각 d_0 = 0과 d_0 = 1에 대한 표준 편차를 나타낸 것이다. 그림 9-5에서 볼 수 있듯이 d_0 = 0에 대한 표준 편차가 d_0 = 1에 대한 표준 편차보다 크게 됨으로 추측한 비밀키 비트 d_0 = 1이 됨을 알 수가 있다.

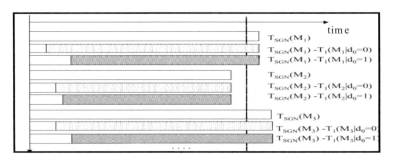

그림 9-4. 첫 번째를 제외한 전체 수행시간

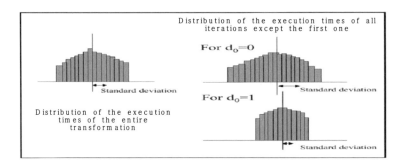

그림 9-5. 시간 분포와 표준 편차

나) 대응 방법

위와 같은 시차 공격 방법에 대한 대응기법으로 평문 M이나 비밀키 d를 마스킹(masking)하는 방법이 있다. 이러한 마스킹 방법에는 여러 가지가 소개되었지만 여기서는 대표적인 두 가지 경우에 대해서 살펴보기로 한다.

방법 1: 평문 M에 대한 마스킹

$$sig(M) = [(M \cdot X)^d \bmod n] \cdot [(X^{-1})^d \bmod n] \bmod n = M^d \bmod n$$

여기서 X는 랜덤 수이고, $(X^{-1})^d \bmod n$ 은 사전 계산을 통하여 얻어질 수 있다.

이와 같은 방법은 그림 3-4와 같은 각각의 평문에 대한 수행시간 정보를 알 수 없게 만든다.

방법 2: 비밀키 d에 대한 마스킹

$$sig(M) = M^{d + k\varnothing(n)} \bmod n = M^d \bmod n$$

여기서 k는 랜덤 수이고, $\Phi(n)$은 n에 대한 오일러 (Euler totient) 함수이다. 이 방법은 비밀키에 대한 정보를 숨김으로써 시차공격을 막을 수 있다.

2) 전력분석공격(Power analysis attack)

전력분석공격은 1998년 Paul Kocher [7]가 "Introduction to Differential Power Analysis and Related Attacks"라는 제목으로 DES의 새로운 공격 방법의 하나로 소개하였다. 공격자는 스마트카드가 소비하는 전력을 분석함으로써 스마트카드에 아무런 손상을 입히지 않고도 스마트카드내의 비밀정보를 알아낼 수 있다. 전력분석공격이 소개된 이후 많은 암호학자들에 의해 암호 알고리듬이 장착된 스마트카드 시스템에 전력분석공격이 행해졌고 대부분의 기존 스마트카드 시스템이 이 공격에 취약한 것으로 보고되고 있다. 전력분석공격은 현재의 부채널 방법 중 가장 강력한 공격 수단이 되고 있으며 공격의 환경 조성이 저가로 실현 가능하기 때문에 위험성을 높게 평가하고 있는 실정이다. 세계 각국에 있는 부채널 공격 및 방어 시스템 연구자들이 가장 관심을 가지고 연구하고 있으며 가시적인 연구 결과들이 발표되고 있는 연구 분야이다.

(1) DES에 대한 SPA

DES는 키 스케줄 과정에서 키 레지스터의 순환이동 (rotate shift) 연산이 수행되며, 라운드 연산 과정에는 DES 자체의 순열 (permutation) 연산이 수행 된다 [7]. 이러한 연산들을 수행할 때, 비트 "0"과 비트 "1"에 따라 소비되는 전력이 다르기 때문에 SPA 공격이 가능하다. 그림 9-6에서와 같이 키 회전 (rotation)의 전력 특성으로부터 키를 알아낼 수도 있다. 일반적인 구현에서 키 회전은 끝의 한 비트를 이동하고, 기본 값(default)으로 "0"을 대치한다. 만약 끝 비트가 "1"일 경우는 "0"으로 대치된 비트를 "1"로 반전한다. 이때 "1"로 반전되는 비트 때문에 전력소모가 일어난다.

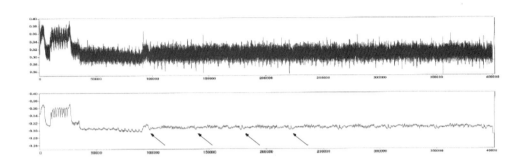

그림 9-6. Round waveform of DES

피연산자, 즉 데이터와의 연관성은 해밍 중량 (Hamming weight)나 변화계수 (transition count)의 연관성으로 분석할 수 있으며 해밍 중량 연관성은 키 길이가 짧을수록 유리하다. DES의 경우 첫 번째 라운드의 보조 키 (subkey) 구조에서 6개의 방정식을 얻을 수 있다. 변수가 8개씩이므로 총 96개의 방정식을 구할 수 있고, 각 방정식은 56개의 변수로 구성된다. 그러나 사실상 전력 파형에서 해밍 중량을 유추하는 것은 높은 에러 발생률 때문에 힘들다. 키 스케줄링에서 28비트 서브셋 들 중에서 하나가 96개의 방정식 각각의 변수를 가지고 있다. 따라서 28개의 미지수와 48개의 방정식이 성립되며 228개의 가능한 해결방안이 성립된다. 그러므로 DES의 키 값은 유추가 가능하다 [7, 8].

(2) DES에 대한 DPA

여기에서는 라운드 16의 48비트 비밀키 K_{16}에 대한 DPA 공격을 설명한다. DPA 공격을 위해 공격자는 m개의 평문 $P_i (1 \leq i \leq m)$에 대하여 암호문 C_i와 소비 전력 신호 $T_i[j]$ 쌍을 구한다. 그 다음 분류함수 $D(\widetilde{K_s}, C_i, b)$를 이용하여 소비 전력 신호 $T_i[j]$를 분류한다. 여기에서 $\widetilde{K_s}$는 공격자가 추측하는 K_{16}의 상위 6비트이고, $b (0 \leq b < 32)$는 레지스터 L_{15}에 입력되는 데이터 비트의 특정 위치이다. 공격자가 추측하는 비밀키 $\widetilde{K_s}$가 6비트이므로, b로 정의되는 L_{15}의 특정 위치는 후보로 4곳이다. 추측하는 비밀키의 위치가 바뀌면 해당되는 b의 위치도 바뀌게 된다. 분류함수의 출력

은 L_{15}의 특정 위치 b의 데이터 비트로서 "0" 혹은 "1"의 값이 된다.

DES에서 암호문 C_i와 추측하는 비밀키 $\widetilde{K}_s$가 주어지면, 공격자는 분류함수에서 정의하는 L_{15}의 특정 위치 b의 데이터 비트를 계산할 수 있다. 추측하는 비밀키 $\widetilde{K}_s$가 6비트이므로, 서로 다른 추측키에 대해 차분 신호 $\triangle_D[j]$는 64개가 된다. 그리고 64개의 차분 신호 $\triangle_D[j]$ 중 돌출 신호를 가지는 것은 하나뿐이며, 이에 해당되는 $\widetilde{K}_s$가 실제 K_{16}의 상위 6비트와 동일하다고 판단할 수 있다. 이와 같은 방법을 사용하여 K_{16}의 나머지 비밀키를 알아낼 수 있다. DES의 실제 48비트 비밀키는 K_{16}을 구한 후, DES 키 스케줄 과정을 역으로 추적함으로써 쉽게 알아낼 수 있다. 오류 정정을 위한 나머지 8비트는 전 탐색 방법을 이용한다.

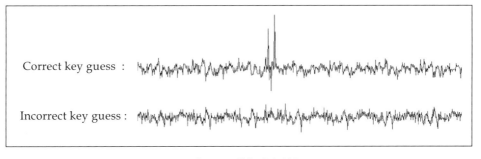

그림 9-7. 차분 전력 신호

그림 9-7은 분류함수에 의해 분류된 소비 전력 신호를 차분한 파형이다. 옳은 키를 추측했을 경우는 위의 그림과 같이 추측한 부분에서 피크가 발생하고, 추측이 틀리면 아래 그림과 같이 피크가 발생하지 않는다.

DES에 대한 DPA 공격의 경우, 분류하는 데이터의 위치를 S-box의 출력으로 정의할 수도 있다. 그리고 차분 신호에서 잡음에 대한 돌출 신호의 크기를 증가시키기 위하여 S-box의 출력 4비트 모두 고려하기도 한다. 이 때, 전력 소비 신호는 데이터의 해밍 중량이 4인 경우와 0인 경우로 분류된다. 하지만, 다중 비트에 대한 DPA 공격은 해밍 중량이 1,2,3인 경우의 소비 전력 신호를 분류 대상에서 제외시켜야 한다. 이는 돌출 신호의 크기 뿐 만 아니라 잡음의 크기도 상대적으로 증가하기 때문이다 [9].

이에 대한 대응 방법들로 키 스케줄에 비선형적인 암호학적 해쉬 함수를 첨가하여 키에 대한 정보를 추적하지 못하게 하거나 알고리듬 내에 중간 데이터를 분할하여 키에 대한 영향을 여러 곳으로 전파시켜 비밀키의 일부를 결정하지 못하도록 하는 방법과 S-box의 입출력 값들을 비선형적으로 변형하여 분할하는 방법 등이 있으며, 비밀키를 두 개의 랜덤한 중간 값으로 만들거나 각 중간 값들이 독립적으로 동작하게 하는 "duplication method 〔10〕"라는 대응방안이 Goubin에 의하여 제안되기도 하였다.

(3) AES에 대한 전력 분석 공격

Rijndael (AES) 암호 알고리듬은 ByteSub, ShiftRow, MixColumn, AddRoundKey의 4 가지 라운드 변환을 수행한다 〔11〕. ByteSub는 상태 값 (State)의 각 바이트 단위로 비선형바이트 치환동작을 수행한다. 여기서 상태 값은 암·복호 변형 과정의 중간 결과를 나타낸다. ShiftRow는 상태 값의 행들을 고정된 오프셋만큼 왼쪽으로 이동시키는 변환 동작이다. MixColumn은 상태 값의 각 열들을 $GF(2^8)$의 다항식 $b(x) = c(x) \oplus a(x)$ 형태의 다항식 곱셈으로 처리한다. 여기서 $c(x)$는 $'03'x^3 + '01'x^2 + '01'x + '02'$ 형태의 고정된 계수 값을 갖는다. AddRoudKey는 라운드 키와 State값을 XOR 연산하는 변환 동작을 수행한다.

초기 라운드와 마지막 라운드의 AddRoundKey 변환 과정에서 실제 DPA 공격이 가능하며, 비밀키와 임의의 평문이 연산될 때 소비되는 전력을 이용하여 비밀키를 알아낼 수 있다. 여기서는 초기 라운드의 AddRoundKey 변환 과정에 DPA 공격을 적용한다 〔12〕.

> 1 단계 : N 비트의 비밀키를 $K(k_0, k_1, ..., k_{N-1})$라 정의하고 K의 j번째 비트를 공격한다고 가정한다.
> 2 단계 : 임의의 N비트 평문 $M_i(m_0, m_1, ..., m_{N-1})$을 선택하여 연산을 수행한 후 소비 전력 신호 $S_i[j]$를 구한다.
> 3 단계 : 각각의 평문에 대한 1 번째 비트의 값 0 과 1 에 대해 평문에 해당하는 소비 전력 신호를 분류한다.

$$S_0 = 〔S_i[j] \mid \text{평문 1 번째 비트의 값 : "0"}〕$$

$$S_1 = 〔S_i[j] \mid \text{평문 1 번째 비트의 값 : "1"}〕$$

4 단계 : 양분한 소비 전력 신호 데이터를 각각 평균하여 평균에 대한 차분신호 $D[j]$를 구한다.

$$D[j] = \frac{1}{|S_0|} \sum_{S_i[j] \in S_0} S_i[j] - \frac{1}{|S_1|} \sum_{S_i[j] \in S_1} S_i[j]$$
$$= S_0^*[j] - S_1^*[j]$$

5 단계 : 비밀키 K의 1 번째 비트의 값 k_1을 결정한다.

$$\text{If } D[j] = ''\text{Positive}'', \ k_1 = 1$$
$$\text{If } D[j] = ''\text{Negative}'', \ k_1 = 0$$

이외에도 여러 가지 공격 방법들이 있지만 가장 최근의 공격방법을 간단히 소개하면 다음과 같다.

G. Bertoni는 프로세서 시스템내의 캐시 메모리 (Cache)를 이용한 새로운 전력 분석 공격을 제안하였다 [13].

캐시 메모리는 프로세서 시스템 내에서 주 메모리에 대한 접근 실패를 줄이기 위해 추가적으로 사용되는 주변 메모리이며, 일반적으로 데이터에 대한 접근 시간을 빠르게 한다.

G. Bertoni는 먼저 소프트웨어로 AES를 구현하여 AES의 첫 번째 라운드가 동작할 때 캐시에서의 이상(miss) 발생 유무를 판별하여 비밀키를 알아내었다. 이는 이상 발생 유무에 따라서 전력 소모에서의 차이가 발생하기 때문이다. 구체적인 공격 방법은 다음과 같다.

(a) 전력 소모를 관측하지 않고 암호함수를 호출한다. 처음 호출은 공격에 관련된 데이터 구조를 캐시에 채우기 위한 과정이다. 이 함수가 호출되고 나면 캐시는 S-box에 모든 값들을 포함한다.

(b) 공격자가 S-box의 한 성분을 대체하기 위해서 그 부분에 대한 내용을 읽어 온다.

(c) 같은 평문을 사용하여 단계 1을 반복한다. 이 단계에서는 전력 소비를 측정한다. 만약 첫 라운드에서 캐시 메모리 이상 (cache miss)이 발생한다면 이것은 비밀 키가 공격자가 S-box의 특정 부분을 대체한 값과의 XOR 연산을 거쳤음을 의미 한다. 따라서 공격자는 대체한 값을 이미 알고 있기 때문에 결국 비밀키를 알 수 있다.

다음 그림은 AES를 직접 소프트웨어로 구현하여 실험한 결과를 나타낸 것이다.

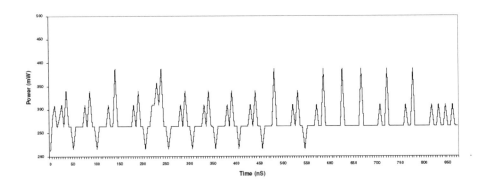

(a) Without cache miss

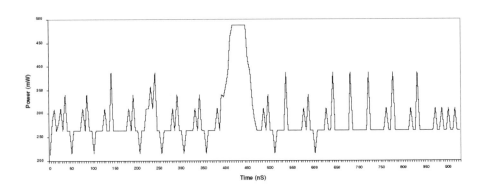

(b) With cache miss during the 8-th cache access

그림 9-8. AES 1라운드에 대한 전력 소비 결과

이와 같은 전력 분석 공격을 적용할 경우에 S-box 전후의 전력 파형을 측정하는 경우가 있는데, 이를 방어하기 위한 방법으로 〔14〕에 소개된 S-box 마스킹 방법을 소개한다.

기존에 제안되었던 AES 마스킹 방법보다 적은 구현으로 효과적으로 사이드 채널 공격을 방어하는 AES S-box 마스킹 방법을 제안하였다. AES S-box의 유한체상의 역함수 계산을 $GF(4)$ 로 이동시켜서 계산하였다. $GF(4)$ 상의 역함수 계산을 선형 연산이므로 간단하게 마스킹이 가능하다. 논문에서 고려된 S-box의 디자인은 〔15〕의 구조를 사용하였다. $GF(256)$ 상의 S-box 연산자들은 $GF(16)$ 상에서 다항식 $a_h x + a_l$으로 나타낼 수 있다. 이러한 다항식의 역함수는 $GF(16)$ 상에서 다음과 같이 표현된다.

$$(a_h x + a_l)^{-1} = a_h{'} x + a_l$$
$$a_h{'} = a_h \times d'$$
$$a_l{'} = (a_h + a_l) \times d'$$
$$d = (a_h^2 \times p_0) + (a_h \times a_l) + a_l^2$$
$$d' = d^{-1}$$

여기서 p_0는 유한체 다항식으로써 $GF(16)$의 2차 확장식 (quadratic extension)으로 정의되며 마스킹 된 다항식의 역함수는 다음과 같이 표현된다.

$$((a_h + m_h)x + (a_l + m_l))^{-1} = (a_h{'} + m_h{'})x + (a_l{'} + m_l{'})$$
$$a_h{'} + m_l{'} = f_{ah}((a_h + m_h),(d' + m_d{'}),m_h,m_h{'},m_d{'})$$
$$= a_h \times d' + m_h{'}$$
$$a_l{'} + m_l{'} = f_{al}((a_h{'} + m_h{'}),(a_l + m_l),(d' + m_d{'}),m_l,m_h{'}m_l{'}m_d{'})$$
$$= (a_h + a_l) \times d' + m_l{'}$$
$$d + m_d = f_d((a_h + m_h),(a_l + m_l),p_0,m_h,m_l,m_d)$$
$$= a_h^2 \times p_0 + a_h \times a_l + a_l^2 + m_d$$
$$d' + m_d{'} = f_{d'}(d + m_d, m_d, m_d{'})$$
$$= d^{-1} + m_d{'}$$

위와 같은 식을 구성하기 위해서 $f_{ah}, f_{al}, f_d, f_{d'}$ 함수를 유도하여 사용하고 있다. 각각의 함수들은 다음과 같은 식으로 이루어진다.

$$f_{ah}(r,s,t,u,v) = r \times s + s \times t + r \times v + t \times v + u,$$

여기서 $r=(a_h+m_h), s=(d'+m_d'), t=m_h, u=m_h', v=m_d'$ 일 경우에는 f_{ah} 함수의 출력이 $a_h \times d' + m_h$ 가 된다.

$$f_{al}(r,s,t,u,v,w,x)=r+s \times t+t \times u+s \times x+v+w+u \times x,$$

여기서 $r=a_h'+m_h', s=a_l+m_l, t=d'+m_d', u=m_l, w=m_l', x=m_d'$ 일 경우에는 f_{al} 함수의 출력이 $(a_h+a_l) \times d' + m_l'$ 가 된다.

$$f_d(r,s,t,u,v,w)=r^2 \times t+r \times s+s^2+r \times v+s \times u+u^2 \times t+v^2+u \times w+u,$$

여기서 $r=a_h+m_h, s=a_l+m_l, t=p_0, u=m_h, v=m_l, w=m_d$ 일 경우에는 f_d 함수의 출력이 $d^{-1}+m_d'$ 가 된다.

$f_{d'}$ 함수의 경우에는 $GF(16)$ 상의 표현을 $GF(4)$로 감소시켜서 표현하며 다른 함수에서 사용한 형식을 사용한다. 즉, $a=(a_h x+a_l)$으로 표현하며, $a_h, a_l \in GF(4)$ 이다. $GF(4)$ 상에서는 제곱 연산이 역수 연산과 같게 된다.

$$(\ x^{-1}=x^2 \,\forall\, x \in GF(4)\ )$$

(4) SEED에 대한 전력 분석 공격

SEED〔16〕에 대한 DPA 공격은 해밍 중량 모델을 기본 가정으로 하고 있으며 공격자는 각 라운드의 결과 값이 저장되는 시점을 알고 있다고 가정한다. 또한, 공격자는 그 시점의 전력 파형을 중점적으로 관찰하여 조사한다. 공격 방법에 대한 자세한 설명은 다음과 같다.

(1) R_1 계산과정에 대한 DPA 공격

공격자는 다음과 같은 정의를 통해 F함수의 입력과 출력을 알고 있을 때 라운드 키를 구할 알 수 있다.

(정의 9-1) i 번째 라운드에서 F 함수의 입력과 출력이 알려진다면 공격자는 F함수의 역 알고리듬을 이용하여 i 번째 라운드 키를 구할 수 있다.

증명) 아래 F함수에서 공격자가 C, D, C', D' 을 알고 있을 때 키 $K_{16,0}$와 $K_{16,1}$을 찾기 위해서는 G함수의 역함수를 찾으면 된다. 즉, 공격자가 G함수의 출력에 대한 입력을 찾을 수 있다면 라운드 키를 구할 수 있다. ($\mod 2^{32}$에 관한 덧셈의 역함수는 뺄셈으로 간단히 처리됨)

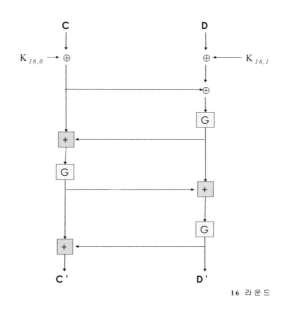

16 라운드

그림 9-9. F 함수의 구조도

G함수의 역함수를 구한다는 것은 G함수의 출력을 알고 입력을 찾는 것인데 먼저 공격자는 S함수의 역함수를 함수 테이블에 의해 쉽게 찾을 수 있다. 즉, G함수의 출력, $Z_3\|Z_2\|Z_1\|Z_0$는 S함수의 출력 $S_2(X_3)\|S_1(X_2)\|S_2(X_1)\|S_1(X_0)$ 에 의해 결정되는데 공격 핵심은 Z_0의 마지막 비트 Z_{00}가 $S_{20}(X_3)\|S_{10}(X_2)\|S_{20}(X_1)\|S_{10}(X_0)$의 출력 값에 의해 결정된다는 점이다. 물론 S 함수의 각 비트는 상수 값과 AND 연산을 수행한 후 다시 $\oplus$에 의해 결정된다. 따라서 각 S-box의 출력 중 각 워드의 최하위 비트 4비트 $S_{20}(X_3)\|S_{10}(X_2)\|S_{20}(X_1)\|S_{10}(X_0)$만 임의로 조사하면 Z_{00}값을 만드는 비트를 구할 수 있다. 이때 올바른 Z_{00}를 출력하는 4비트 값의 개수는 모두 8종류인 반면에 나

머지 8종류는 올바른 Z_{00}을 출력할 수 없게 된다. 또한, 선택된 8종류의 4비트 중에서 Z_{10}을 만드는 값, 즉 $S_{20}(X_3)\|S_{10}(X_2)\|S_{20}(X_1)\|S_{10}(X_0)$만을 찾으면 입력 값의 범위가 4개로 줄어든다. 이어서 Z_{20}을 만드는 것은 2개, Z_{30}를 만드는 것을 구하면 Z_{00}, Z_{10}, Z_{20}, Z_{30}을 만드는 하나의 $S_{20}(X_3)\|S_{10}(X_2)\|S_{20}(X_1)\|S_{10}(X_0)$를 구할 수 있다. 동일한 방법으로 Z 값을 모두 알고 있다면 S함수들의 출력 값을 모두 알 수 있고 S함수의 출력을 구하면 G함수의 입력 값을 모두 구할 수 있다. 따라서 G함수의 역함수를 구할 수 있게 된다. 이와 같이 G함수의 역함수를 찾아낼 수 있는 가장 큰 이유는 Z_{ij}의 j번째 비트는 $S_{kj}(X_l)$의 j번째 4비트만으로 결정된다는 점이다. 그리고 이 4비트가 4개의 Z_{ij} 값을 결정하므로 이를 만족하는 입력 값의 범위를 줄일 수 있고 결국 4비트의 S함수 출력 비트를 구할 수 있다. 최종적으로 G함수의 출력 4비트로부터 입력 4비트를 구할 수 있으므로 역함수를 구할 수 있다.

공격자는 위의 (정의 9-1)을 이용하여 다음과 같은 전력분석공격을 할 수 있다.

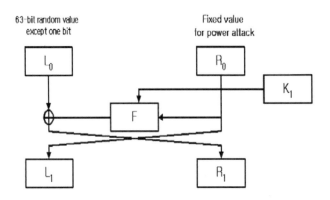

그림 9-10. 1라운드 SEED에 대한 DPA공격

SEED의 암호화 과정 중 첫 번째 라운드에서 L_0와 R_0는 공격자가 임의로 넣을 수 있는 값들이다. 오른쪽 64비트 R_0와 64비트 라운드 키 K_1을 입력으로 하는 F함수의 출력을 F_1이라고 하자. F_1은 다시 L_0와 XOR (배타적 논리합) 연산을 취하여 다음 라운드의 입력 R_1 값을 출력하게 된다. 공격자는 F_1과 L_0의 XOR연산 과정에서 L_0의 해밍 중량을 이용하여 F함수의 출력 값 F_1을 알아 낼 수 있다. DPA 공격 수행 방법은 다음과 같은 단계를 거친다.

- 1단계 : F함수의 출력 64비트를 $F_1(f_0, f_1, f_2, ..., f_{63})$이라 정의하고 F_1의 j번째 비트를 공격한다고 가정한다.

- 2단계 : 임의의 128비트 평문 $M_i(m_0, m_1, m_2, ..., m_{127})$ 을 선택한다. 이때, L_0에 들어갈 $(m_0, m_1, m_2, ..., m_{63})$ 중에서 j번째 비트를 제외하고는 랜덤한 값으로 정하고 R_0에 들어갈 $(m_{64}, m_{65}, m_{66}, ..., m_{127})$ 는 임의의 어떤 값으로 고정시킨다.

- 3단계 : L_0에서 j번째 비트 값 "0"과 "1"에 따라 R_1에 저장되는 시점(j^*)의 소비 전력 신호를 분류한다.

$$T_0 = \{T_i[j] \mid L_0$의 j번째 비트의 값 : "0"\}$$
$$T_1 = \{T_i[j] \mid L_0$의 j번째 비트의 값 : "1"\}$$

- 4단계 : 양분한 소비 전력 신호 데이터를 각각 평균하여 차분 신호를 구한다.

$$\triangle D_j = \frac{1}{|T_0|} \sum_{T_i[j] \in T_0} T_i[j] - \frac{1}{|T_1|} \sum_{T_i[j] \in T_1} T_i[j]$$

- 5단계 : L_0에 대한 소비 전력 신호가 충분히 많을 시 다음과 같은 차분신호를 얻을 수 있다. 만약 차분신호에서 $\epsilon \rangle 0$ 인 피크가 형성된다면 F_1의 j 번째 값은 0이다. 이는 비트 "1"에 대한 소비 전력이 "0"에 대한 소비 전력보다 크기 때문이다.

$$\lim_{N \to \infty} \triangle_{D_j} = \begin{cases} 0 & \text{if } j \neq j^* \\ \epsilon & \text{if } j = j^* \end{cases}$$

위의 과정을 계속 반복하여 64비트 F_1을 알아 낼 수 있으며 정의 1에 따라 1라운드의 64비트 라운드 키 K_1을 찾을 수 있다. 이 개념을 바탕으로 암호화 시에 첫 라운드와 복호화 시 첫 라운드를 공격하여 128비트 마스터 키를 찾을 수 있다.

그림 9-11은 SEED에 대한 차분전력신호를 나타낸 것이다.

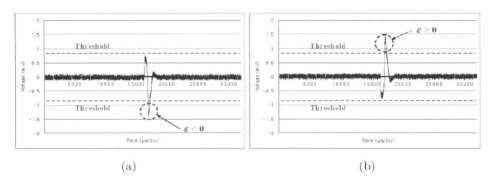

(a)   (b)

그림 9-11. 차분전력신호
(a) F_1의 j번째 비트=1, (b) F_1의 j번째 비트=0

(2) F 함수 내에서의 DPA 공격

SEED의 DPA 공격은 F함수 내에서도 가능하다. F함수를 살펴보면 각 64비트 라운드 키는 64비트 R_i와 XOR 연산을 취하게 된다. 이 점을 이용하여 R_1계산과정에 대한 DPA 공격 방법의 개념과 동일하게 라운드 키를 찾아 낼 수 있다. F함수 내에서의 DPA 공격은 직접적으로 라운드 키를 찾아 낼 수 있는 공격이지만 32비트씩 XOR 연산이 병렬로 처리되는 구조에서는 다소 어려움이 있으리라 생각된다.

이와 같은 전력 분석 공격 방법들을 방어하기위해서는 소프트웨어적인 방법으로 비밀키를 랜덤 마스킹 함으로써 비밀키와 메시지 사이의 상관관계를 없애는 방법과 하드웨어적인 방법으로는 센서 검출기 (detector)를 이용해서 자외선 (ultraviolet light), 온도 (temperature), 전압 (voltage), 외부 클럭 주파수 (external clock frequency)에 대한 비정상적인 변화를 감지함으로써 공격을 방어할 수 있다. 또한 칩에 대한 부품을 이중 레일/로직 (dual rail/logic)과 같은 능동 소자 (active component)로 구현하여 SPA 및 DPA를 방어할 수 있다[17]. 여기서 이중 레일/로직은 암호 알고리듬이 수행되는 동안에 유출되는 소비 전력을 일정하게 하여 전력 분석 공격을 방어할 수 있다.

(5) ARIA에 대한 전력 분석 공격

ARIA [18]에 대한 DPA 공격은 SEED와 마찬가지로 해밍 중량 모델을 기본 가정으로 하고 있으며 공격자는 각 라운드의 결과 값이 저장되는 시점을 알고 있다고 가정한다.

(1) DPA를 이용한 라운드 키 공격

ARIA는 각 라운드마다 라운드 키와 XOR연산을 한 후 S-box 읽기 (lookup) 연산을 수행한다. 먼저 공격자는 분류함수 $D(P, b, rk_8)$을 정의한다. P와 rk_8는 각각 S-box의 입력인 8비트의 평문과 라운드 키이며, b는 S-box의 출력 중 공격하고자 하는 1비트 값이다. 공격자는 N개의 평문 P_i와 각 라운드에 대한 소비전력 신호 T_{it}을 구하고 값을 다음과 같이 나타낸다.

$$P_1, ..., P_N, \ T_{1t}, ..., T_{Nl}$$

여기서 t는 샘플링 시간이다. 공격자는 1라운드가 수행되는 동안 첫 S-box의 8비트 중 1비트만을 고려하며 그 비트의 값을 b라고 하자. 또한 b는 1라운드의 첫 8비트에만 관련이 있다. 따라서 공격자는 추측한 8비트 키와 소비 전력 데이터를 구할 때 사용한 평문을 입력으로 하여 S-box 연산을 수행한 후 분류함수를 이용하여 소비 전력 파형을 다음과 같이 두 가지로 분류를 할 수 있다.

$$T_0 = T | D(P, b, rk_8) = 0$$
$$T_1 = T | D(P, b, rk_8) = 1$$

다음 단계는 위에서 분류한 T_0, T_1의 평균을 구한다.

$$A_0[t] = \frac{1}{|T_0|} \sum_{T \in T_0} T$$
$$A_1[t] = \frac{1}{|T_1|} \sum_{T \in T_1} T$$

$A_0[t]$와 $A_1[t]$의 차분신호는 다음과 같다.

$$\triangle P[t] = A_1[t] - A_0[t]$$

만약 rk_8가 잘못된 키이면 S-box의 연산 후 계산된 분류함수 $D(P,b,rk_8)$ 의 값이 난수발생기(random generator)와 같은 동작을 하게 된다. 이는 b비트의 값과 실제 비밀키가 어떤 상관관계도 갖고 있지 않기 때문이다. 따라서 $\triangle P[t]$는 N의 수가 커질수록 0으로 접근할 것이다. 반면에 rk_8가 올바른 키라면, 분류함수를 통해서 계산된 값이 b와 일치하게 된다. 따라서 분류함수는 S-box후 레지스터에서 처리된 값과 상관이 있으며, 그 결과 전력 파형 (power trace)의 차분 파형은 어떤 값 $\epsilon \neq 0$을 가지는 피크가 형성된다.

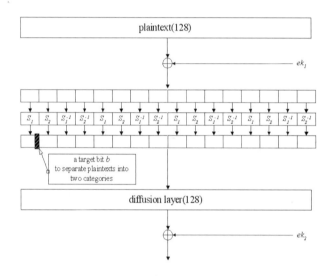

그림 9-12. 1라운드에 대한 DPA 공격

위의 과정을 반복하여 1라운드의 나머지 키를 모두 구할 수 있으며, 결국 모든 라운드 키를 구할 수 있다.

그림 9-13은 올바른 키를 추측한 경우와 그렇지 않은 경우 얻을 수 있는 차분전력신호이다.

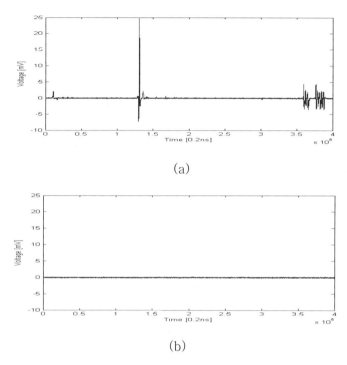

(a)

(b)

그림 9-13. 차분전력파형
(a) 올바른 추측 (b) 잘못된 추측

위 그림은 보다 선명한 피크를 얻기 위해 5000개의 전력 파형을 이용했지만, 2000
개의 전력 파형을 사용해도 공격이 가능함을 실험으로 확인할 수 있다.

3) 전자파분석 공격 (Electromagnetic analysis attack)

전자파분석 공격은 2001년 Quisquater & Samyde[19], Gandolfi 등[20]이 동
시 제안한 공격 방법이며, 암호 장치 주변에 코일을 근접시켜 전파 방사를 측정하고 암
호장치 각 부분의 동작을 추정한다. 암호장치로부터 얻어진 전파 방사량은 전력 파형과
동일하게 취급할 수 있다. 단 실제 측정에 있어서 디바이스의 패키지와 보호 층을 미리
제거할 필요가 있다. EM 방사로부터 누출되는 정보에 대한 실제 공격 사례는
Agrawal 등에 의하여 보고되었다 [21]. Agrawal 등에 의하면, 암호 장치에 대하여
거리를 두고(비접촉 형태) EM 공격이 가능할 뿐만 아니라 전력 부채널공격에 대해서도
정보를 추정할 수 있음을 확인하였다.

본 절에서는 캐나다 Waterloo 대학의 C.H.Gebotys, Simon Ho 및 Chin Chi Tiu에 의한 CHES2005 발표 [22] 등을 살펴본다.

그림 9-14는 DFA (Differential Freq. Analysis)에 관한 개요를 설명하고 있다.

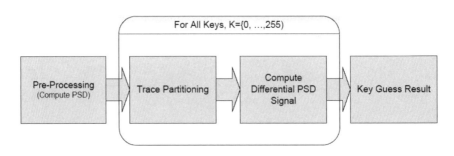

그림 9-14. 차분 주파수 분석 개요

그림 9-14에서 사전처리단계(Pre-Processing)에서는 시간 영역에서 측정된 신호를 주파수 영역으로 변환하는 과정이 요구된다. 전력 스펙트럼 밀도(PSD, power spectral density)를 계산하기 위하여 FFT(Fast Fourier Transform)을 한 후에 각 신호의 자승 연산이 수행되어야 한다. 파형 분류단계에서는 AES의 첫 번째 라운드에 사용된 s-box의 임의 출력 점에서 비트 b에 따른 분류 함수를 적용하는 과정이다. 이를 도식화하면 그림 9-15와 같다.

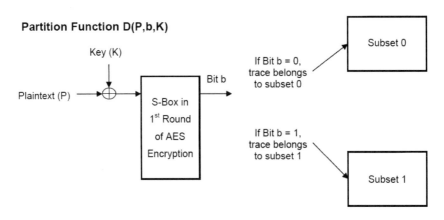

그림 9-15. AES 암호화의 1-라운드에서의 파형 분류 방법

차분 전력 밀도함수 (Differential PSD)의 계산을 위하여 수집된 두 개의 파형 및 차분 파형은 그림 9-16과 같다. 그리고 EM 파형에 부분집합 0 (subset 0)에 대한 평균값과 부분집합 1 (subset 1)에 대한 평균 값 사이의 최종 차분 파형은 그림 9-17 과 같다.

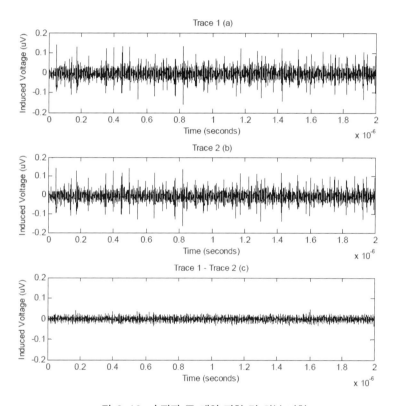

그림 9-16. 수집된 두 개의 파형 및 차분 파형

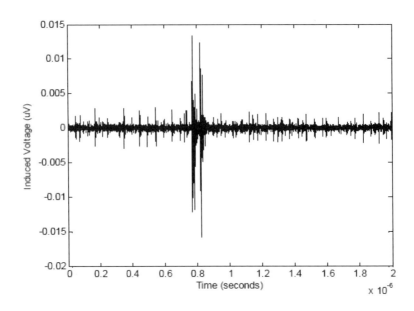

그림 9-17. 부분집합 평균에 대한 최종 차분 파형(시간 영역)

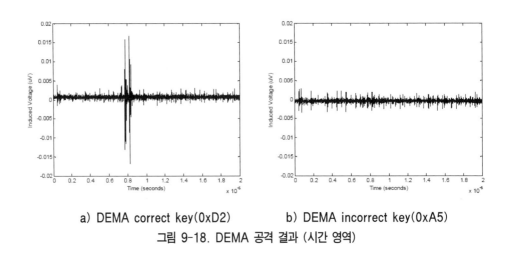

a) DEMA correct key(0xD2)　　　　b) DEMA incorrect key(0xA5)

그림 9-18. DEMA 공격 결과 (시간 영역)

　　그림 9-18은 DEMA 공격에 대한 시간 영역의 실험 결과이며, 올바른 키(0xD2)가
입력된 경우에 피크 값이 나타남을 알 수 있다. 그림 9-19는 전체키에 대한 DEMA
시간 영역 실험 결과이며, 제 1 피크 값이 검출되는 'key＝0xD2'에서 올바른 키가 찾
아진다는 것을 알 수 있다.

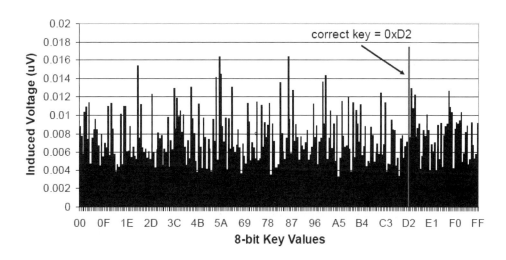

그림 9-19. DEMA 전체 키 공격 결과(시간 영역)

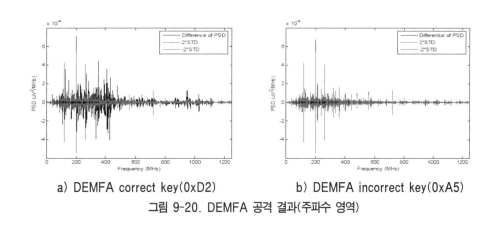

a) DEMFA correct key(0xD2)   b) DEMFA incorrect key(0xA5)

그림 9-20. DEMFA 공격 결과(주파수 영역)

유사한 실험을 주파수 영역에서 해석하여 실험한 것이 DEMFA (Differential EM Frequency Analysis) 공격에서 확인할 수 있다. 이 때 주파수 영역의 해석을 위하여 시간 영역의 측정 값을 주파수 영역의 전력 스펙트럼 밀도함수 PSD(power spectral density)로 변환하게 되는데, PSD는 FFT 변환 값의 자승을 취하여 얻을 수 있다. DEMFA 공격에서의 실험 결과는 그림 9-20과 9-21에 나타내었으며, 올바른 키를 찾기 위한 구별은 시간 영역에서의 실험결과(DEMA)와 비교할 때 주파수 영역에서의 실험 결과(DEMFA)가 훨씬 우수함을 알 수 있다. 즉, 시간 영역에서는 제 1 피크 값과 나머지 피크 값의 편차가 크지 않지만, 주파수 영역에서는 제 1 피크 값이 나머지 피크 값보다 편차가 크게 나타남으로써 올바른 키를 찾을 가능성이 높게 된다.

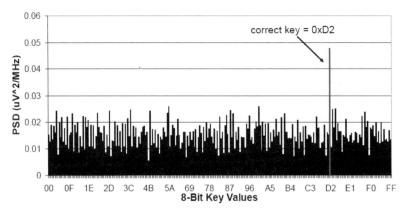

그림 9-21. DEMFA 전체 키 공격 결과(주파수 영역)

4) 기타 비침투 공격

(1) 글리치 공격 (Glitch attack)

글리치 공격은 장치에 공급되는 신호를 급격히 변화시킴으로서 장치의 정상작동에 간섭하는 공격방법이다. 일반적으로 글리치는 전원 공급선이나 클럭 신호에 주입하게 되지만, 외부 전기장의 급변(electric field transient) 또는 전자장 펄스(electro-magnetic pulse) 등에 의해서도 주입이 가능하다.

한 가지 접근 방법은 다음과 같이 Kommerling과 Kuhn 〔23〕이 제안하였다. 두 금속 전극을 스마트카드 칩 표면에서 수 백 µm 이격시킨 다음, 이 전극을 통하여 µs 이내의 짧은 시간 동안에 수 백 volt의 전압을 순간적으로 인가한다. 이 때 실리콘 내부층에서 주변 트랜지스터의 문턱 전압을 임시적으로 이동시킬 만큼의 전기장이 유도될 수 있다.

상기의 방법보다 더 좋은 개선된 방법이 Quisquater와 Samyde 등 〔24, 25〕이 제안한 바 있다. 이 방법은 마이크로 프로브 전극의 팁 주위에 수백 번 정도의 아주 가는 코일을 감아서 작은 인덕터로 사용하는 방법이다. 코일을 따라 전류를 주입하면 전자장이 생성될 것이고, 전극은 전자장 선을 집중하게 할 수 있게 된다.

각각의 트랜지스터와 연결 선로는 RC 소자 특성 시간 지연회로로 작용한다. 프로세서에 적용할 수 있는 최대 클럭 주파수는 소자간의 최대 지연시간에 따라 결정된다. 비슷하게, 각각의 플립플롭 소자도 입력 전압을 샘플링해서 출력 값을 충전하는 동안에 특성 시간 폭 (수 ps)을 갖는다. 이 폭(window)은 플립플롭의 특유 사이클 내에서는 어디에서나 존재할 수 있지만, 주어진 전압 및 온도 하에서는 개별 소자에 따라 거의 고정된 값이다. 따라서 만일 우리가 클럭 글리치(일반 클럭보다 아주 짧은 클럭 펄스)나 전원 글리치(공급 전압에서 급격한 변동 값)를 인가하면, 이로 인해 칩 내부의 오직 몇 개의 트랜지스터만 영향을 받게 되며, 하나 또는 몇 개의 플립 플롭이 오작동 상태에 이르게 된다. 파라미터를 가변함으로서, CPU는 완전히 다른 다수의 오작동 명령어를 수행토록 할 수 있고, 때로는 마이크로 코드에 의하여 작동되지 않는 명령어를 만들 수도 있다. 비록 글리치가 칩 내부에 오작동 명령어를 일으키는 방법상에서 개선시킬 수는 없더라도, 시스템적으로 작동시키는 방법은 아주 단순하다.

(2) 데이터 잔류성 공격 (data remanence)

보안 프로세서는 일반적으로 탬퍼 공격이 있건 없건 간에 전원이 제거될 위험성 때문에 비밀 키 자료를 SRAM(Static RAM) 영역에 저장한다. -20℃ 이하로 온도가 하강하면, SRAM의 내용은 '냉동(frozen)'된다는 사실은 널리 알려져 있다. 따라서, 탬퍼링 사건의 경우 많은 장치들은 이러한 문턱 값 온도 이하에서 취급된다. Skorobogatov〔26〕는 실험을 통하여 기존의 지혜는 더 이상 무의미하며, 데이터 잔류성은 고온에서 더 심각한 문제임을 제시하였다.

또한 Gutmann 〔27〕에 의하면, 데이터 잔류성은 SRAM 뿐 만 아니라 다른 메모리 유형, DRAM, UV EPROM, EEPROM 및 Flash 메모리 조차도 영향을 받았다. 결과적으로, 일부 정보들은 메모리가 소거된 이후에도 얻을 수 있었다. 이러한 사실은 모든 민감한 정보를 메모리 소거의 방법으로 깨끗이 지울 수 있다고 생각했던 보안 장치들에 대하여 많은 새로운 문제점을 불러일으킬 수 있다.

Skorobogatov 〔5〕의 실험 결과에 의하면, 그림 9-22와 같이 나타난다. 이미 알려진 사실과는 달리, 몇 몇 장치들은 -20℃ 이상에서도 위험한 시간 주기로 잔류 데이터를 유지하고 있다. 그 온도에서 80%의 데이터가 장치사이에서 1분간의 큰 변경에도 불구하고 그대로 유지되고 있었다. 일부의 경우에는 -50℃ 이하의 가냉(cooling)이 요구되며, 어떤 것들은 방안 온도에서도 이러한 주기가 보존되었다. Vcc 전원을 부동 (floating) 상태로 두기 보다는, 전원을 접지(ground)에 단락시킴으로서 크게 잔류 시간을 줄일 수 있었다. 또 다른 관측결과는 메모리 보존 시간은 한 장치 유형에서 다른 장치로 변하는 것이 아니라, 같은 제조사와 같은 제조 유형 간에만 가변할 뿐, 다른 유사-유형이나 다른 시리즈와는 무관하였다. 이는 칩 제조사들이 그들의 품질관리 과정의 일부로서 데이터 보존 시간을 조절하는 것이 아닌 것으로 가정할 수 있다. 동일한 칩의 저전력형은 항상 긴 보존 시간을 갖게 된다. 따라서, 탬퍼링시에 신뢰성있게 메모리를 지울 수 있는 보안 프로세서를 만들기 위해서는 적용하기 전에 반드시 칩 샘플을 시험할 필요성이 있다.

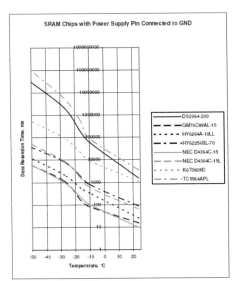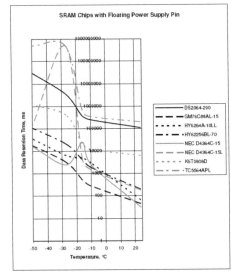

그림 9-22. 온도에 따른 데이터 잔류 시간 의존성 실험 결과 [5]

보안 응용에서 데이터 잔류성 공격을 회피하기 위한 신뢰성 있는 데이터 소거를 위한 요구조건은 다음과 같이 요약 된다 [5].

- 암호 키, 패스워드 및 다른 민감한 정보를 SRAM에 장시간 저장하지 말아야 한다. 때때로 이 값들은 새로운 위치에 이동시킨 다음 원 저장 장치를 제로화 시키거나 또는 여건이 허용된다면 비트 값을 변경시킬 필요가 있다.
  • SRAM에서 저온 데이터 잔류성을 방어하기 위해서는 온도 감지 회로가 탬퍼

방지 회로에 추가될 필요가 있다.

- EEPROM/Flash 셀의 경우 민감한 데이터를 쓰기 전에 10 - 100 회 정도 랜덤 데이터로 교체할 필요가 있다.
- EEPROM/Flash 셀의 경우 충전잔류에 대한 검출 효과를 제거하기 위하여 값을 제거하기 전에 모든 셀을 프로그래밍 하여야 한다.
- 일부 비휘발성 메모리(non-volatile memory)는 너무 지능형이어서 실제 복제물이 지워진 후에는 지정된 메모리 블록에서 민감한 데이터를 복제할 수 없도록 되어있음을 알아야 할 필요가 있다. 또한 이 문제는 일반적으로 파일 시스템에서도 파일 자체를 지우기보다는 파일에 대한 포인터를 제거시키는 형태에도 적용이 될 수 있다.
- 최신 기술로서 일반적으로 데이터 복구를 더욱 어렵게 만들 수 있도록 구성하는 최신 최고밀도 저장 장치를 사용할 필요가 있다.

암호화 기법은, 어느 곳에 응용하더라도, 소거된 메모리로부터 데이터를 복구하기가 더 어렵도록 도움을 준다. 이상적일 경우, 보안 응용에 있어서, 반도체 메모리 장치 각각이 보안 방지회로에 대하여 모든 가능한 데이터 잔류성 시험 평가를 실시하여야 한다.

9.4 준침투 공격(Semi-invasive attack)

1) 오류 주입 공격 (Fault-injection Attack)

오류분석공격은 1996년 Bellcore사에서 "New Threat Model Breaks Crypto Codes: a new 'Potential Serious Problem' was reported"라는 제목으로 RSA 암호 방식에 대한 공격 방법으로 처음 소개되었다. 이 공격은 하드웨어의 예상치 못한 결함이나 넓게는 소프트웨어적인 버그 등에 의해서 오류가 발생할 경우 가능하다. 일반적으로 오류는 인증기관의 서버와 같은 중량급의 장치로부터 소형 정보보호 장치인 스마트카드에서도 발생할 수 있다. 또한 연구 자료에 따르면 하드웨어 칩의 특정부분을 이온화하거나 전자파를 기기에 방사함으로써 인위적으로 오류발생이 가능하다고 한다. 이 공격에 대한 연구는 RSA 시스템에 대해 많은 연구가 이루어져 왔으며 특히 CRT

(Chinese Remainder Theorem)에 기반한 RSA 시스템과 ECC 그리고 블럭 암호 시스템 등에 대해 집중적인 연구가 있었다. 그리고 각 오류 주입 공격 형태에 따른 대응책도 소개를 하고 있다. 현재의 연구 추세로 보아 오류 주입으로 인한 알고리듬 자체에 대한 이론적 오류 주입 공격 가능성은 이미 밝혀졌기 때문에 이를 실제 사용하는 칩이나 카드에 현실적으로 적용하고 방어하는 연구가 진행 중인 것으로 보인다. 실제로 오류 주입에 대한 가능성이 현재의 방법보다 간단하고 쉽게 현실화 된다면 기존의 이론적으로 연구된 오류 주입 공격에 대한 대응책은 철저히 준비해야 한다.

암호시스템에 대한 오류 분석 공격은 현재의 기술 수준에 비춰볼 때, 대략 아래와 같이 6가지로 분류될 수 있다.

(1) CRT 기반 오류 공격 〔28-31〕

RSA 암호시스템에 대하여 서명 생성 시에 속도의 향상을 위해 "중국인의 나머지 정리(Chinese remainder theorem : CRT)"를 이용하며 많은 표준들이 이를 권고하고 있다. 하지만 이 경우 연산에서 오류가 발생했을 경우 가장 강력한 fault analysis 공격으로 알려진 CRT 기반 오류 공격이 가능하다. 먼저 공격의 대상인 CRT를 이용한 RSA 암호시스템을 간략히 설명하면 다음과 같다.

- 서명자가 서명하려는 메시지 $M \in Z_N$을 선택한다.
- 여기서 N은 소수 p와 q를 곱한 수이다.
- 서명생성 : 서명자는 p와 q를 이용하여 다음을 생성한다.

  ① $s_p \equiv M^{d_p} \bmod p$, where $d_p \equiv d \bmod(p-1)$

  ② $s_q \equiv M^{d_q} \bmod q$, where $d_q \equiv d \bmod(q-1)$

  ③ 서명 S는

  $$S \equiv u_p s_p + u_q s_q \bmod N \ \bmod \text{N}$$

  , where $u_p = \begin{cases} 1 & \bmod p \\ 0 & \bmod q \end{cases}$ and $u_q = \begin{cases} 0 & \bmod p \\ 1 & \bmod q \end{cases}$

그림 9-23. CRT 기반의 RSA 서명 생성

- $s_q \equiv M^{d_q} \mod q$의 계산 과정 중 오류가 발생하여
  $s_q N \equiv s_q' \mod q$가 되었다고 가정하자.
- 올바른 서명 값은 $S = u_p s_p + u_q s_q \mod N$ 이고,
  오류가 발생한 서명은 $S' = u_p s_p + u_q s_q' \mod N$ 이다.
- 이때 $M - S'^e$ 값은 아래와 같은 성질을 가진다.

$$
\begin{aligned}
M - S'^e \mod p && M - S'^e \mod q \\
= M - s_p^e \mod p \quad \text{and} \quad &&= M - s_q'^e \mod q \\
= 0 \mod p && \neq 0 \mod q
\end{aligned}
$$

- 따라서 $M - S'^e$는 p의 배수이지만 q의 배수는 아니다.
- 이와 같은 사실로부터 공격자는 간단히
  $\gcd(N, M - S'^e) = p$를 구하여 N을 소인수 분해할 수 있다.

그림 9-24. CRT 기반의 RSA 오류 공격

이러한 CRT 기반의 RSA 서명 생성 과정에서 s_p, s_q 둘 중 하나만 오류가 발생하여 잘못된 값이 될 경우, 공격자가 N을 소인수 분해하는 공격이 가능해 진다.

(2) 레지스터(register) 오류 공격 [32, 33]

CRT를 사용하지 않는 RSA 암호시스템에 대한 오류 공격은 Bellcore사의 Boneh와 DeMillo, Lipton에 의해 처음으로 제안되었다. 이 논문에서 제안한 오류 공격 방법을 레지스터 오류 공격이라고 한다.

Boneh등이 제안한 레지스터 오류에 기반을 둔 공격은 RSA 암호시스템이 RL 이진 멱승 알고리듬을 이용한 연산을 수행하는 것으로 가정하였다. 만약 레지스터에 하나의 비트가 "0"과 "1"이 뒤바뀌게 된다고 가정하고 또한 이러한 오류가 여러 번 이뤄진다고 했을 때, 비밀키 d의 정보 일부가 서명확인을 하는 공격자에게 누출되게 된다. 이 공격은 Fiat-Shamir 신원 확인 프로토콜에도 적용이 가능하다. 이 경우 공격자는 오류가 발생한 비트의 위치를 알아야 한다.

(3) 영구적(permanent) 오류 공격 〔34〕

하드웨어의 결함으로 레지스터의 특정 비트가 항상 0나 1일 경우 이것을 고정된 비트(stuck bit)라 한다. 이러한 고정비트는 공격자가 임의로 계산과정에 사용되는 레지스터의 한 비트 값을 영구적으로 고정한 경우로써, 공격자는 비밀키 암호시스템인 DES와 AES 뿐만 아니라 공개키인 RSA, ElGamal 및 ECC의 비밀키를 알아낼 수 있다.

(4) 일시적(transient) 오류 공격 〔35〕

싱가포르 국립대학에 의해 제안된 일시적 오류 공격은 RSA 서명 생성과정에서 실제 계산에 사용될 값이나 계산된 값이 사용될 메모리(working memory)로 이동하는 도중에 일시적인 오류가 주입되어 몇 개의 비트가 뒤바뀔 경우 비밀정보를 노출시킬 수 있다는 데 착안한 오류 공격이다.

(5) PRG 오류 공격 〔36〕

이 공격은 Zheng과 Matsumoto에 의해서 처음으로 ElGamal형의 암호시스템에 적용되었다. 이 공격법은 의사 난수 발생기(pseudo-random number generator : PRG)에 물리적 압력을 가함으로써 난수 발생기가 랜덤한 난수를 발생하지 못하고 규칙적으로 일정한 값을 출력하도록 동작할 경우 가능한 공격이다.

(6) Safe-error 오류 공격 〔37〕

이 공격은 Yen과 Joye에 의해서 처음으로 소개된 공격법으로서 인터리브 (Interleaved) 멱승 알고리듬에 대한 오류 공격이다. 여기서는 하위 레지스터에 대한 멱승 수행 도중 레지스터의 상위 비트에 오류가 생긴다고 가정하고 그 오류가 비밀키의 정보가 "1"인지 "0"인지에 따라 결과 값에 미치는 영향이 다름을 보고 비밀키의 정보를 판단하는 공격법이다.

이러한 공격들은 RSA 서명 생성뿐 아니라 복호 과정에서도 공격이 가능하다. 또한 Lucas 수열을 이용하는 암호시스템이나 타원곡선 암호시스템에서도 이러한 공격이 가능하다고 알려져 있다.

9.5 침투 공격 (Invasive attack)

침투형 공격 (Invasive Attacks) : 침투형 공격은 역 공학 (reverse engineering) 으로 칩 표면을 통하여 직접 접근하고, IC회로를 관측, 조작, 상호 연동하는 마이크로 프로빙 (microprobing) 기술을 적용하는 공격 형태를 말한다. 이러한 유형의 공격은 특수한 연구 장비와 프로세싱 도중에 패키지를 분해할 수 있는 장치가 요구된다.

마이크로프로빙(Microprobing) 기술은 칩 표면을 직접 접근할 수 있으며, IC 직접 회로와 연결하여 관측하고, 조사할 수 있는 기술이다.

역공학 기술(Reverse engineering)은 반도체 칩 내부구조를 이해하고, 그 기능을 학습하며 또한 에뮬레이션을 할 수도 있다. 이는 반도체 제조업자들과 같은 기술을 사용할 수 있으며, 공격자들에게 유사한 기능을 제공한다.

이러한 침투공격은 전문 연구실에서 그리고 패키지를 파괴하는 과정에서 수 시간 또는 수 주일의 시간이 요구된다. 침투 마이크로프로빙 공격은 매우 적은 초기 지식을 요구하며, 다양한 범위의 제품에 대한 유사한 공격 기법으로 보통 작업이 가능하다. 그러므로 공격자들은 침투 역공학 공격으로 종종 시작하여, 싸고 빠른 비침투 공격의 도움을 받아 결과를 얻게 된다.

참고문헌

[1] D.G. Abraham, G.M. Dolan, G.P. Double, J.V. Stevens, Transaction Security System, IBM Systems Journal, Vol. 30(2), 1991, pp. 206 - 229

[2] NIST 홈페이지, "Cryptographic Module Validation Program : FIPS 140-1,2,3," by http://csrc.nist.gov/cryptval/

[3] Common Criteria for IT Security Evaluation. http://csrc.nist.gov/cc/

[4] [2005 Technical Report] Sergei P. Skorobogatov, Technical report No. 630 (UCAM-CL-TR-630) : "Semi-invasive attacks - A new approach to hardware security analysis," Univ. of Cambridge, Apr. 2005

[5] Sergei Skorobogatov, Ross Anderson, "Optical Fault Induction Attacks," Cryptographic Hardware and Embedded Systems Workshop (CHES-2002), LNCS, Vol. 2523, Springer-Verlag, 2002, pp. 2-12.

[6] P. Kocher, "Timing Attacks on Implementations of Diffe-Hellman, RSA, DSS, and Other Systems," in Proceedings of Advances in Cryptology-CRYPTO '96, pp. 104-113, Springer-Verlag, 1996.

[7] P. Kocher, J. Jaffe, and B. Jun, "Differential Power Analysis," in Proceedings of Advances in Cryptology- CRYPTO '99, pp. 388-397, Springer-Verlag, 1999.

[8] James Alexander Muir, "Technique of Side Channel Cryptanalysis," Master thesis, University of Waterloo, Canada, 2001.

[9] T. S. Messerges, E. A. Dabbish and R. H. Sloan, "Investigations of Power Analysis Attacks on Smartcards," in Proceedings of USENIX workshop on Smartcard Technology, May 1999.

[10] L. Goubin and J. Patarin, "DES and differential power analysis," in Proceedings of Workshop on Cryptographic Hardware and Embedded Systems, Springer-Verlag, 1999.

[11] Joan Daemen and Vincent Rijmen, "AES Proposal : Rijndael", NIST Document Version 2, March, 1999.

[12] Thomas Messernges , "Securing the AES Finalists Against Power Analysis Attacks ", Proceedings of Fast Software Encryption Workshop, 2000.

[13] G. Bertoni, V. Zaccaria, "AES Power Attack Based on Induced Cache Miss and Countermeasure,"in Proceedings of the International Conference on Information Technology: Coding and Computing - ITCC 2005, pp. 586-591.

[14] Elisabeth Oswald, Stefan Mangard, Norbert Pramastaller, Vincent Rijmen, "A Side-Channel Analysis Resistant Description of the AES S-Box.", FSE 2005, Revised Selected Papers, LNCS 3557, pp. 413-423.

[15] Johannes Wolkerstorfer, Elisabeth Oswald, Mario Lamberger, "An

ASIC implementation of the AES SBoxes.", In Bart Preneel, editor, Topics in Cryptology-CT-RSA 2002, volume 2271 of LNCS, p.67-78

[16] 한국정보통신기술협회 (TTA), "128 비트 블록 암호 알고리듬 SEED 표준," TTAKO-12.0004, http://www.tta.or.kr/

[17] J.F. Dhem and N. Feyt, "Hardware and software symbiosis helps smartcard evolution," In IEEE Micro 21, pp. 14-25, 2001.

[18] D. Kwon, J. Kim, S. Park, S. Sung, Y. Sohn, J. Song, Y. Yeom, E. Yoon, S. Lee, J.Lee, S. Chee, D. Han and J. Hong, "New Block Cipher : ARIA," In ICISC'03, LNCS 2971, pp. 432-445, Springer-Verlag, 2003.

[19] J-J. Quisquater and D. Samyde, "Electromagnetic analysis (ema): Measures and counter-measures for smart cards," In E-smart, p.200-210, 2001.

[20] K. Gandolfi, C. Mourtel, and F. Olivier, "Electromagnetic analysis: Concrete results," In Proceedings of Cryptographic Hardware and Embedded Systems - CHES2001, pp. 251-261, 2001.

[21] D. Agrawal, B. Archambeault, J. Rao, and P. Rohatgi, "The EM side-channel(s)," In Proceedings of Cryptographic Hardware and Embedded Systems - CHES2002, p.29-45, 2002.

[22] C.H. gebotys, Simon Ho, C.C. Tiu, "EM Analysis of Rijndael and ECC on a Wireless Java-Based PDA," LNCS3659 - CHES2005, pp250-264, 2005.

[23] Oliver Kommerling, Markus G. Kuhn, Design Principles for Tamper-Resistant Smartcard Processors, USENIX Workshop on Smartcard Technology, Chicago, Illinois, USA, May 10-11, 1999

[24] Jean-Jacques Quisquater, David Samyde, Eddy current for Magnetic Analysis with Active Sensor, UCL, Proceedings of Esmart 2002 3rd edition, Nice, France, September 2002.

[25] David Samyde, Sergei Skorobogatov, Ross Anderson, Jean-Jacques Quisquater, On a New Way to Read Data from Memory – SISW2002 First International IEEE Security in Storage Workshop.

[26] Sergei Skorobogatov, Low Temperature Data Remanence in Static RAM, Technical Report UCAM-CL-TR-536, University of Cambridge, Computer Laboratory, June 2002.

[27] Peter Gutmann, Data Remanence in Semiconductor Devices, 10th USENIX Security Symposium, Washington, D.C., August 13-17, 2001

[28] M. Joye, J.-J.Quisquater," Attacks on systems using chinese remaindering," Tech. Report CG-1996/9, UCL Crypto Group, Belgium, available at http://www.dice.ucl.ac.be/crypto/techreports. html

[29] M. Joye, F.Koeune, and J.-J.Quisquater, "Further results on Chinese remaindering," Tech. Report CG-1997/1, UCL Crypto Group, Louvain-la-Neuve, March 1997.

[30] M. Joye, A.K. Lenstra, and J.-J.Quisquater, "Chinese remaindering based cryptosystems in the presence of faults," Journal of Cryptology, vol. 12, no. 4, pp. 241-245, 1999.

[31] A.K. Lenstra, "Memo on RSA signature generation in the presence of faults," September 1996.

[32] Bellcore Press Release, "New threat model breaks crypto codes," Sept. 1996

[33] D. Boneh, R.A. DeMillo, and R.J. Lipton, "On the importance of checking cryptographic protocols for faults," In Advances in Cryptology – EUROCRYPT '97, LNCS 1233, PP. 37-51, Springer-Verlag, 1997.

[34] E.Biham and A. Shamir, "Differential Fault Analysis of Secret Key Cryptosystems," in Proceedings of Advances in Cryptology – CRYPTO '97, pp. 513-525, Springer-Verlag, 1997.

[35] F. Bao, R.H. Deng, Y. Han, A. Jeng, A.D. Narasimbalu, and T. Ngair, "Breaking public key cryptosystems on tamper resistant devices in the presence of transient faults," In Pre-proceedings of the 1997 Security Protocols Workshop, Paris, France, 1997.

[36] Y. Zheng and T. Matsumoto, "Breaking smart card implementations of ElGamal Signature and its variants," presented at the rump session of ASIACRYPT '96, Kyongju, Korea, 5 November 1996.

[37] S.M. Yen and M. Joye, "Checking before output may not be enough against faults-based cryptanalysis," IEEE Trans. on Computers, vol. 49, no. 9, pp. 967-970, Sept. 2000.

부록 1. CSIEDA을 이용한 PCB 제작

1. 인쇄회로기판 설계의 요약

1) 무작정 따라 하기

간단한 샘플을 통해 PCB를 설계해 보도록 한다.

어떻게 만들어지는지 알아보기 위해 샘플내용을 따라 해 보도록 한다. 제품을 설치할 때 제공되는 샘플을 이용하면 된다. C:/CSIEDA5/ENV/JOB/EDU/EDU.schfile을 실행시킨다.

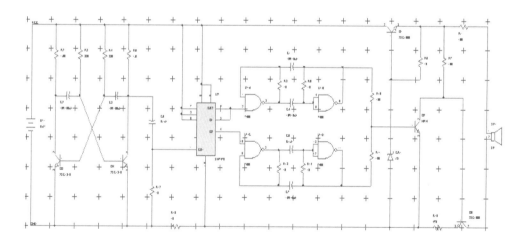

(1) 회로와 PCB연결

　① 〔연결〕-〔새로운 PCB작업보내기〕

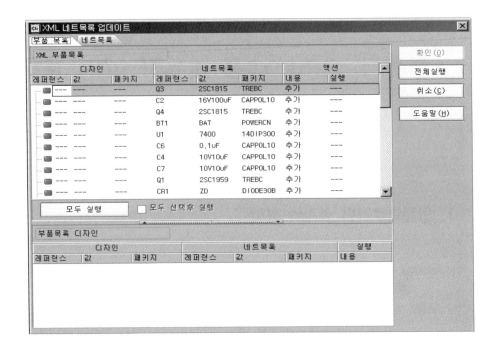

② 네트리스트 입력창이 나오고 위와 같은 창이 나오면 [전체실행]을 누릅니다.

③ PCB에서는 자동으로 부품이 펼쳐져 나오는 것을 볼 수 있습니다.

(2) 배치하기

배치할 때는 회로도를 고려해서 배선하기 편하도록 하는 것이 좋습니다.

배치할 때 부품을 90도로 돌릴 때는 숫자 9를 누르고 45도를 돌릴 때는 숫자 4를 누르면 45도로 돌아가는 것을 볼 수 있을 것입니다.

(3) PCB에서의 배선

① 배치가 끝났다면 배선단계로 들어갑니다.

② 배선이 시작되기 전에 [메뉴]-[그리기]-[보드외곽선]을 선택하여 다음 그림처럼 외곽선을 그립니다.

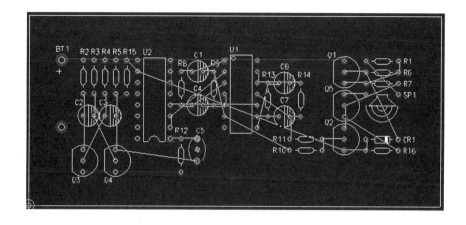

③ 배선을 할 때는 아래 메뉴 바의 [수동배선] 버튼을 선택하거나 [배선] – [수동배선] 선택 후 사용하면 됩니다.

④ 배선을 할 때 각도변경을 할 때는 배선 도중에 SPACE키를 누르면 배선각도가 순차적으로 변경됩니다. 또한 시작 각도의 변경은 알파벳 B를 누르면 됩니다.

⑤ 배선을 할 때 방향을 바꾸기 위해서는 배선도중 알파벳 X를 누르면 배선의 반대쪽에서 시작됩니다.

⑥ 또한 배선도중 VIA가 필요하다면 배선 중에 비아를 발생시키고 싶은 장소를 클릭 후 TAB키를 누르면 비아가 발생합니다.

⑦ 다층기판이나 양면기판일 경우 내층이나 BOTTOM층으로 갈 땐 알파벳 L을 누르면 원하는 레이어로 갈 수 있습니다.

⑧ 위와 같은 방법으로 배선을 완료하면 다음과 같이 배선할 수 있습니다.

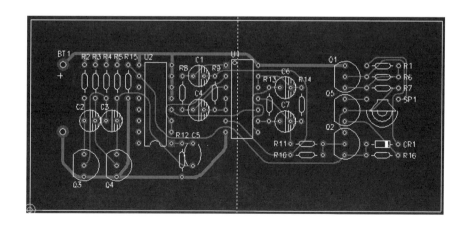

(4) DRC 검사

DRC란? Design Rull Check로 배선의 간격이나 부품의 간격 등의 오류를 검사하는 것을 말합니다.

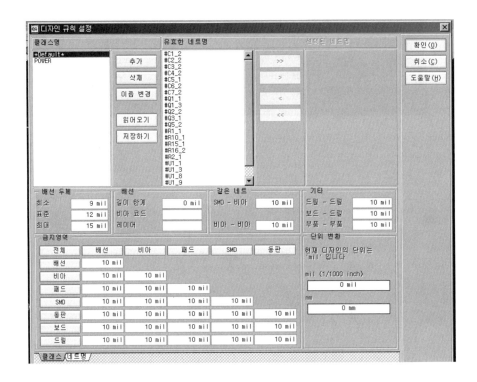

① 이것을 수행하기 전에 아래 규칙을 미리 설정하면 이에 해당이 되지 않는 오류는 모두 걸러지게 될 것이다.

② 오류가 생겼다면 오류를 수정합니다.

(5) 동판작성

배선작업이 완료되면 동판을 작성 합니다.

① 자동동판 작성하는 방법을 설명합니다.

   예제로 Bottom 면의 보드외곽선으로부터 1mm, 기본적인 Clearance는 0.3mm를 유지한 GND 동판을 작성하도록 하겠습니다.

   자동동판을 작성하기 위해서는

조작1 〔그리기〕 - 〔동판〕을 선택

조작2 동판 작성

조작3 작성된 동판을 더블클릭하면 다이얼로그 창이 뜬다.
그 다음은 아래 그림을 참조한다.

조작4 자동동판 옵션을 보드외곽선 금지영역만 1mm로 설정하고, 나머지 금지
영역과 서말은 모두 0.3mm로 설정한다.

조작5 다음 그림과 같이 설정 후 〔자동동판실행〕 버튼을 클릭한다.

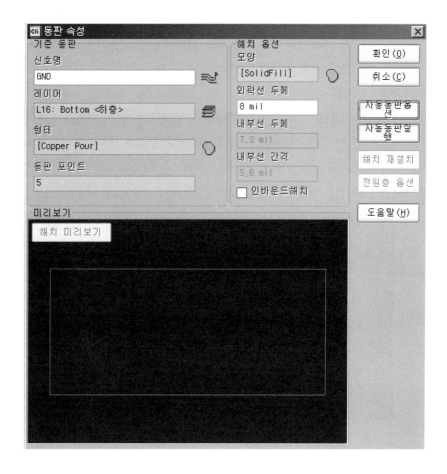

이상의 순서대로 실행하면 다음과 같이 자동동판을 작성할 수 있습니다.

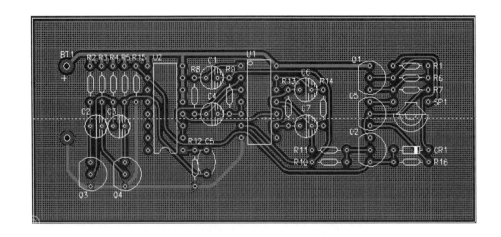

작성된 후에 동판을 선택후 [메뉴]-[편집]-[동판]-[독립동판제거]하면 필요 없는 조 각난 동판들을 삭제하면 됩니다.

[동판분석]버튼을 누른 후 [서말=0 선택]을 선택하면 조각난 동판이 선택이 됩니다. 이후 연결되지 못한 동판들을 선택해서 삭제해 주면 위와 같이 독립 동판을 제거하게 되면 조각난 동판들이 삭제 된 것을 확인할 수 있습니다.

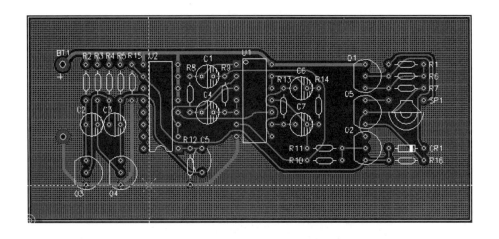

(6) 3D 모델링

이제 3D 모델링을 해 보도록 하자

① [메뉴]-[캠]-[파일]-[PCB 3D 데이터 출력] 을 실행시킵니다.

② 파일명을 입력 후 저장합니다.

③ PCB3D Designer 가 실행되면서 3D 화된 기판을 확인할 수 있습니다.

(7) 거버 파일 작성

동판작성까지 끝나면 제조용 데이터를 출력하기 위한 거버파일을 작성합니다. 거버의 형식으로는 RS-274D와 RS-274X로 구분되는데 아파처파일이 별도로 생성 되는지 안 되는 지의 차이점이 있는데 RS-274X가 하나의 파일로 생성되어 우린 RS-274X로 작업을 할 것입니다.

① [메뉴]-[캠]-[파일]-[거버 일괄출력]을 선택하면 다음과 같은 창이 뜨는데 이는 열 추가를 하여 레이어 파일을 연다. 출력폴더도 새로운 폴더를 만들어 사용한다.

② 〔실행〕 버튼을 누르면 선택한 폴더에 거버파일이 저장된다.

③ 모든 실행이 끝나면 〔거버 보기〕가 활성화 될 것입니다. 이를 클릭하면 거버 파일을 확인 할 수 있습니다.

④ 거버 파일이 완료됐다면 NC 드릴을 출력하여 거버 파일과 같이 보내야 할 것입니다. 〔메뉴〕-〔캠〕-〔파일〕-〔NC 드릴출력〕 하면 아래와 같은 창이 뜰 것입니다. 아래와 같은 형식을 한 후 〔전체저장〕을 클릭하면 저장할 폴더를 물어볼 것입니다. 폴더는 거버 파일을 저장했던 폴더에 같이 저장합니다.

⑤ NC 드릴 출력보기를 하시겠습니까? 라고 창이 뜨면 확인할 수 있습니다.

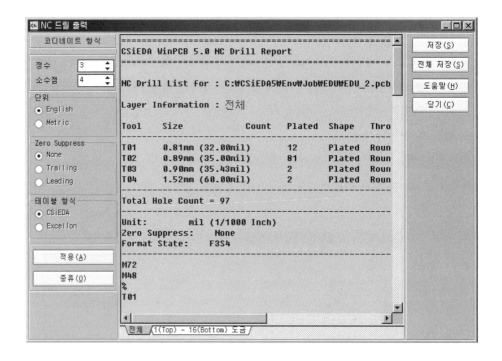

이와 같이 작업은 의외로 간결하게 처리됨을 알 수 있습니다.

이상으로 모든 인쇄회로설계를 완료해 보았습니다. 이 외에도 더 섬세하고 정밀한 작업이 필요할 것입니다.

부록 2. Orcad을 이용한 PCB 작업

1. Schematic Design

Orcad Caprure 실행 〉〉File→New→Project 〉〉New Project 창에서 폴더 및 파일이름 지정 후 OK버튼을 누르면 3개의 Window 창이 나온다.

1) Window 설명

-project manager window
파일의 open, save, Schematic Page의 크기 변화와, Annotate, Design Rules Check, Netlist 생성 등 전체적인 작업을 진행하고 관리하는 창이다.

-Schematic Page Editor Window
회로 설계의 작성이 이루어지는 창이며, Project manager창 활성화 되었을 때와 Schematic Page Editor 창이 활성화 되었을 때의 Tool 사용 항목이 달라지게 된다. Schematic Page Editor 창이 활성화 되었을 때는 Tool Palette라는 Tool을 사용할 수 있는데 여기서 부품을 불러오는 것에서부터 배선과 그 밖에 Schematic Design을 위한 모든과정은 Schematic Page Editor 창을 통해서 작업할 수 있다.

-Session Log Window
도면 완성 후 작업이 진행되는 내용들을 표시하는 기능의 창이다.

실제로 작업하게 될 공간은 Schematic Page Editor창으로 이 창이 활성화 되면 아래의 Tool Palette를 이용하여 제작하고자 하는 회로를 Design할 수 있다.

Select : 임의의 객체 선택.

Place part : 부품 불러오기.

Place wire : 부품이나 심벌 간 배선 연결.

Place net alias : 배선과 버스에 이름 부여.

Place bus : Multi로 연결되는 신호에 대한 버스라인 형성.

Place junction : 배선과 배선의 접속점 표시.

Place bus entry : 버스와 일반 wire와의 연결 부분 지정.

Place power : 회로도에 전원 신호 연결.

Place ground : 회로도에 접지신호 연결.

Place hierarchical block : 회로도에 계층구조의 블록 설정.

Place [hierarchical] port : 계층구조 핀과 연결되어 사용되는 포트.

Place [hierarchical] pin : 계층구조 블록 위에 핀 배치.

Place off-page connector : 평면구조의 회로도 연결시 사용 포트.

Place no connect : 부품의 pin에 배선등을 연결시키지 않을때 사용.

Place line : 전기적 속성을 지니지 않은 일반 선 그리기.

Place polyline : 전기적 속성을 지니지 않은 일반 다각도 선 그리기.

Place rectangle : 전기적 속성을 지니지 않은 일반 직사각형 그리기.

Place ellipse : 전기적 속성을 지니지 않은 일반 타원형 그리기.

Place arc : 전기적 속성을 지니지 않은 일반 원호 그리기.

Place text : 전기적 속성을 지니지 않은 일반 Text 넣기.

위의 Tool Palette를 이용하여 Schematic Page Editor 창에서 회로도를 작성한 후, Project manager 창을 열어 아래의 Tool Bar를 사용하여 Layout로 넘어 가기 위한 작업을 한다.

Annotate (Update Part Reference) : 부품의 참조명칭 부여하는 기능.

Design Rules Back Annotate : 회로도의 Gate와 Pin의 교체.

Check (DRC) : 회로도의 디자인 규칙 위반사항 검사.

▣ Create Netlist : 회로도의 부품과 선 연결정보 file 작성.(여러가지 포맷 제공)

▣ Cross Reference Part : 회로도의 부품 사용 경로와 각 정보를 포함하는 교차 참조 보고서 file 작성.

▣ Bill of materials : 회로도에 사용된 부품의 개수, 종류, 수량, 부품 값등을 포함하는 부품 목록 보고서 file 작성.

DRC(Design Rules Check) Tool을 click하여 View Output을 체크하고 회로에 오류여부를 검사한다. 단 순차적으로 각 소자를 불러와서 쓰지 않은 경우의 나타나는 Part Number오류는 Annotate Tool을 click하고 소자에 번호를 재부여하여 오류를 수정할 수 있다.

이후 DRC tool을 통해 오류가 나타나지 않았다면 Netlist Tool을 클릭하여 *.MNL파일을 생성함으로써 Layout작업으로 전환할 수 있다.

2. PCB Layout

1) Netlist Loading과정

※ Layout 실행 〉〉 Load Template File 〉〉 Load Netlist Source 〉〉 Save File as

① Layout 혹은 Layout plus 실행한 후 New를 클릭하면 Load Template File 여기서 단위에 따른 Template File의 값을 정해준다.

  ex)

    Inch   =〉   DEFAULT.TCH

    milimeter =〉   Metric.TCH

② 다음 Load Netlist Source 창이 뜨는데 여기서는 전에 Schematic에서 작업한 Netlist 파일(*.MNL파일)을 불러오고 열기 버튼을 클릭하여 .MAX 파일을 생

성한다.

③ .MAX파일의 저장 위치까지 지정하고 나면,

Automatic ECO Utility창이 열리는데 Schematic에서 작업한 부품 들이 PCB Design에 작업을 할 수 있도록 footprint를 가질 수 있게 하는 과정이다.

그리고 Design Window가 열리는데 여기서는 PCB를 Design하기위한 Menu Bar 와 Tool Bar가 중점적으로 사용된다.

④ 툴바의 View Spreadsheet을 클릭하여 Layers를 클릭하여 디자인된 보드를 몇 층 기판으로 지정할지 정한다.

Option>> Stystem Setting 으로 자신에게 맞는 작업 환경을 만들 수 있다.

Visible grid : 격자 점을 표시해주는 grid로 원하는 간격마다 dot를 표시하여 준다.

detail grid : Obstacle을 그릴 때 사용하는 grid로 세밀하게 그리고 싶을 시 값 을 작게 주면 세밀하게 작업 할 수 있다.

Place grid : 배치 시 적용하는 grid로 default값이 100mil로 setting되어 있다. (2.54mm마다 이동 가능) 세밀하게 배치 시 값을 작게 주면 된다.

Routing grid : 배선 시 적용하는 grid.

Via grid : 비아 생성하거나 이동 시 적용되는 grid.

2) PCB Design 과정

PCB Design을 위한 환경설정 과정이 끝나면 Tool Bar의 Obstacle을 클릭하여 Board Outline을 지정하고 아래의 Tool을 이용하여 부품을 배치와 배선을 한다.

▦ Component : 부품을 선택, 추가, 이동, 수정, 삭제를 가능하게 해줌.

⑪ Pin : 핀을 선택, 추가, 이동, 수정, 삭제를 가능하게 해줌.

▨ Obstacle : Obstacle을 선택, 추가, 이동, 수정, 삭제를 가능하게 해줌. 보드 아웃라인, Place 아웃 라인, Copper pour(area)등을 만들 때 사용.

Ⓣ Text : 글자를 선택, 추가, 이동, 수정, 삭제를 가능하게 해줌.

- **Auto path route** : 선의 시점과 종점을 이동하며 한 트랙씩 자동으로 경로를 설정하여 배선

- **Shove track** :현재 배선되는 선이 우선시 되어 기존에 배선된 선을 자동으로 밀어며 배선

- **Edit segment**: Segment 단위로 배선을 편집할 수 있는 배선

- **Add/edit route**: 배선된 선의 임의의 부분을 선택하여 수동으로 편집할 수 있는 배선

배선 시 GND를 선으로 배선하는 경우도 있지만 면으로 두어 배선을 간단하게 할 수 있는 Copper pour 과정이 있는데 이는 Obstacle Tool을 클릭하고 마우스 오른쪽 클릭 new 선택 한 후 다시 마우스 오른쪽 클릭을 해서 Properties...을 선택하면 Edit Obstacle 창이 뜨는데 여기서 type를 Copper pour로 잡고 Net Attachment를 GND로 잡은 상태에서 OK버튼을 누르고 나면 보드아웃라인 밖으로 나가지 않는 범위 내에서 Copper pour하고자 하는 범위를 지정 할 수 있다.

배선 과정이 끝나고 나면 Auto〉〉 Design rule check를 선택하여 오류사항을 점검한다.

Design rule check과정 까지 끝나게 되면 마지막으로 options〉〉 Gerber settings를 선택하여 기본설정을 확인하고 나면 전체적인 PCB Design 작업이 끝나게 된다.

저자 약력

이훈재

- □ 경북대학교 전자공학과 졸업(학사)
- □ 경북대학교 대학원 정보통신공학전공 (석•박사)
- □ 국방과학연구소 선임연구원/팀장
- □ 경운대학교 컴퓨터공학과 조교수
- □ (現) (주)엔엘에스 사외기술이사
- □ (現) Cisco CCNP1,2,3,4 강사
- □ (現) 동서대학교 컴퓨터정보공학부 부교수

E-mail: hjlee@dongseo.ac.kr

조형국

- □ 동아대학교 전자공학과 졸업(학사)
- □ 동아대학교 대학원 전자공학과 졸업(석사)
- □ 베를린공과대학 졸업(박사)
- □ 삼성전자 종합연구소 선임연구원/팀장
- □ (현) 세연테크날러지 기술고문
- □ (현) 동서대학교 중소기업지원센터 센터장
- □ (현) 동서대학교 창업보육센터장
- □ (현) 동서대학교 컴퓨터정보공학부 부교수
- □ E-mail: hkjojo@gdsu.dongseo.ac.kr